Personal Brands

Oliver Pott

mit Jan Bargfrede

PERSONAL BRANDS

Warum wir in Zeiten der Wissensexplosion starke Personenmarken brauchen und wie Sie selbst eine werden

Campus Verlag
Frankfurt/New York

ISBN 978-3-593-51957-9 Print
ISBN 978-3-593-45908-0 E-Book (PDF)
ISBN 978-3-593-45907-3 E-Book (EPUB)

Umschlaggestaltung: Guido Klütsch, Köln
Umschlagmotiv: © Jan Bargfrede
Redaktion: Diana Schmid (www.schmid-text.de)
Satz: inpunkt[w]o, Wilnsdorf (www.inpunktwo.de)
Gesetzt aus: Minion und Myriad
Druck und Bindung: Beltz Grafische Betriebe GmbH, Bad Langensalza
Beltz Grafische Betriebe ist ein Unternehmen mit finanziellem Klimabeitrag (ID 15985-2104-1001).
Printed in Germany

www.campus.de

»There are no Second Acts in American Lives«
F. Scott Fitzgerald

Inhalt

1. Ozeane an Wissen und das Zeitalter der Personal Brands

Die Menschheit ertrinkt in den Ozeanen des Wissens, erzeugt durch sie selbst und die künstliche Intelligenz.

Um allerdings das wirklich wichtige Wissen herauszufiltern und unser Leben damit zu verbessern, benötigen wir mehr denn je in unserer Geschichte vertrauenswürdige Personenmarken, die Wissen bewerten und uns eine ordnende, seriöse Hand anbieten.

In nur zwei Jahren hat unsere Spezies 90 Prozent aller Informationen und Daten, die es weltweit gibt, geschaffen – das berichtet ein aufsehenerregender Artikel des US-Wirtschaftsmagazins *Forbes*.[1]

Um 1900 verdoppelte sich das Wissen der Menschheit lediglich etwa alle 100 Jahre. Heute verdoppelt es sich in nur einem einzigen Jahr, und mit der Fortentwicklung der künstlichen Intelligenz erwarten Forscher einen massiven, ja explosiven Anstieg des Wissens.[2]

Das hierbei entstehende Problem: Vertrauenswürdige Speichermedien des Wissens wie Bibliotheken oder Fachpublikationen sind träge, sie bedürfen ebenso eines hohen Maßes an Eigenanstrengungen der Wissenskonsumenten. Wissen in Bibliotheken muss mühsam gefunden, gesichtet und gefiltert werden. Erst danach kann es überhaupt konsumiert werden.

Hochqualifizierte Experten, Ärzte, Anwältinnen, Beraterinnen, Coaches und weitere Wissensarbeiter werden dringlicher benötigt als jemals zuvor.

Menschen mit hochwertigen, vertrauenswürdigen Personal Brands und zugleich hohem Fachwissen können die Inhalte ihres Fachbereichs leicht konsumierbar machen und verständlich aufbereiten. Sie sind in Talkshows gefragte Expertinnen und Experten, schreiben Bücher und werden als Autoritäten in ihrem Fachbereich wahrgenommen. Außerdem können sie außergewöhnlich hohe Honorare dafür verlangen.

Wissen ist heute digital – und wertlos

Heute entstehen 99,9 Prozent allen Wissens digital. Damit dieses Wissen gespeichert werden kann, betreiben Cloud-Anbieter wie Microsoft oder Amazon gigantische Serverfarmen.[3]

Allein Amazon Web Services (AWS) unterhält beispielsweise 1,4 Millionen Server. Digitales Wissen ist deutlich leichter zugänglich als analoges: Es kann über Suchalgorithmen sehr schnell durchsucht und kategorisiert werden.

Heute ist das Wissen digital komprimiert und auf jedem Smartphone überall und jederzeit verfügbar, ohne dazu große Anstrengungen unternehmen oder auch nur das eigene Haus verlassen zu müssen.

Wissen wird damit zu einem reißenden, inflationären, diffusen Strom aus wertlosen Informationen. Denn mit reiner Information kann niemand etwas anfangen.

Erst durch Experten entsteht aus wertloser Information wertvolles, hochwertiges Wissen, das die Lebenswirklichkeit von Menschen verändern kann.

Wissen, das das Leben von Menschen verbessert, ist derart wertvoll, dass von unserer Zeit auch als dem Wissenszeitalter gesprochen wird. Die größte Wertschöpfung leistet heute nicht länger die Werkbank, sondern das Wissen, gepaart mit einer hochwertigen Personal Brand.

Die Ära, in der wir leben, könnte somit auch das Zeitalter der Personal Brands heißen.

Experten wissen von immer weniger immer mehr

Noch um 1800 und damit erst vor rund 200 Jahren gab es die letzten großen Universalgelehrten, Alexander von Humboldt beispielsweise. Er, auf sich allein gestellt, bereiste und kartierte die Welt. Er allein erweiterte das Wissen und den Horizont der Menschheit auf eine heute unvorstellbare Weise. Menschen suchten ihr Seelenheil und auch so manchen lebensnahen Ratschlag nach seiner Rückkehr. Alexander von Humboldt war seinerseits eine bekannte Personenmarke und selbst am preußischen Königshof ein gern gesehener, prominenter Gast. Das über die Jahre in all seinen Weltreisen gesammelte Wissen bereitete er erzählerisch und unterhaltsam auf, sodass ihm sein Publikum an den Lippen hing.[4]

Auch Gottfried Wilhelm Leibniz gilt als Universalgenie und war Philosoph, Wissenschaftler und Mathematiker, der eigenhändig die Differenzial- und Integralmathematik erfand, in einer Person zugleich.

»Der letzte Mann, der alles wusste«: Athanasius Kircher

Vielleicht darf man diese Überschrift nicht allzu wörtlich verstehen – aber es gibt eine gleichnamige Biografie über den Universalgelehrten Kircher.[5]

Athanasius Kircher, geboren 1602, hat sich zeit seines Lebens auf unterschiedlichste Themen konzentriert, die eine bunte Vielfalt sind aus Akustik, Mechanik, Chemie, Biologie, Musik, Sprachen, Geschichte und Astronomie. Selbst mit der Farbenlehre hat er sich beschäftigt.

Zu diesen Themen hat Kircher auch in erheblichem Umfang veröffentlicht, so etwa die 1641 erschienene Monografie *Magnes* über Magnetismus, das musikwissenschaftliche Werk *Musurgia universalis* oder ein frühes Werk über die Pest.

Zahlreiche Wege in Deutschland sind nach Kircher benannt, beispielsweise der Kircherweg in Paderborn; in vielen anderen Städten gibt es außerdem Athanasius-Kircher-Straßen. Nach ihm wurde der Mondkrater Kircher benannt.[6]

Und heute? Selbst das Wissen eines lange an einer Universität ausgebildeten Mediziners genügt längt nicht mehr; der Hausarzt hat heute vor allem Lenkungs- und Orientierungsfunktion. Sogar eine Volkskrankheit wie der Bandscheibenvorfall erfordert heutzutage das Wissensspektrum eines ausgewiesenen Facharztes, um die beste Behandlung zu empfehlen. Noch stärker spezialisiert haben sich die oft an Universitätskliniken konzentrierten Fachexperten, die sich mit den »seltenen Krankheiten« auseinandersetzen. Derartige Krankheiten waren vor überschaubarer Zeit überhaupt noch nicht bekannt. Über 6000 solcher Krankheiten sind heute erfasst, 80 Prozent davon gelten als genetisch bedingt – und über 4 Millionen Menschen leiden allein in Deutschland an einer solch seltenen Krankheit.[7]

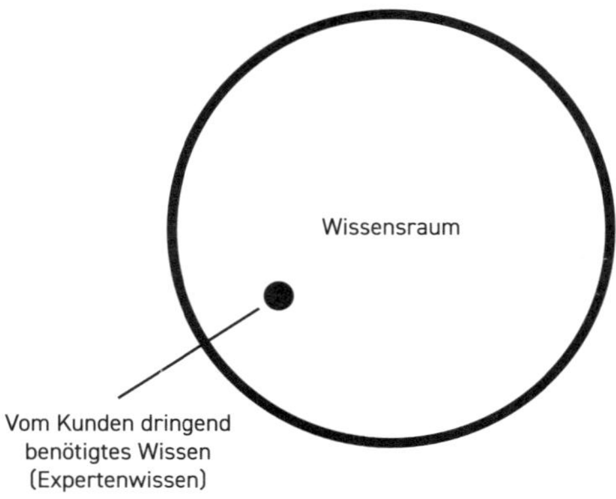

Ein Kunde benötigt für die Lösung seines konkreten Problems nur einen kleinen Wissenspunkt. Das Problem: Diesen im großen Raum des gesamten Wissens überhaupt zu finden. Genau das leistet ein Experte.

Quelle: Eigene Darstellung.

Oft gibt es nur eine kleine Handvoll von Topärzten weltweit, die sich auf solch seltene Krankheiten spezialisiert haben; sie haben einen exakten Wissenspunkt im Gesamtraum des Wissens. Menschen, die an einer derartigen Krankheit leiden, wollen unbedingt von einem solchen Experten behandelt werden. Dafür nehmen sie sogar große Wege und Wartezeiten in Kauf. Das Honorar für ihre Leistung können diese Experten beliebig festlegen.

Derartige Experten werden – halbgottähnlich und mit größtmöglichem Respekt – als »Koryphäen« bezeichnet. Sie haben sich ihre eigene Personal Brand aufgebaut, werden in Talkshows als gefragte Fachexperten eingeladen und schreiben Bestseller-Ratgeber über ihre Themen. In Massen- und Fachmedien sind sie vielzitierte Experten, beispielsweise Dietrich Grönemeyer. Von der Presse als »Rückenpapst« bezeichnet, wurde er längst zur starken Personenmarke.

Der Hausarzt weiß von den einzelnen Teilen seines großen Fachgebiets wenig. Die Koryphäe hingegen weiß von ihrem sehr eng gefassten Fachgebiet alles.

Was universell gilt: Immer mehr Experten wissen von immer mehr eher wenig, haben dagegen von einem immer kleineren Spezialgebiet mehr Wissen.

Das gilt etwa für die Mandarin-Übersetzerin, die eben nicht nur einfach aus dem Deutschen übersetzt, sondern sich auf den Pingdi-Yaohua-Dialekt spezialisiert hat. Es gilt ebenso für die Landschaftsarchitektin, die sich auf die Auswahl der besten Fauna und Flora für die Ruhezone von Schwimmteichen spezialisiert hat. Und es gilt für den Anlageberater, der sich statt auf Aktienanlagen auf hochkomplexe Offshore-Finanzderivate ausgerichtet hat, damit er besonders vermögende Klienten erreichen und hohe Honorare durchsetzen kann.

Im Fake-News-Zeitalter misstrauen Menschen Information

Die Wissensexplosion bringt ein weiteres dringendes Problem mit sich: Wie soll hochwertiges von minderwertigem Wissen unterschieden werden – oder sogar von Fake-Wissen?

Um wahres Wissen von Fake-Wissen zu unterscheiden, hat sich die Wissenschaft im Rahmen der Wissenschaftsevolution und etwa beginnend ab der Aufklärung Binnenregeln auferlegt. Durch Karl Poppers Arbeiten ist das Fachgebiet der Wissenschaftstheorie ins Zentrum gerückt und stellt hohe Anforderungen an das Wissen. Im Vordergrund steht dabei der Erkenntnisgewinn. Wissenschaftliches Denken wird insbesondere an den Universitäten geschult und das Auge von Studentinnen und Studenten dafür geschärft.

Ausgebildete Experten ihrer Fächer sind darin geschult, wahres von falschem Wissen zu trennen und Letzteres überhaupt erst zu erkennen. Die Einzelfächer haben ihrerseits eigene Methoden entwickelt, um handfeste Arbeitsanleitungen für die Experten ihrer Disziplin zu entwickeln. Beispielsweise setzen die evidenzbasierte Medizin und die daraus resultierenden Ärzteleitlinien enge Grenzen und machen nachvollziehbar, welche Behandlung bei einer bestimmten Diagnose sich als nachweisbar wirksam erweist.

Es liegt am Arzt selbst, diese Leitlinien in eine für den Laien gut verständliche Sprache zu übersetzen. Liegt ein Vertrauensverhältnis vor, kann der Behandler seinen Patienten nicht nur informieren, sondern ihn sogar vor größerem Schaden bewahren.

Die künstliche Intelligenz leistet diese Wissensübersetzung nicht nur nicht, sondern produziert zuhauf groteske Falschinformation. Oftmals tarnt sie Fake-Informationen fatalerweise so geschickt, dass selbst erfahrene Experten sie für bare Münze nehmen.

Die *Tagesschau* berichtete von einem Fall, bei dem ein Rechtsanwalt sich von dem KI-Tool »ChatGPT« Präzedenzfälle heraussuchen ließ. Der Fall selbst klang nicht allzu komplex: Ein Passagier war während eines Flugs von einem Servierwagen verletzt worden und forderte nun Schadenersatz von der Airline.

Erst als der Anwalt den Fall vor Gericht brachte, kam heraus: Die von der künstlichen Intelligenz herausgesuchten vergleichbaren Fälle mit glaubhaft klingenden Namen wie zum Beispiel »Martinez gegen Delta Airlines« hatte die Software frei erfunden – einschließlich der ebenfalls frei erfundenen, glaubwürdig klingenden Aktenzeichen.[8]

Kein geringerer als der Google-Chef Sundar Pichai warnt angesichts der Fake-Information alle Wissensanbieter: »Wir müssen uns als Gesellschaft darauf einstellen.« Er sieht vor dem Hintergrund von Deepfakes, Desinformationen, gefälschten Nachrichten und sogar Bildern »großen Schaden«, die die KI anrichtet.[9]

Große Chance: Google bevorzugt Personal Brands vor Wissen

Explodierende Wissensmengen, unsichere Quellenlage, künstliche Intelligenz: Hiervon bedroht wird das Geschäftsmodell von Informationsanbietern wie Google. Schließlich besteht deren Grundlage ausschließlich darin, hochwertiges, vertrauenswürdiges Wissen auszuliefern, so wie das vor wenigen Dekaden noch das Geschäftsmodell der klassischen Großlexika wie dem *Brockhaus* oder der *Encyclopedia Britannica* war.

Es kam einem Erdbeben gleich, als kein Geringerer als der Google-CEO Eric Schmidt persönlich erklärte: »Brands sind nicht das Problem, sondern die Lösung. Brands sortieren die Kloake aus.«[10]

Brands – auch Personal Brands – haben ein großes Eigeninteresse daran, mit hochwertigen, einwandfreien Produkten und Informationen in Verbindung gebracht zu werden. Sie schaden ihrem Eigeninteresse, wenn sie dagegen verstoßen. Dabei gilt: Je wertvoller eine Brand, desto mehr wird deren Besitzer bestrebt sein, sie zu schützen.

Damit stehen starke Brands und Google auf der gleichen Seite und sind von dieser Warte aus partnerschaftlich miteinander verbunden. Das ist zugleich eine große Chance für jeden Wissensanbieter. Denn es wird zunehmend leichter, die vorderen Seiten der Suchmaschinenergebnisse für Ihre wichtigsten Themen zu besetzen, wenn Sie eine gute Brand haben.

Qualitätssignale dafür sind beispielsweise Berichterstattungen über Sie und Ihre Themenfelder in seriösen Medien mit redaktionell aufwendiger Prüfung. Oder ein eigener Wikipedia-Eintrag zu Ihrer Person, dessen Existenz übrigens an weitere Qualitätssignale geknüpft ist und von Google daher besonders priorisiert wird.

Das Google-Geschäftsmodell wird daher seit einiger Zeit umgebaut; der Algorithmus trägt jetzt den Namen »Google EEAT« – und bevorzugt nunmehr starke Brands.[11]

Früher wurden vor allem Inhalte herangezogen (der erste Buchstabe im »Google-EEAT« steht für Expertise), um auszuwählen, welche Websites die besonders gut sichtbaren und folglich wirkmächtigen ersten Plätze der Google-Suchergebnisse belegen.

Heute ist die Expertise eine Selbstverständlichkeit; ohne diese ist nicht nur der Aufbau einer Personal Brand wenig erfolgversprechend, sondern auch eine traffic-starke Google-Nennung kaum realistisch.

Die übrigen drei Buchstaben des »Google EEAT« können allen voran geliefert werden seitens guter Brands: Experience (Erfahrung), Authority (Autorität), Trust (Vertrauen).

Auch Google hat also begonnen, vom Informationszeitalter auf das Zeitalter der Personal Brands umzustellen. Das wird diejenigen Menschen und Unternehmen zunehmend vor Probleme stellen, die noch im alten Zeitgeist verhaftet sind.

Menschen suchen die ordnende Hand von Experten

Angesichts der Wissensüberforderung und konfrontiert mit der Angst, Fake-Wissen aufzusitzen, suchen Menschen die ordnende Hand von Experten. Somit suchen sie Orientierung. Und dafür sind sie gewillt, sehr gut zu zahlen.

Eine Veranschaulichung: Denken Sie an den Zahnarztbesuch. Früher gab es Füllungen aus Amalgam. Damit war – weil es gar keine Alternative gab – die Entscheidung getroffen.

Und heute? Vor der Behandlung fragt Sie Ihr Zahnarzt, welches Füllmaterial er für Ihren Zahn verwenden soll. In aller Regel bietet er Ihnen gleich drei verschiedene Komposit- und zwei weitere Zementvarianten an. Außerdem gibt es mehrere Kunststoffe. Alternativ kommen Inlays und diese wiederum in den verschiedensten Materialien infrage: Gold in mehreren Legierungsvarianten, Keramik oder Spezialkunststoff. Es gibt auch noch die seltenere Onlay-Variante – ebenso diese in zahlreichen Ausführungen.

All diese Füllungen haben ihre individuellen Vor- und Nachteile, was beispielsweise Haltbarkeit, Optik, Behandlungserfolg, Nachhaltigkeit und selbstverständlich die Kostenseite anbelangt.

Als Patient sind Sie da erleichtert und beruhigt zugleich, wenn Ihnen Ihr Zahnarzt die Hand auf den Arm legt und mit sonorer Stimme sagt: »Wenn Sie meine Tochter wären, würde ich Ihnen die Inlay-Variante aus Keramik empfehlen. Sie ist zwar etwas teurer, aber ich habe in meiner Praxis damit die allerbesten Erfahrungen gemacht.«

Vor dem Hintergrund, dass Sie mit Ihrer Füllung vielleicht Ihr restliches Leben verbringen werden, würde es durchaus Sinn ergeben, sich zwei oder drei Stunden etwas in die Materie einzulesen, um dann gemeinsam mit dem Zahnarzt eine gut informierte Entscheidung zu treffen. Oder Ihren Zahnarzt zu bitten, Ihnen ausführlich die Vor- und Nachteile der Füllungen darzustellen.

Wer übrigens selbst sucht, wird angesichts der Wissensmenge schnell überfordert sein: Die Suche zum Stichwort »Vor- und Nachteile von Zahnfüllungen« bringt 11000 Ergebnisse und gut 50 mehrseitige, umfassend recherchierte sowie übrigens auch für den Laien durchaus verständliche Artikel. Einige scheinen von einem KI-Roboter verfasst; aber die allermeisten sind überprüfbar von Fachredakteuren und Zahnärzten erstellt.

Angesichts dieser Wissensexplosion verlassen sich die meisten Menschen auf ihren Zahnarzt, der sie vielleicht schon jahrelange behandelt und dem sie daher vertrauen. Ergo folgen sie intuitiv und in Sekundenschnelle seiner Empfehlung. Damit übernimmt der Zahnarzt vor allem eine Orientierungsfunktion in seiner Führungsfunktion als Experte. Und solange der Kunde seinem Zahnarzt vertraut, folgt er oft blind seiner Empfehlung.

Menschen suchen den Rat der Nummer eins eines Fachgebiets

Menschen sind bestrebt, ihr Problem bestmöglich zu lösen – sie wollen die »Chefarztbehandlung«. Das klingt derart offensichtlich, dass es nicht der Rede wert zu sein scheint. Schließlich würde niemand, so er denn die Wahl hat, die zweitbeste Lösung wählen.

Es ist vermutlich eine der am häufigsten anzutreffenden Werbebotschaften: »Wir sind die Nummer eins in unserer Branche« – das gilt für Fertighaushersteller ebenso wie für Versicherungen oder Banken. Niemand wird damit werben, die Nummer zwei und damit der Zweitbeste zu sein.

Wer ein solches Werbeversprechen einsetzt, muss dieses objektivieren und somit belegen. Festzurren kann er das beispielsweise an Marktanteilen oder dem größten Umsatz innerhalb einer Branche.

Die Nummer eins einer Branche ist nicht derjenige mit der besten Leistung

Bei Wissensanbietern ist die Lage eher unübersichtlicher. Hier liegt es meist im Auge des Kunden, wer als Nummer eins wahrgenommen wird. Klassische Kriterien wie Umsatz oder Marktanteil spielen aus Kundensicht keine Rolle bei der Einschätzung, welcher Experte die Nummer eins bei der Lösung eines konkreten Problems ist.

Der wohl größte Vorteil für das Geschäftsmodell von Experten
Menschen kaufen nie das beste Produkt, sondern das Produkt, das sie für das beste halten und dem sie vertrauen.

Das kennzeichnet den wesentlichen Inhalt dieses Buches, wie wir später noch sehen werden. Einen speziellen Ausdruck findet dies, wenn es um die Durchsetzung hoher Honorare gegenüber dem Kunden geht.

Aber Vorsicht: Es ist ein gefährlicher Fehlschluss zu glauben, dass aufwendig erworbenes Wissen vom Kunden nicht wertgeschätzt würde! Ihr Klient setzt Fachkenntnisse vielmehr als eine Selbstverständlichkeit und robustes Qualitätsmerkmal voraus. Wenn Sie sich etwa von einem Fachanwalt für Verkehrsrecht beraten lassen, nachdem Sie Ihren Führerschein verloren haben, erwarten Sie als Mindestanforderung, dass dieser Experte inhaltlich über jeden Zweifel erhaben ist. Auch der Gesetzgeber hat gleich mehrere qualitätssichernde Grenzen gesetzt: Anwaltlich beraten dürfen nur Rechtsanwälte; ärztlich tätig werden dürfen nur approbierte Ärzte.

Kunden setzen voraus, dass der Anwalt bereits viele ähnliche Fälle verteidigt hat, sich auch mit den neuesten Urteilen vertraut gemacht hat und mögliche Fallstricke sowie Abkürzungen einer Gerichtsverhandlung kennt. Somit erwarten Sie als Mandant, dass Sie am Ende Ihren Führerschein zurückbekommen.

Eine Personal Brand kann nur dann als Hebel für Sie wirken, wenn Ihr fachliches Wissen jeder noch so deutlichen Prüfung standhält – ansonsten werden Sie als »Luftnummer« enttarnt.

Es muss nicht immer die Nummer eins sein – zur Top Ten zu zählen, genügt meist

Zwar ist das Leitthema dieses Buches, dass Sie und Ihre Personal Brand als führend – idealerweise als Nummer eins – in Ihrer Branche wahrgenommen werden. Das ist jedoch nur verkürzt dargestellt und darf in der Praxis deutlich geweitet werden.

Wenn Sie ein nur kleines Themenfeld besetzen oder ein zwar großes Wissensgebiet bedienen, Ihre Dienstleistung dafür aber ausschließlich örtlich begrenzt anbieten, sollten Sie als Nummer eins wahrgenommen werden. Wenn Sie etwa in Ihrer Stadt als führende Psychologin mit dem Schwerpunkt Lernprobleme bei Kindern wahrgenommen werden wollen, sollte es Ihr Ziel sein, als Nummer-eins-Expertin regelmäßig in Ihrer Kreiszeitung zitiert zu werden und als gefragter Gast in Ihr Lokalradio eingeladen zu werden.

Wenn Sie allerdings in einem größeren Radius unterwegs sind und Ihre Dienstleistung beispielsweise deutschlandweit anbieten, sieht es anders aus.

Es kann dann vollauf genügen, zur Top Ten zu zählen – dies gilt noch immer als erkennbares Qualitätssignal. Zu den Top Ten der bundesweit besten Herzchirurgen oder Sprachtherapeuten zu gehören, kann aus Kundensicht das bessere Qualitätsmerkmal sein – besser noch, als wenn man als Nummer eins wahrgenommen würde, allerdings nur in der eigenen Stadt. Solche Top-Ten-Listen sind nicht nur verbreitet, sondern scheinen überaus beliebt zu sein. Der Begriff wird regelmäßig bei der Betrachtung von Musikerfolgen verwendet – wer unter den Top Ten der Charts ist, gilt also besonders erfolgreich.

Aber auch im Bereich der Wissensanbieter gibt es solche Topranglisten: Das *Focus*-Magazin veröffentlich beispielsweise regelmäßig Sonderhefte mit Listen der besten Anwälte, Ärzte oder Coaches.

In weltweiten Maßstäben betrachtet kann sogar eine Top-100-Liste Ihre große Kompetenz herausstreichen: Wenn Sie es beispielsweise in die Top 100 der Tennisweltrangliste geschafft haben, werden Sie vermutlich zugleich als Nummer-eins-Tennisspieler in Ihrer Stadt wahrgenommen.

> Die Grundregel lautet also: Je größer Ihr Aktionsradius ist, desto größer darf die Vergleichsbasis der Anzahl Ihrer direkten Mitbewerber sein.

Warum Sie einzigartig werden müssen

Können Sie die Arbeit eines Experten wirklich beurteilen? Können Sie zielsicher einschätzen, wer zur Top Ten zählt oder wer sogar die Nummer eins ist?

Wir alle sind auf die Expertise von Spezialisten ihres Fachgebiets angewiesen und urteilen mehr oder weniger blind und in Sekunden: Welche ist die haltbarste Dachpfanne fürs Haus, was die beste Ölsorte für unser Auto? Auf welche Schule schicke ich meine Kinder? An welchen Psychologen wende ich mich?

Die fachliche Qualität können Nicht-Fachleute gar nicht beurteilen. Wir wollen uns mit unseren Problemen an die besten Experten wenden – niemand nimmt freiwillig den zweitbesten. Oder würden Sie ernsthaft Ihre Ehe retten wollen bei dem, der als der »zweitbeste Paartherapeut« Ihrer Stadt gilt? Würden Sie die Herz-OP beim zweitbesten Herzspezialisten durchführen lassen wollen?

Ihre Kunden wollen das Äquivalent einer »Chefarztbehandlung«. Für den Zugang zur Nummer eins (dem Chefarzt eben) zahlen sie sehr gern; es ist sogar ein wichtiges Kaufargument der privaten Krankenversicherungen. Patienten berichten stolz: »Ich bin vom Professor, einer der namhaftesten Ärzte für Kardiologie, persönlich behandelt worden.« Niemand berichtet dagegen stolz, er sei »vom Oberarzt« behandelt worden – selbst, wenn dieser aufgrund seiner viel zahlreicher durchgeführten Operationen der fachlich Erfahrenere wäre.

Menschen buchen immer den Experten mit dem besten Ruf

Meist erkundigen wir uns zunächst im Freundeskreis, wenn wir Fachleute wie zum Beispiel den besten Paartherapeuten oder den besten Geldanlageberater suchen. Und das gelingt oft sehr gut: Bekannte Experten haben sich im Laufe ihrer Karriere einen »Ruf« erarbeitet.

Das, was heute unter dem Begriff »Personal Brand« zusammengefasst wird, hieß früher (und klingt heute etwas altbacken): »Ruf«. Dieser Ruf ist derart stark mit dem eigenen Vor- und Nachnamen verbunden, dass es landläufig etwa heißt: »Sie hat sich einen Namen als führende Expertin für die Bobath-Therapie gemacht.«

Prof. Dr. Claus Hipp produziert mit rund 3200 Mitarbeitern die bekannte Hipp-Babynahrung – und tritt als starke Personal Brand in der TV-Werbung auf mit dem Claim: »Dafür stehe ich mit meinem Namen.« Der Konzern schreibt dazu im Hinblick auf die Markenkommunikation: »Durch ihn wird das Hipp-Gläschen zur bekannten Marke.«[12]

Die gesamte Marketingkampagne des Hipp-Konzerns, der über 1 Milliarde Euro pro Jahr umsetzt, baut auf dem Namen von Claus Hipp auf. Wenn Sie den wichtigsten Menschen, den es im Leben von Eltern gibt – Ihr Baby – einer Personal Brand anvertrauen, weil sie dafür persönlich bürgt, dann zeigt das die große Bedeutung des Rufs. Auch deswegen ist Hipp als »Marke des Jahrhunderts« ausgezeichnet worden.

Der Ruf eines Experten – sprich dessen Personal Brand – eilt ihm voraus und ist damit das wichtigste Alleinstellungsmerkmal, das Klienten magisch anzieht. Dieser Ruf verbindet sich mit dem Namen und macht ihn damit zur einzigartigen Marke. Eine solche Personal Brand ist eines der stärksten Argumente für einen Kunden, sich für Sie zu entscheiden.

Checkliste: Wie stark ist Ihre eigene Personal Brand?

Woran nun erkennen Sie eine einzigartige Personal Brand? Hier eine kurze Checkliste:

- ☐ Nimmt Ihr Kunde lange Wartezeiten in Kauf, um Sie persönlich konsultieren zu können?
- ☐ Nehmen Sie weit überdurchschnittliche, branchenuntypisch hohe Honorare, die damit zum Qualitätsausweis werden?
- ☐ Fällt Ihr Name regelmäßig in den Tageszeitungen Ihrer Stadt und in überregionalen Fachmagazinen? Rufen Fach- und Lokalredakteure Sie zu Ihrem Fachgebiet an, wenn eine Expertenmeinung eingeholt werden soll?
- ☐ Findet Ihr Kunde auf der Suche nach Ihnen digitale Qualitätssignale, zum Beispiel einen fachlich gut ausgearbeiteten Wikipedia-Eintrag zu Ihrer Person oder gleich mehrere Nennungen als Topexperte in großen, bekannten Magazinen, Fachzeitschriften oder der tagesaktuellen Presse?
- ☐ Sind Ihre Kunden stolz darauf, mit Ihnen zusammenzuarbeiten? Berichten sie in ihrem Freundeskreis stolz davon, dass sie eine Ihrer raren Beratungsstunden ergattern konnten?
- ☐ Sind Sie unter Ihren wichtigsten Suchbegriffen auf der ersten Google-Seite zu finden?

Keine Personal Brand? Das ist brandgefährlich!

Sie haben gar keine Personal Brand? Das ist die denkbar schlechteste aller Varianten – denn dann sind Sie völlig indifferent und auswechselbar und Ihre Kunden buchen Sie ausschließlich aufgrund Ihres Wissens, Könnens und Ihrer Fähigkeiten.

Wenn Sie zum Beispiel angestellter Fachanwalt in einer Anwaltskanzlei sind, können Sie in Ihrem Fachgebiet jederzeit durch einen Kollegen ersetzt werden, ohne dass sich Ihr Mandant daran stören wird. Selbst wenn Sie außergewöhnlich gut sind, haben Sie sich eben keinen eigenen Namen geschaffen.

Als niedergelassene Therapeutin bucht Ihr Patient Sie nur deshalb, weil Sie gerade einen Termin freihaben oder zufällig bei ihm in der Nähe sind.

Eine fehlende Personal Brand schließt für Sie die Tür zu attraktivem Hochpreis-Klientel.

Ihre Personal Brand muss erinnerungsfähig sein

Eine Personal Brand muss eingänglich sein; nur dann wird sie überhaupt als starke Marke wahrgenommen und im Kopf Ihrer Kunden langfristig gespeichert. Das Stilmittel dazu heißt Charisma. Und das funktioniert. Denn Menschen empfinden selbst Konsumgüter als charismatisch. Prüfen Sie selbst: An welches Auto erinnern Sie sich eher? Vermutlich an einen nagelneuen Ford Galaxy – denn mit starkem Motor, automatischem Fernlicht, neuesten Sicherheitsfeatures und Klimaanlage ist er ein perfektes Fahrzeug. Ein alter Citroen 2CV (»Ente«) ist dagegen ein rückständiges, veraltetes Fahrzeug, das längst nicht mehr gebaut wird. Es würde heute keinem Crashtest mehr standhalten und ist selbst mit einem einfachen Überholvorgang überfordert, weil der Motor hoffnungslos überaltet ist. Das Fernlicht ist nicht nur nicht automatisch, sondern lässt sich vom Fahrer nur über einen Lenkstockschalter zuschalten. Die Klimaregulierung überlässt der 2CV dem aufzurollenden Stoffdach. Und erst das Design! Vermutlich beschäftigt der Ford-Konzern ausgezeichnete Autodesigner, während der 2CV mit seinen Ecken, Kanten und Macken aussieht wie – eben eine Ente.

Aber an welches Auto erinnern Sie sich aus ganzem Herzen und in großer Emotion, wenn Sie an Ihren letzten Ibiza-Urlaub zurückdenken? Denken sie hier an den Ford Galaxy, das perfekte Auto also, oder an die charmante, charismatische, aber unvollkommene »Ente«? Vielleicht fotografieren Sie einen alten, offen am Strand geparkten 2CV und erinnern sich zugleich an die Frau Ihres Lebens, die Sie als Student das erste Mal in einer Ente sahen? Würden Sie hingegen einen Ford Galaxy fotografieren oder sich auch nur an ihn erinnern?

Die Ente schillert über ihren Charakter, sie ist emotional besetzt und verklärt. Gerade die Imperfektion ist ein besonderes charismatisches Merkmal, das Menschen anzieht. Perfektion wird als aalglatt und langweilig empfunden. Und allzu viel Perfektion kann sogar Aggression hervorrufen.

Eine Personal Brand darf also ebenso ein wenig schillernd sein, dies im Sinne von außergewöhnlich. Denn nur wer seine Brand mit Ecken, Macken, Kanten – kurzum einem Charisma – ausstattet, bleibt im Gedächtnis der Menschen hängen und bietet seinen Kunden außerdem einen Anschluss, über den der Kunde den eigenen Ruf transportiert. Eine solche Personenmarke ist »merkwürdig« im ursprünglichsten Wortsinn.

Gerald Hörhan ist so ein Beispiel. Er ist Harvard-Absolvent und hat von dort einen Abschluss in angewandter Mathematik und Wirtschaft. Er gilt heute als Topimmobilienberater und hat zu diesem Thema mehrere Bestsellerbücher geschrieben, wird dazu gern als Talkshowgast eingeladen, und die Medien berichten regelmäßig über ihn.

Seine Besonderheit? Er tritt eben nicht in Businessanzug und Krawatte, sondern mit Lederjacke und in Rocker-Attitüde auf. Somit ist er eine solch schillernde Personal Brand – und daraus hat er die Marke »Investment Punk« geschaffen. Sein gleichnamiges Buch ist ein Bestseller. Und selbst die sehr konservative *Wiener Zeitung* attestiert Gerald Hörhan einen zwar – so wörtlich – »nassforschen« und unangepassten Stil, aber hochwertigen, glaubwürdigen Inhalt.[13]

Gerald Hörhan ist durch sein Studium an einer der weltweit renommiertesten Universitäten fachlich über jeden Zweifel erhaben und hat es zur starken, polarisierenden und vor allem hochpreisigen Personal Brand gebracht, während zahlreiche andere Immobilienberater händeringend nach Publikum suchen.

Wer allzu artig ist, bleibt ungesehen – und geht dann als Allerweltsexperte im Meer zahlreicher anderer Experten ungesehen unter. In den USA gibt es für diese Art von Experten den abfälligen Begriff »Suits«, also austauschbare Anzugträger ohne jeden Eigenstil und Charisma.

Steve Jobs meinte dazu: »Es ist besser, Pirat zu sein, als der Marine beizutreten.«[14]

Sofern Sie in Ihrem Fachgebiet exzellent sind, können Sie sich ein unangepasstes, etwas schrilles Auftreten durchaus leisten. Aber nur etwas! Zu schrill stößt Menschen ab.

Somit könnten Sie als weiblicher Businesscoach entweder artig im Hosenanzug und Ballerinas auftreten. Oder Sie wählen die unartige, unerwartete Attitüde und tragen stattdessen knallgrüne Sneaker und einen Hoodie. Sofern Ihre Leistung hervorragend ist und das Business, das Sie beraten, voranbringt, kann Ihnen das helfen. Ein solches Auftreten verleiht Ihnen – neben vielen weiteren Aspekten – ein Charisma und damit einen Wiedererkennungswert.

Im Erfolgsfall berichtet der Klient vielleicht: »Ich habe mich gleich wohlgefühlt bei ihr, sie war eben keine der üblichen Unternehmensberaterinnen im Anzug, sondern kam im Hoodie zu uns! Klar, wer solche Regeln bricht, hat damit gleich die Aufmerksamkeit des ganzen Vorstands und frischen Wind in die Diskussion gebracht. Sie hatte dann ein paar richtig disruptive, erfrischend neue Ansätze für unser etwas angestaubtes Unternehmen, die wir mit gutem Erfolg umgesetzt haben«.

Im Misserfolgsfall hingegen – also falls Ihre Beratungsleistung nicht ausgereicht hat und das beratene Unternehmen eben keinen Wert aus Ihrem Coaching ziehen konnte, ist es Ihrem Kunden egal, ob Sie im Anzug oder im Hoodie die hohen Erwartungen nicht erfüllt haben.

Charisma ist nicht ab Geburt angelegt, sondern lässt sich lernen und insbesondere im Businessumfeld trainieren. Ein späterer Teil hier im Buch zeigt, welche unausgesprochenen Regeln es dafür gibt, und wie Sie selbst vorgehen können, um Menschen im Gedächtnis zu bleiben.

Wenn Sie nicht online gefunden werden, finden Sie nicht statt

Shawn Parker, Napster-Gründer und früher Facebook-Investor, ist eine hochgradig schillernde, merkwürdige Personenmarke. Sein Vermögen wird auf knapp 3 Milliarden US-Dollar geschätzt.

Im Film *The Social Network* wird er als Investor von den Facebook-Gründern umworben. Einer der Gründer bleibt aber skeptisch angesichts der schillernden Vorgeschichte Parkers. Er sagt: »Shawn, was man über dich so im Internet liest ...« und lässt das Satzende bedeutungsschwanger offen.

Daraufhin entgegnet Shawn Parker: »Weißt du, was man über dich liest? Nichts, absolut nichts!«[15]

Wenn – wie bereits dargestellt – weit über 90 Prozent allen Wissens heute online entsteht, ist eines klar: Ihre Personal Brand müssen Sie heute vor allem digital aufbauen und pflegen.

Egal, was Sie auch für sich buchen wollen: Sie werden zunächst im Internet danach suchen und sich einen Überblick verschaffen, wie gut das Angebot wirklich ist. Bevor Sie ein Hotel buchen, schauen Sie sich Fotos davon an, und zwar vermutlich nicht nur die professionellen, vom Hotel erstellten Fotos, sondern vor allem die Fotos anderer Gäste. Und Sie achten selbstverständlich auf deren Urteile und Bewertungen.

Sie suchen eine Kaffeemaschine? Bei einer ersten Amazon-Recherche achten Sie sehr genau auf die Zahl der Sterne, die Kunden vergeben. Allzu schlecht bewertete Produkte bestraft Amazon übrigens mit geringerer Sichtbarkeit bei Suchanfragen oder, im schlimmsten Fall, sogar mit einem Ausschluss von der Plattform. Wer mit nur 3 Sternen (oder weniger) bewertet wird, stirbt den schnellen Businesstod der Unsichtbarkeit.

Und natürlich schauen Sie genau hin, ob ein Experte hält, was er verspricht: Ist der Therapeut wirklich so gut?

Ganze 74 Prozent aller Käufer suchen immer, sehr oft oder oft nach Kundenmeinungen vor dem Kauf. In einer Studie konnten Digitalprodukte 75 Prozent mehr Leads gewinnen, wenn sie gute Reviews von zufriedenen Käufern erhielten.

Eines der fünf wichtigsten Kriterien für eine gute Google-Suchergebnisposition ist daher die Online-Reputation des Anbieters.[16]

Damit wird klar: Ihre Personal Brand wird heute vor allem durch Ihre Online-Reputation bestimmt. Denn wie glaubwürdig soll das sein, wenn Sie sich als Topexpertin in Ihrem Bereich inszenieren, es aber kaum Suchtreffer unter Ihrem Namen gibt und allenfalls Ihre eigene Website etwas zu Ihrer Biografie hergibt?

Damit ist eine gute digitale Präsenz der wichtigste Wertgegenstand für Ihr Expertenbusiness. Mit ihr gewinnen Sie messbar und »auf Autopilot« Neukunden.

Die gute Nachricht: Es gibt klare, kostengünstige und angenehm niedrigschwellige Strategien, mit denen Sie Ihre digitale Personal Brand aufbauen können. Diese zu veranschaulichen, ist der wichtigste Auftrag dieses Buches.

Der 1-Minute-Google-Selbsttest

Wie gut Sie heute schon positioniert sind, zeigt Ihnen eine schnelle, einfache Google-Suche: Geben Sie testweise Ihren Namen ein: Was finden Sie selbst über sich – und was finden damit auch mögliche Interessenten über Sie – auf der ersten Seite?

Diese erste Google-Ergebnisseite ist überragend wichtig, denn der erste Eindruck zählt! Ein Interessent reduziert Sie, wie wir später noch ausführlich sehen werden, auf eine einzige Kernwahrnehmung, beispielsweise: »Aha, ein ziemlich bekannter Businesscoach für Digitalisierung in der Gastronomie.«

Wenn Sie sich selbst so positionieren, dann ist das gut, sehr gut sogar. Weil damit Ihre Businesskernkompetenz mit Ihrem Ersteindruck übereinstimmt.

Viel wahrscheinlicher ist hingegen dieses Ergebnis des Selbsttests: Sie möchten wahrgenommen werden als anerkannte Therapeutin mit nationaler Reputation für die Schmerzbehandlung des unteren Rückens. Dazu haben Sie ein eigenes, hochwirksames Set an Spezialübungen entwickelt.

Die Realität zeigt allerdings: Bei der Suche nach Ihrem eigenen Namen tauchen Sie nur als eine von vielen anderen Therapeutinnen auf – dies erschwerend mit einer mittelmäßigen Website, kaum Kundenstimmen, keinen Sie zitierenden Fachzeitschriften, allenfalls mit ein bis zwei Meldungen in Ihrer lokalen Tageszeitung sowie einem Instagram-Profil, das mit einer dreistelligen Followerzahl Bilder von Ihnen aus Ihrem privaten Tunesien-Urlaub zeigt.

Fragen Sie sich selbst: Spiegelt Ihr Google-Suchergebnis Sie zutreffend wider – und fühlt es sich nach einem Hochpreisprofil an? Oder entsteht eine Wahrnehmungs-Anspruchs-Schere?

Aus der Personal Brand entstehen Personal Assets, die lebenslang Ihr wertvollster Besitz bleiben

Eine gut ausgearbeitete und gepflegte Personal Brand führt Ihnen hochwertige Kunden zu. Damit verkauft sie Ihre Dienstleistungen in automatisierter Form: Ein namhafter Experte wirbt nicht um Kunden, und er verkauft auch nicht länger sein Angebot. Vielmehr ziehen gefragte Experten Kunden an – Sog statt Druck also.

Ein Experte, der Wartelisten führt, kann es sich außerdem leisten, unangenehme Kunden gar nicht erst anzunehmen. Die sich daraus ergebende entspannte Haltung ist eine überaus komfortable Situation, die eine Personal Brand als »Nebenrendite« mit sich bringt.

Ihre Personenmarke ist damit ein Wertgegenstand. Wären Sie ein bilanzpflichtiges Unternehmen, beispielsweise eine Kapitalgesellschaft wie eine GmbH oder AG, könnten Sie das sogar handfest ablesen: Dort wird der Wert der Marke in der Handelsbilanz als »immaterieller Vermögensgegenstand« aufgeführt. Eine Firma wie beispielsweise Beiersdorf hat selbstverständlich Fabriken, aber der dort mit Abstand wesentlichste Wert ist die firmeneigene Marke Nivea.

Gleiches gilt für Coca-Cola und auch für Gucci: Die dahinterstehenden Marken sind derart stark, dass diese Firmen ohne sie nicht existieren könnten.

Das gilt ebenso für Personal Brands: Helene Fischer ist eine erkennbar starke Personenmarke, die ihre Stadien allein aufgrund ihres Namens füllt. Der Inhalt wird auch hier selbstverständlich auf hohem Niveau vorausgesetzt. Helene Fischer ist ausgebildete Musicalsängerin. Aber sie ist unersetzbar: Würde der Veranstalter am Abend des Auftritts sagen, dass Helene Fischer erkrankt sei, so könnte er hier keinen Ersatz stellen. Das Publikum wäre eben nicht zufrieden, wenn es hieße: »Wir haben eine exzellente andere Musicalsängerin engagiert, die an Helene Fischers Stelle auftritt und die ebenso gut singen kann«. Das Publikum würde zu Recht sein Geld zurückfordern.

Damit ist der Markenwert Helene Fischers vermutlich Millionen wert. Personenmarken können ihre Markenkraft übrigens auch »vererben« und damit direkt in Geld übersetzen – und machen das regelmäßig. Tiger Woods Vermögen in Höhe von rund 1 Milliarde US-Dollar stammt nur zu einem Teil aus Turniergewinnen, vor allem aber aus Werbeeinnahmen. Extrem starke Personal Brands können sogar über Generationen erhalten werden. Wenn Sie beispielsweise Nachfahre der Kennedys oder Rockefellers sind und deren Nachnamen tragen, sichert Ihnen das vermutlich schon allein aufgrund Ihres Namens große Möglichkeiten, die sich direkt in Geld ummünzen lassen.

Personal Assets in unterschiedlicher digitaler Gestalt

Ihre eigene Personal Brand ist also ein wertvoller Besitz für Sie. Das manifestiert sich vor allem immateriell in Form von digitalen Assets. Hier einige Beispiele für solche digitalen Assets, die – einmal aufgebaut – besonders hochwertige Wertgegenstände für Sie persönlich sind:

- Ein eigener Wikipedia-Eintrag ist zum Beispiel der Gold-Standard für Ihre Personal Brand: Er schlägt jeden, wirklich jeden anderen Eintrag bei Google und wird nahezu immer auf Platz 1 aller großen Suchmaschinen aufgeführt. Ein Wikipedia-Eintrag ist zugleich der sofort für Ihren Kunden erkennbare Nachweis nationaler Prominenz. Und er hat weitere Vorteile: Er kann, sofern er verlinkt ist, seine große digitale Kraft an Ihre Website vererben, diese dann folglich auf Topplätze der Suchergebnisse unter den für Sie besonders wichtigen Suchanfragen zu Ihren Themen katapultieren.

- Eine mit Ihren Kunden-E-Mail-Adressen gepflegte Newsletterdatenbank kann Ihnen ausgebuchte Seminare und Coachings bescheren, indem Sie einige E-Mails an Ihre Zielgruppen versenden. Das setzt voraus, dass Sie zuvor hochwertigen Content – also Inhalte – erstellt haben, für den Ihre Kunden zu zahlen bereit sind.
- Damit wird Ihr über die Jahre erzeugter Content ein ausgesprochen werthaltiges Digital Asset. Er muss nur ein einziges Mal erstellt werden sowie Ihre wichtigsten Kompetenzen und Lehrsätze umfassen und gern auch verdichten. Das kann als Videokurs, in Form von Texten oder als Infografiken geschehen. Solcher Content ist Ihr ureigenster Wertgegenstand, der Sie – gut gepflegt und aktualisiert – lebenslang begleitet. Dessen Wert kann gar nicht groß genug eingeschätzt werden, wie uns das im nächsten Abschnitt aufgeführte Beispiel der Rechte an Songtexten zeigt.

Assets werden digital

In unserer Wissensgesellschaft werden Wertgegenstände zunehmend digital, und das gilt auch für Personenmarken. Die Assets der vorangegangenen Liste sind Beispiele für vollständig digitale Wertgegenstände, denn ein Wikipedia-Eintrag, Ihre Newsletterdatenbank oder Ihre Inhalte existieren ja nur als Bits und Bytes und haben keinerlei physische Hinterlegung.

Die Digitalisierung der Assets ist einer der größten wirtschaftlichen Trends unserer Zeit:

War für Jahrtausende Gold der üblichste Wertspeicher der Menschheit, so ist dessen Bedeutung längst durch Geld abgelöst worden. Also durch Geld, das – zumindest zum Teil – durch Goldreserven beispielsweise der Bundesbank hinterlegt und abgesichert ist.

Rein digitale Vermögensgegenstände sind seit fünf, vielleicht zehn Jahren ein zeitgeistiger Megatrend, und sie haben längst keine physische Hinterlegung mehr. So sind beispielsweise Kryptowährungen rein digitale Codeketten; und Bitcoins werden heute weltweit akzeptiert.

Auch wertvolle Kunst wandert ins Digitale und verlässt damit die Körperlichkeit. Klassische Malerei wird ihren Wert behalten. Aber für NFT-Kunst, die aus nichts anderem als einem Code besteht, der Eigentumsrechte verbrieft, werden Millionen bezahlt.

Eine Kuriosität? Vorsicht vor allzu schnellen Urteilen. Denn selbst tradierte Auktionshäuser mit großer Geschichte glauben an Digitalwerte. Das 1744 gegründete Sotheby's hat sich mit dem »Sotheby's Metaverse« völlig neu ausgerichtet. Sogar das Feuilleton der *Frankfurter Allgemeine* berichtete, dass ein solcher NFT – hier der »Cryptopunk 7523« – bei Sotheby's Metaverse für über 11,7 Millionen US-Dollar verkauft wurde.[17]

Was erhält der neue Besitzer dafür? Ein rein digitales Eigentumsrecht an einer eigenartigen und dazu recht pixeligen Zeichnung, verdingt in einer Codekette.

Kaum zu glauben? Auch Kritiker müssen anerkennen, dass der Wert eines Kunstwerks schon immer an den Namen des Künstlers geknüpft war, also an seine Personal Brand. Erst dieser große Name macht aus einer Malerei millionenschwere Kunst, wie uns das folgende Beispiel veranschaulicht:

Im Besitz einer italienischen Familie befand sich langer Zeit ein hübsch anzuschauendes Gemälde, dem aber niemand allzu großen Wert beimaß, da der Künstler unbekannt war. Erst, als das alte Stück zur Restauration musste, weil der Rahmen von der Wand gefallen war, wurde die Restauratorin Antonella di Francesco besonders aufmerksam darauf. Schließlich wurde das Gemälde als das Rembrandt-Original »The Adoration of the Magi« anerkannt und auf einen Wert von bis zu 238,5 Millionen Euro taxiert.[18]

Nur durch die Zuschreibung zu einer der berühmtesten Personal Brands der Kunstgeschichte entstand ein wirtschaftlich messbarer Wert in Höhe von fast einer viertel Milliarde Euro. Am Bild selbst hatte sich nichts verändert – es war vor und nach der Zuschreibung ein und dasselbe. Den gesamten Wert des Gemäldes trägt also die Personal Brand.

Auch andere digitale Wertgegenstände sind heute Handelsware wie früher Kaffee, Tee und Weizen in den Kontoren der Hansestädte. Bob Dylan hat ebenso wie Bruce Springsteen beispielsweise seine Urheberrechte an Musikkonzerne verkauft. Dylan erhielt 400 Millionen US-Dollar für sein Rechtepaket.

Es sei angesichts des nahenden Lebensendes an der Zeit, den Besitz in Geld umzuwandeln, das dann seine Kinder bekämen. Das erklärte Pink-Floyd-Drummer Nick Mason, nachdem die Band ihren Songkatalog verkauft hatte.[19]

Vergegenwärtigen Sie sich somit: Ihre eigene Personal Brand bleibt Ihr größter persönlicher Wertgegenstand bis an Ihr Lebensende. Er bringt Ihnen nicht nur Hochpreiskunden, und damit handfest und messbar mehr Erträge. Nein, er ist vielmehr auch vor jeder Währungsreform und einer Insolvenz geschützt und trägt Sie ebenso durch schwierige wirtschaftliche Zeiten.

Die »Superkraft«-Zutat der Personal Brand

»Ist der Ruf erst ruiniert, lebt sich's gänzlich ungeniert«, weiß der Volksmund.

Im digitalen Zeitalter verbreitet sich Ihre Personal Brand besonders einfach. Das ist ein immenser Vorteil für Sie, weil Sie die positiven Eigenschaften Ihrer Brand besser steuern und skalieren können. In den vordigitalen Zeiten hat sich Ihr Ruf oft auf Ihren direkten Wirkungskreis – vielleicht Ihrer Stadt oder Ihres Kreises – begrenzt; heute verbreitet sich Ihre Personal Brand dagegen landesweit im Internet, und das ohne zeitliche Verzögerung und oft auch ohne redaktionell überprüfte Reflexion.

Vielmehr kann im heutigen sensiblen Zeitgeist eine einzige öffentliche, unbedachte und vielleicht augenzwinkernd gemeinte Äußerung Ihren über Jahre aufgebauten Ruf in Sekundenbruchteilen ruinieren.

Langfristig dagegen gilt, dass Ihre Personal Brand insbesondere an eine wesentliche Eigenschaft anknüpft: die der Zuverlässigkeit. Ein großes Maß an Zuverlässigkeit kann sich sogar wie ein Schutzmantel um Ihre Personal Brand legen und wird damit zugleich eine Versicherung gegen unfair verzerrte, digitale Darstellungen. Dem nachhaltig Zuverlässigen wird eher geglaubt als einer nötigen Klar- oder Richtigstellung, mit der eine Presseagentur versucht, verursachte Scherben aufzukehren.

Allerdings gilt auch der Umkehrschluss: Nichts kann Ihre Personal Brand in so kurzer Zeit beschädigen und Sie in den Abgrund führen wie persönliche Unzuverlässigkeit.

Das *Time*-Magazin zitierte in einem Artikel über Dinge, die für eine gute Lebensführung von großer Bedeutung sind, den legendären US-Investor Charlie Munger: »Wenn Sie unzuverlässig sind, macht es nichts aus, welche guten Eigenschaften Sie sonst noch haben. Sie werden scheitern.«[20]

Persönliche Unzuverlässigkeit macht in Ihrem Umkreis schneller die Runde als ein Lauffeuer. Sie können noch so sehr Ihr Handwerk beherrschen, hochwertige Inhalte produzieren und sich auch ansonsten als Experte positionieren – wenn Sie den Ruf desjenigen haben, der unpünktlich ist, der Termine vergisst und Vereinbarungen nicht einhält, sich an Zusagen nicht mehr erinnern kann und dessen Handschlag allgemein nicht zu trauen ist, sind Sie verloren!

Jeder vergisst hin und wieder mal einen Termin oder erscheint, vielleicht durch einen Autobahnstau, unerwartet verspätet. Aber auch hier zeigt sich der Zuverlässige im Detail. Er setzt sich eben nicht einfach nur an den Meetingtisch, an dem alle anderen auf ihn fingertrommelnd gewartet haben, sondern entschuldigt sich aufrichtig und gibt eine kurze empathische Erklärung. Verletzt ein grundsätzlich Zuverlässiger eine getroffene Vereinbarung versehentlich, ruft er sofort bei seinem Gegenüber an oder erscheint besser noch persönlich, entschuldigt sich und tut anschließend alles in seiner Macht Stehende, um den vielleicht entstandenen Schaden auszubügeln. Damit gelingt es zuverlässigen Menschen, einmalige Ausrutscher sogar umzukehren, solange die Entschuldigung wirklich aufrichtig vorgebracht wird. Eine offene, ehrliche Entschuldigung zahlt damit sogar in den Ruf der Verlässlichkeit ein.

Zum großen Problem und zum eigenen Verhängnis wird notorisch unzuverlässigen Menschen ihr Ruf. Mit großer Wahrscheinlichkeit kennen Sie selbst solche Personen in Ihrem Umfeld, bei deren Namensnennung die übrigen Anwesenden die Augen rollen. Menschen haben feine Antennen in Bezug auf ihre Mitmenschen, wenn es um einen Mangel an persönlicher Verlässlichkeit geht. Und oft bemerkt der Betreffende gar nicht, dass er selbst in seinem engsten und ihm damit zugewandten Kreise gebrandmarkt ist.

Eilt Ihnen ein solcher Ruf voraus, beschädigt er Ihre Personal Brand (und darüber hinaus auch Ihre zwischenmenschlichen Beziehungen) nachhaltig und ruinös.

Dass Unzuverlässigkeit Businessprofis auch materiell schadet, hat ebenso die Wirtschaftswissenschaft erkannt. Hier sind die Kosten für die Neukundengewinnung erheblich höher als jene für die Pflege von Bestandskunden. Ist ein Kunde zufrieden, vergibt er gern Folgeaufträge, ohne dass der Leistungserbringer einen großen Akquiseaufwand erbringen muss. Das kennen Sie selbst aus Ihrem persönlichen Umfeld: Wenn Ihr Friseur oder Elektriker zuverlässig und wenigstens halbwegs termintreu ist, kehren Sie gern als loyaler Kunde zurück, immer vorausgesetzt, dass die Kernleistung nicht nachlässt.

Versetzt Sie Ihr Friseur aber vielleicht zwei- oder dreimal hintereinander, vergisst also Termine und entschuldigt sich nicht einmal dafür, verletzt er Ihr Vertrauensverhältnis so nachhaltig, dass Sie selbst nach vielleicht Jahrzehnten zufriedenen Haarschnitts sich jemand anderen suchen werden.

Und, schlimmer noch, Sie berichten in Ihrem direkten Umfeld darüber. Damit hebt der unzuverlässige Friseur nicht nur direkt bei Ihnen von seinem Ruf ab, sondern zementiert Schritt für Schritt das Negativimage auch indirekt, weil Sie es Ihre Freunde wissen lassen.

Der Schweizer Unternehmer, Wirtschaftswissenschaftler und Autor Rolf Dobelli skizziert seit vielen Jahren, wie Misserfolge entstehen. Er erklärt, dass es Verträge sind, die im großen zwischenmenschlichen Kontext die Zuverlässigkeit sicherstellen. Unternehmen und Staaten brauchen Verträge, damit sie überhaupt funktionieren und Menschen ihnen vertrauen. Verträge können eingeklagt werden. Schon dieser Umstand trägt dazu bei, dass in ihnen eine papiergewordene Verlässlichkeit verortet werden kann. Einer der juristischen Grundsätze, der bereits im römischen Recht verankert war, lautete: »Pacta sunt servanda«, dass also Verträge einzuhalten sind.

Im Kleinen, das heißt im persönlichen Umfeld, regelt das Miteinander, und damit auch die Auftragsvergabe, aber vor allem die Reputation. Oftmals tritt die Reputation an die Stelle rechtsgültiger Verträge. Der eigene Ruf ist damit eine »Verkürzung« der Idee der Verträge, denn in der Praxis würden Sie kaum Ihren Friseur auf beispielsweise entgangenen Stundenlohn zuzüglich An- und Abfahrtkosten verklagen, weil er Ihren Termin vergessen hat und Sie ohne neuen Haarschnitt wieder die Heimreise antreten mussten.

Als promovierter Betriebswirt kann Dobelli den Wert der Verlässlichkeit und der darauf fußenden Personal Brands recht gut errechnen: »Ihre Reputation können Sie genau einmal verspielen. Das heißt, der Wert Ihrer Verlässlichkeit ist – ökonomisch gesprochen – der summierte diskontierte Cashflow Ihres restlichen Berufslebens. Rechnen Sie es mal nach – das geht schnell in die Millionen.«[21]

Wenn Sie persönlich hingegen verlässlich sind, haben Sie mittels der Zutat »Zuverlässigkeit« eine »Superkraft« an Ihrer Seite, die Ihre Personal Brand hebelt wie kaum etwas anderes. Sie erarbeiten sich nicht nur den Ruf desjenigen, dem vertraut werden kann. Vielmehr werden Menschen dann auch die Eigenschaft der Zuverlässigkeit auf Ihre Fachkenntnisse und Inhalte übertragen. Somit kürzen sie die Urteilsfindung und anschließenden Entscheidungswege ab und vermuten, dass der Zuverlässige zugleich auch der beste Experte seines Fachs sein wird.

Das ist auch der Grund, warum Unternehmen regelmäßig mit ihrem Gründungsdatum werben. Bei Lichte betrachtet, sagt ja zum Beispiel »gegründet 1848« nichts aus über die heutige Qualität der Produkte eines Unternehmens.

Aber es gibt in der Wahrnehmung der Kunden so etwas wie eine »Zuverlässigkeits-E-Mail« als Kernwert des Unternehmens, und einer der wichtigsten Bausteine ist eben die Dauer der Marktpräsenz als Qualitätssignal. Ebenso hier vermutet der Kunde zu Ihren Gunsten, dass das, was schon lange auf dem Markt Bestand hat, über die Dauer gute Qualität geliefert haben muss – und damit also zuverlässig sein wird.

Insofern ist die Zeit ein wichtiger Verbündeter: Wenn Sie Ihre Personal Brand über viele Jahre mit den Strategien dieses Buches aufbauen, erreichen Sie damit einen »Zinseszinseffekt«, der Jahr für Jahr kontinuierlich einzahlt und Ihren Ruf mit der Zeit immer wertvoller werden lässt.

Eine starke Personal Brand braucht also, wie ein teurer Whisky, auch Zeit zum Reifen.

2. Menschen suchen nicht Wissen, sondern Orientierung und Lösungen

In früheren Generationen war die Welt des Wissens durchaus überschaubar: Wer ein gesundheitliches Problem hatte, ging zum Hausarzt. Die meisten medizinischen Behandlungen konnte der Arzt direkt durchführen, etwa kleine chirurgische Eingriffe oder vielleicht das Einrenken eines Wirbels. Erst bei komplizierteren medizinischen Fragestellungen verwies er an einen Fachkollegen, beispielsweise den Orthopäden. In besonders komplizierten Fällen besuchte der Patient das nächstgelegene Kreiskrankenhaus, wo die Vielzahl der Operationen direkt vor Ort durchgeführt wurde – Gallensteine wurden dort ebenso entfernt wie Knochenbrüche behandelt.

Heute ist das Wissen sehr viel granularer geworden. Und so gibt es eine Unmenge an speziell darauf ausgerichteten Experten, die nicht einmal länger Ärzte sein müssen: Wer heute Rückenschmerzen hat, dem steht der Hausarzt immer noch als erste Anlaufstelle zur Verfügung. Er hat aber längst nicht mehr einen umfassenden, tiefen Blick in alle Fachbereiche, dazu existiert in der Medizin und den therapeutischen Möglichkeiten zu viel Wissen. Ebenso der Orthopäde ist nicht länger Experte in allen orthopädischen Fragestellungen und allenfalls erster Ansprechpartner in seinem Fachgebiet.

Mit seinem Rückenschmerz kann sich ein Patient heute beispielsweise an einen Osteopathen, an einen Faszien- oder Akupunkturtherapeuten wenden; er kann zum Physiotherapeuten gehen; er kann Yoga- oder andere Sportkurse besuchen.

Außerdem kann er sich an einen Chiropraktiker wenden. Und selbstverständlich an einen speziell auf Bandscheibenvorfälle spezialisierten Orthopäden. Mit der Vielzahl an Optionen wächst aber nicht in gleichem Maße zwingend die Sicherheit der Patienten, die beste Wahl zu treffen. Es wächst häufig die Sorge vor einer Fehlentscheidung und Orientierungslosigkeit.

Granulares Wissen verunsichert die Konsumenten – und bringt Risiken mit sich

Das Wissen wird feingliedriger, granularer. Damit aber wird es zunehmend nurmehr für Experten verständlich. Somit kann Wissen sogar risikoreich und gefährlich sein, für den Anbieter ebenso wie für den Kunden.

Patienten werden zwar auch mündiger und suchen aktiv nach eigener Orientierung. Denn wer Rückenschmerzen hat, besucht als Erstes eben nicht mehr den Arzt seines Dorfes, sondern Google. Das führt zu einem gut vorgebildeten Patienten, der aber oftmals bereits überfordert wird angesichts der Vielzahl der zur Verfügung stehenden Therapieoptionen. Richtige kann er nicht von falschen Informationen unterscheiden, relevante nicht von irrelevanten Informationen für sein Problem. Er kann teilweise fundierte Informationen nicht von halbseidenen Wahrheiten trennen. Google ist dabei wie so manch andere digitale Recherche des motivierten Laien Synonym für gleich zweierlei Aussagen: Solche von anderen Laien, die eine eigene vormalige Diagnose mit dem Brustton der Überzeugung zur wahrscheinlichen Wahrheit erheben, aber ebenso von Ärzten in Foren zur Erstinformation, die jede Diagnose aus gutem Grund mangels eigener Begutachtung scheuen und zur weiteren Abklärung raten.

Der klassische Hausarzt muss das Halbwissen des Patienten erst einordnen und ihm Vor- und Nachteile des möglichen Behandlungsspektrums aufzeigen.

Damit wird der Arzt heute trotz der zu einem medizinischen Problem existierenden Vielzahl der verfügbaren Informationen nur noch zum gefragten Vertrauten, dessen Rat befolgt wird; er verlässt damit aber zugleich die Rolle des Behandlers. Er sortiert vielmehr und gibt Orientierung. Damit wird nicht nur das Wissen selbst granularer; auch die Anwendung des Wissens durch Praktiker wird sehr viel komplexer. Die schiere Menge an Wissen stellt sowohl die Anbieter von Wissen als auch die möglichen Wissenssuchenden vor Herausforderungen.

Therapien können mehr schaden als helfen

Dass mit hoch spezialisierten Formen der Behandlung – wie mit jeder Behandlung ganz allgemein – selbstverständlich auch spezielle Gefahren einhergehen, ist dabei wesentlicher Beratungsauftrag des Experten, in diesem Fall des Arztes. So haben Ärzte und manch andere Experten oft teure Haftpflichtversicherungen.

Bei Medikamenten ist dem Patienten von heute aus seiner Erfahrung heraus klar, dass jedes Medikament auch Nebenwirkungen hat. Bei Spezialbehandlungen ist das weniger offensichtlich, sodass Nebenwirkungen und Risiken sich kaum von ihm einordnen lassen.

Chiropraktiker beispielsweise, die Halswirbel einrenken, können bei dieser Manualtherapie durchaus mehr schaden, als dass sie heilen – wenn sie ihr Wissen fehlerhaft einsetzen oder gar auf falsche Annahmen stützen. Die Gefahren liegen nicht nur in einer unwirksamen Behandlung, sondern können bis hin zum Schlaganfall durch eingerissene Blutgefäße gehen.[1]

Auch das ist damit ein wesentliches Momentum in der Beratung des Experten: Abgrenzung der Risiken. Insbesondere diese Funktion des Expertenwissens korrespondiert äußerst wirksam mit dem Effekt, dass Kunden auch in ihrem Entscheidungsverhalten selbst versuchen, Risiken zu begrenzen.

Aus der Marketingpsychologie ist bekannt, dass die ausschlaggebende Kaufentscheidung eines Kunden primär aus der Absicht motiviert ist, einen Fehler zu vermeiden. Erst danach werden andere Argumente abgewogen und Vorteile des Produktes oder der Dienstleistung in die Waagschale gelegt. Man kennt den Effekt beispielsweise von der häufigen Bevorzugung eines mittleren Produktes beim Angebot von drei Optionen. Mittelklassefahrzeuge werden häufiger verkauft als Kleinwagen und Luxusklassefahrzeuge. Das Kompaktfahrzeug ist vielleicht etwas zu klein für die täglichen Aufgaben; die Luxusklasse leicht protzig. Mit der Mittelklasse macht der Kunde aus seiner Sicht daher keinen Fehler.

Experten und Anbietern von Wissen stellt diese Erkenntnis im Grunde zwei Aufgaben: Erstens sollen sie sich in der Erklärung des eigenen möglichen Produktes oder der Dienstleistung auch auf den »vorweggenommenen Einwand« konzentrieren und diesen vielleicht sogar gegenüber den einen oder anderen Attributen ihres Produktes priorisieren. Und zweitens sollten sie für ihr Wissen klare Modelle schaffen, die einfach und damit für den Kunden zunächst einmal leicht zu überblicken sind.

Das hilft auch dem Anbieter, weil es für ihn Klarheit schafft in der Kommunikation seiner Inhalte. Vor allem gibt es dem Kunden das gute Gefühl, mögliche Fehlentscheidungen relativ gut ausschließen zu können.

Finanzprodukte sind ohne Experten nicht mehr zu verstehen

Auch im Bereich der Finanzanlagen ist ein ähnliches Muster der Feingranularität erkennbar: Früher gab es eine überschaubare Anzahl an Produkten zur Geldanlage. Noch vor 20 Jahren war es üblich, zum örtlichen Bankberater zu gehen und sich von diesem Experten eine Übersicht über die zur Verfügung stehenden Anlageklassen geben zu lassen. Der Kunde konnte sein Anlageprodukt direkt beim Bankberater buchen. Allenfalls am Rande nahm er dabei wahr, dass der Bankberater neben seiner Expertenfunktion auch zugleich eine Verkäuferrolle innehatte. Das notwendige Wissen für Anleger war jedenfalls überschaubar und in relativ kurzer Zeit verständlich erklärt. In der Auswahl befanden sich Festgelder mit Zinsen, Anleihen, und Aktien. Es gab außerdem einige etwas aufwendigere Anlageprodukte und -klassen, beispielsweise Rentenfonds, geschlossene Immobilienfonds oder die Beteiligung an Handelscontainern in der Schifffahrt. Aber schon Letzteres galt als exotische Kuriosität und wurde als »Geheimtipp« der Bank verkauft oder allenfalls im Bekanntenkreis empfohlen.

Heute – nur eine Generation und damit vielleicht 20 Jahre später – ist das Anlagespektrum selbst für interessierte Laien kaum mehr überschaubar. Zwar ist ein Anleger heute mehr als gut darin beraten, sich selbst in das Thema hineinzuarbeiten. Doch wer eine Übersicht statt bei seinem Bankberater als Experten bei Google sucht, empfindet schnell eine Überforderung angesichts der Vielzahl an Optionen. Es gibt eine Unmenge an Zeitschriften, Youtube-Kanälen, Internetseiten, Blogs und Social-Media-Kanälen, die jeweils einen speziellen Schwerpunkt mit sich bringen. Manchmal ist dahinter sogar eine Motivation der Informationsanbieter auf gute Geschäfte maskiert und der Informationsinhalt tendenziös gelenkt.

Selbst die *Börse vor acht* der ARD, die wochentags Nachrichten zur Wirtschaftslage an den Finanzmärkten mit öffentlich-rechtlichem Informations- und Bildungsauftrag liefert, ist heute zunehmend gespickt mit einer Vielzahl an Fachtermini, Kausalitäten und Korrelationen. »Baisse« und »Hausse«, »Bärenmärkte« und »bullische Zeiten« sind dort längst nicht mehr die Spitze der fachspezifischen Nomenklatur. Dabei entfernen sich die in der Sendung vorgestellten Produkte in ihrer Granularität immer mehr vom Altbekannten und wandern in Teilen zunehmend in die Kenntnisnischen des Spezialwissens ab. Sich hier mit Wissen zu bewegen, ist spannend, aber längst nicht mehr voraussetzungslos in einer Beratung bei der Bank abzudecken.

Derivat-Anlageprodukte etwa gab es auch schon vor 20 Jahren, sie waren aber allenfalls Businessprofis und Investmentbankern vorenthalten, und damit Themen für und von Experten. Heute kann sich jeder Anleger direkt und online mit teils hochspekulativen Anlegerprodukten befassen und diese online, mit einem in wenigen Minuten erstellten Depot, direkt kaufen, ohne jemals einen Expertenrat eingeholt haben zu müssen.

ETFs, CFDs, gehebelte Produkte, REITS, Push- und Pull-Optionsscheine, NFTs und Kryptoprodukte erweitern die Komplexität. Manche davon benötigen derart spezielles Wissen, dass der Bankprofi nicht mehr seriös beraten kann oder will und entweder auf bankeigene Spezialisten verweist oder das Produkt gar nicht anbietet und auf das Internet verweist.

Damit ist der Kunde aber genauso schlau wie vorher – und bleibt sich selbst überlassen. Mehr Optionen bringen weniger Wissen des Einzelnen und vor allem weniger Überblick.

Das dahinterstehende Phänomen der Fragmentierung des Expertenstatus ist aber keineswegs auf Finanzthemen und ihre Produkte beschränkt. Es ist ein gesamtgesellschaftliches Phänomen des Umgangs mit Informationen in einer sich immer weiter aufblähenden und verzweigenden Wissensgesellschaft.

Immerfort verschränken sich gesellschaftliche Themen und interagieren miteinander. Die Anerkennung und Thematisierung gesellschaftlicher Herausforderungen und Ziele beispielsweise bestimmen andere Diskurse. So gibt es im eigentlich in sich geschlossenen Kontext der Finanzanlagen heute die klare gesellschaftliche Tendenz, dass Anlageprodukte auch ethisch sauber sein müssen. Dieses Bewusstsein ist erst in den letzten Jahren aufgetaucht und hat heute eine größere Bedeutung denn je. Ein Anlageprodukt sollte ethisch sauber sein, zugleich nachhaltig und grün; die dahinterliegenden Produkte der Unternehmen müssen unter menschenwürdigen Bedingungen hergestellt werden, den CO_2-Abdruck im Blick behalten und nachfolgende Generationen nicht über Gebühr benachteiligen.

Durch die steigende Komplexität und Verschränkung mit anderen Kontexten geht mit dem Verlust des Überblicks auch das Bewusstsein verloren, dass mit einer Geldanlage Risiken einhergehen. Was grün ist, nachhaltig und »sauber«, das wird das eigene Vermögen doch nicht dem Risiko aussetzen?!

Es ist wie beim kurz zuvor genannten Beispiel der Rückenschmerzen: Dass Medikamente Nebenwirkungen haben, ist beim Schmerzpatienten längst im Bewusstsein verankert, weil das über Jahre erlernt wurde, und damit kaum mehr wahrgenommen wird.

Demgegenüber ist ein Anlageprodukt wie beispielsweise eine Immobilie für den Geldanleger sicht- und greifbar, und damit gut verständlich. Auch die Geldanlage in Aktien ist dem Interessierten erklärlich als eine Unternehmensbeteiligung an einer Firma wie VW oder Siemens, deren Produkte im Alltag allgegenwärtig sind. Mit ein paar kurzen Sätzen der Einordnung zur Risikoeinschätzung kann sich der Anleger scheinbar gut informiert für oder gegen eine bestimmte Aktie entscheiden, dies vielleicht nach Expertenrat im Börsen-TV, im Internet oder eines Finanzberaters. Die Wahrnehmung wird seine Realität.

Wie aber will man das komplizierte Finanzderivat eines CFD erklären, das heute eine viel diskutierte Anlageklasse ist?

Das Ergebnis einer Internetrecherche erklärt: »Ein Differenzkontrakt (Englisch: contract for difference, kurz CFD) ist eine Form eines ›Total Return Swaps‹. Hierbei vereinbaren zwei Parteien den Austausch von Wertentwicklung und Erträgen eines Basiswerts gegen Zinszahlungen während der Laufzeit. Er reflektiert damit die (meist stark gehebelte) Kursentwicklung des zugrunde liegenden Basiswertes. Eine hinterlegte Sicherheitsleistung (Margin) ist erforderlich.«[2]

Als Laie werden Sie das – trotz der doch wortreichen Erklärung – einfach nicht verstanden haben, selbst wenn Sie es mehrfach gelesen haben, oder?

Das eben ist gemeint, wenn von »Ozeanen an Wissen«, und damit einer Informationsüberforderung, die Rede ist: Die Information liegt zwar sachlich richtig vor, muss aber von Experten umfassend zu anwendbarem Wissen verarbeitet werden, das dann auf die Lebenswirklichkeit der Menschen trifft. Wissen ist hoch spezialisiert, granular und bedarf der vielfältigen Einordnung in einem engen Kontext hochkomplexer Informationen.

Doch weder der Zugang zu immer wachsenden Wissensbeständen noch die wachsenden Optionen im Bereich der Finanzprodukte sind per se negativ. Die Vielzahl der Anlageprodukte hat schließlich auf der anderen Seite durchaus Chancen auf höhere Renditen. Dass solche höheren Renditen aber zugleich mit einem höheren Risiko einhergehen, ist vielen Anlegern überhaupt nicht klar. Auch hier ist es die Aufgabe von Experten, den Anleger durch aufbereitetes Wissen vor Risiken zu schützen.

Die *Wirtschaftswoche* berichtete beispielsweise von einem Anleger, der sich mit dem Thema Geldanlage beschäftigt, weil er etwas Erspartes möglichst gut anlegen möchte. Als Landwirt war ihm eine gewisse Nachhaltigkeit wichtig; deswegen ließ er sich auf einen CFD ein, der mit Weizen handelte.

Was ihm offenbar unklar war: dass mit diesem Produkt nicht nur das Risiko eines Totalausfalls einherging, sondern die hochrisikoreiche Gefahr der Nachschusspflicht. Im Fall einer Insolvenz des Anbieters musste der Landwirt also sogar zusätzlich Geld nachschießen. So waren 20 000 Euro Einsatz verloren. Viel schlimmer kam es später, als er Geld nachschießen musste. Insgesamt entstand dem Landwirt ein Schaden von 150 000 Euro.

»Dem Landwirt ging es wie vielen anderen, die sich an solche derivativen Geschäfte wagen: Sie verstehen die Gefahr der Nachschusspflicht nicht und wissen letztlich nicht, auf was sie sich da einlassen«[3], schildert Anleger-Rechtsanwalt Peter Mattil über diesen Fall im Bericht der *Wirtschaftswoche*.

Der Landwirt vereinte das Interesse an diesem Produkt mit einem gewissen, im Nachhinein unzureichenden Erkenntnisstand. Es fehlten ihm relevante Informationen und eine ordnende Hand, die seine Ziele mit den Möglichkeiten synchronisiert und ihm damit die Möglichkeit zur fundierten Entscheidung gegeben hätte. Risiken wurden nicht in Relation gesetzt. Genau das tun beratende Experten aber. Sie reichen die ordnende Hand und versetzen Menschen in die Lage, eigene Entscheidungen entsprechend ihrer individuellen Risikoaversion zu treffen.

Ohne Experten ist Wissen bloße Information

Reine Information – wie die Erklärung zum CFD-Finanzderivat – ist derart hochkomplex, dass ihr aus Sicht des Laien jeglicher Sinnzusammenhang fehlt. Erst durch Experten wird aus der Erklärung eine Anlageempfehlung. Das wissen die Laien und suchen deswegen immer öfter die Experten.

Wie kommt es aber, dass Wissen heute derart hochkomplex ist, dass es nur noch Experten verstehen und einordnen können?

Zunächst gibt es schlicht immer mehr Wissen. Denn sowohl in der Gesamtheit, als auch in jeder einzelnen Wissensnische vermehrt sich das Wissen fortlaufend – und zwar explosiv.

Bereits seit der Mitte des vergangenen Jahrhunderts wurden verschiedene Versuche unternommen, die Erweiterung des breit gefächerten Wissens innerhalb unserer Informationsgesellschaft statistisch zu fassen. Dabei wurden sehr unterschiedliche Indikatoren ausgewählt. Beispielsweise wurde die Anzahl wissenschaftlicher Veröffentlichungen gezählt, es wurde die Anzahl von Forschern weltweit nachgehalten oder die Speicherkapazität weltweiter Forschungsserver angeführt. Welche Referenzgröße auch gewählt wurde, es ergab sich stets eine einigermaßen exponentiell ansteigende Kurve des weltweiten Wissensstandes.

Doch damit nicht genug, denn wird die im Internet allgemein verfügbare Information der Menschheit als Referenzgröße einbezogen, werden die Größe und Dimension besonders deutlich: Die Menschheit erzeugt jeden Tag 2,5 Quintillionen Bytes. Um diese Datenmenge einzuordnen und zu beurteilen, benötigen Sie übrigens, wenn Sie selbst nicht Informatiker sind, mehr Informationen über die Information – oder einen Experten.[4]

Diese Information ist also nutzlos, sofern Sie selbst diese Zahl nicht einordnen können.

Besser illustrieren lässt sich das grundlegende Problem an den Wachstumsraten des medizinischen Wissens: Noch 1950 benötigte das Wissen 50 Jahre, bis es sich verdoppelt hatte. In den 1980er Jahren wuchs die Zahl des medizinischen Wissens derart explosiv an, dass es sich alle sieben Jahre verdoppelte; in den dann nur 30 folgenden Jahren hat es sich alle dreieinhalb Jahre verdoppelt.[5]

Das medizinische Fachwissen entwickelt sich mit der Zeit also exponentiell, und es ist davon auszugehen, dass es sich in anderen Fachgebieten in der Tendenz ähnlich verhält.

Das Informationszeitalter ist zugleich das Expertenzeitalter

Das Wissen, so viel wird deutlich, wächst nicht nur exponentiell, es explodiert nahezu.

Die Digitalisierung des Wissens wiederum führt aber nicht nur zu einer Steigerung der Quantität des Wissens, die jegliche Vorstellungskraft sprengt. Sie führt auch zu einer extremen Änderung der Zugänglichkeit des Wissens. Wo Forschungsserver an Universitäten, Bibliotheken oder die Köpfe von Wissenschaftlern vielleicht nur wenigen Menschen Zugang zu einer großen Menge an Wissen erlauben, können Google, Wikipedia und Youtube heute eine weitgehende Demokratisierung des Zugangs zu weitreichenden Wissensbeständen und Diskursen sicherstellen.

Wissen und sein Zugang werden damit extrem schnell und fluide. Digital gespeichertes Wissen in den verschiedensten Formen musste früher oder später aber schon aufgrund des technischen Wandels den weltweiten Wissensbeständen zugerechnet werden.

Aus Sensordaten beispielsweise, die reine (nutzlose) Informationen sind, wird Expertenwissen, sofern diese Daten ausgewertet, eingeordnet und bewertet werden.

Damit verschiebt sich die Herausforderung von der Quantität des Wissens, die ein Universalgelehrter vergangener Jahrhunderte bewältigen konnte, hin zu einem Problem der Qualität des Wissens. Diese Entwicklung stößt gleichzeitig die Tür auf zu einem Zeitalter der Experten, die mit ihrer ordnenden Hand fähig sind, dem exponentiell zunehmenden Wissen Struktur und orientierende Kraft zu verleihen. Denn die Menge an Informationen und eine exponentielle Zunahme derselben lässt keine Aussagen zu in Bezug auf die Qualität der Informationen, die dem Kunden brauchbar zur Verfügung stehen. Der Kunde kann weder die Fülle der Informationen bewältigen noch gültige Kriterien der Qualität dieser Informationen sicher anwenden oder auch nur einordnen – das haben die Beispiele der CFD-Finanzprodukte gezeigt.

> Eine zunehmende Wissensvielfalt hilft Menschen immer weniger, da sie vor allem Informationen suchen, um Entscheidungen treffen zu können.

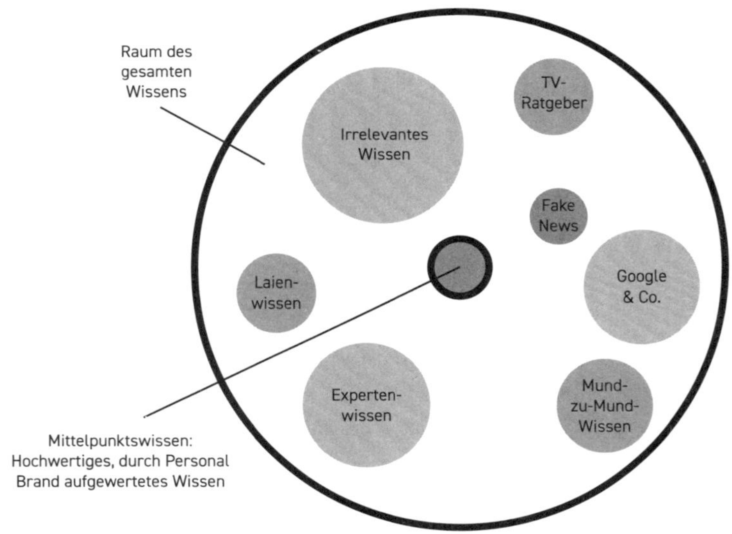

Menschen suchen vertrauenswürdiges »Mittelpunktwissen«: das Wissen, das sie für die Lösung eines konkreten Problems gerade benötigen, von einer Quelle, der sie vertrauen. Die Herausforderung: Überhaupt das Wissen zu finden – denn es ist in der Informationsflut verborgen – und dieses außerdem von »Fake-Information« zu unterscheiden. Für diese Orientierung zahlen Kunden gut. Ja, sie benötigen angesichts der Wissensexplosion mehr denn je die Orientierungsfunktion des renommierten Experten mit starker Personal Brand.

Quelle: Eigene Darstellung.

In sechs Bloom-Stufen zum Zeitalter der Experten

Wo Menschen ein Problem haben, da entsteht in der Regel die Chance, ihnen eine Lösung anzubieten.

Die Blooms Wissenstaxonomie ist ein anerkanntes Modell zur Beurteilung von Wissen; es stellt ein Modell dieser Herausforderung auf und ist die wirtschaftswissenschaftliche Erklärung für das Zeitalter der Experten. Sie projiziert die Herausforderungen im Umgang mit Wissen und die Wertigkeit der einzelnen Ebenen in der Verarbeitung auf ein Pyramidenmodell.[6]

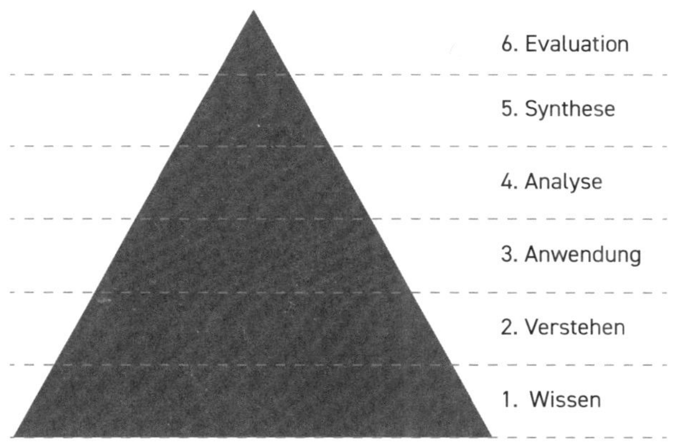

Bloom-Pyramide: Von unten nach oben wächst auch der Wert des Wissens an.

Quelle: Eigene Darstellung.

Die Stufen 1 bis 3 wenden Wissen an

Auf der niedrigsten (und damit am wenigsten werthaltigen) Stufe stehen Kenntnisse und Wissen. Diese Stufe ist der breiteste Zugang zu Wissen. Hier enthalten sind Kenntnisse von Einzelheiten, Begriffe, Fakten und Daten, aber auch darüber hinaus Definitionen, Regeln und Gesetzmäßigkeiten. Wer auf diesem Level mit Wissen arbeitet, kann dieses abrufen und wiedergeben. Die reine Wissensreproduktion ist aber besonders wenig werthaltig.

Auf der darüber liegenden Stufe können Menschen bereits einen Sachverhalt mit eigenen Worten erklären oder zusammenfassen. Das bedeutet eine stärkere Durchdringung des Wissens. So können sie Beispiele für das Erlernte anführen und Zusammenhänge herstellen. Bestimmte Aufgabenstellungen können sie für sich interpretieren, aber in der Regel noch nicht lösen.

Auf der Stufe 3 kann das Wissen angewendet werden. Es ist ein problemlösender Transfer des Wissens möglich. Personen, die das Wissen nutzen, können dieses bereits in neue Situationen überführen und unaufgefordert Abstraktionen davon herstellen. In diese Kategorie werden beispielsweise Ausbildungsberufe und mittlere Schulabschlüsse eingefasst. Der Laborant etwa erhält Rezepturen und Handlungsanweisungen, die er zum späteren Produkt veredelt; ebenso kann die Medizinisch-technische Assistentin eine Impfspritze verabreichen.

Die Stufen 4 bis 6 gehören den Experten

Die Forschung, die zu dem Produkt oder der Impfsubstanz geführt hat, wird jedoch auf höheren Stufen der Bloom-Taxonomie erledigt. Weil der damit verbundene Wissenswert ansteigt, verdient der Chemiker mehr Geld als der Laborant und die forschende Ärztin mehr als die Assistentin.

Ab der vierten Stufe lässt sich Wissen erkennen, das erst Experten aufbringen können; es ist besonders werthaltig.

Auf der vierten Stufe findet auch eine Analyse des Wissens statt. Experten können Probleme in einzelne Teile zerlegen und so die Struktur eines Problems verstehen, das sich anhand des Wissens unter Umständen lösen lassen kann. Sie entdecken Widersprüche und größere Zusammenhänge und können daraus Folgerungen ableiten. Auf dieser Stufe des Wissens können sie zudem Fakten und Interpretationen unterscheiden und sich damit der zielgerichteten Interpretation des Wissens für eigene Zwecke nähern.

Auf der fünften Stufe findet die Synthese statt. Personen können aus mehreren Elementen des Wissens eine Struktur für sich aufbauen und das Wissen damit deutlich tiefer durchdringen. Einzelnen Aspekten des Wissens können sie Bedeutung verschaffen, wobei das durchaus auch neue Bedeutungen sein können.

Auf der sechsten Stufe schließlich findet die Evaluation statt mit der Beurteilung und der Empfehlung. Experten können den Wert von Ideen und Wissen beurteilen sowie Alternativen, die sie selbst daraus ableiten können, gegeneinander abwägen. Relevante Wissensbestandteile aus dem Wissensbestand können sie jederzeit anhand eines Problems in neue Zusammenhänge transferieren und zielgerichtet einsetzen. Sie können das Wissen auf höchstem Level für sich und ihre Kunden nutzbar machen.

Für den Kunden besonders wichtig: Experten auf dieser Stufe können Lösungswege aus dem zugänglichen Wissen abstrahieren und ein Lösungsmodell entwerfen, das ein Problem nicht nur erkennt, sondern bestmöglich löst.

Entlang der vertikalen Achse von Blooms Wissenstaxonomie lässt sich die Wertschöpfung des Experten erklären. Aus der breitesten Basis von Wissen kann der Experte wachsendes Verständnis, Anwendung und Analyse sowie, auf den höchsten Stufen, durch die problemlösende Synthese und Evaluation des Wissens Modelle erstellen.

Wissen überhaupt zu finden, ist ein teures Unterfangen

Der Prozess der Wissenstaxonomie hat auch eine Filter- und Destillationsfunktion: Es wird der Raum des gesamten Wissens sortiert und um unnötige Informationen gereinigt.

Diese Destillationsfunktion kostet den Kunden Geld – und zwar umso mehr Geld, je komplexer das Wissensuniversum wird.

Wer Wissen braucht, muss heute bereit sein, einen gewissen – auch finanziellen – Aufwand für Wissensmanagement zu betreiben, um an die erforderlichen Ressourcen und Informationen zu gelangen, die die individuellen Ziele begleiten und erreichbar machen.

Es scheint beinahe grotesk: Heute sind manche relevanten Informationen für Wissenssuchende in der Masse frei zugänglicher Informationen besser vor dem Zugriff versteckt und damit geschützt als in geheimen, vielleicht in Klöstern oder Universitätsbibliotheken zugangsbeschränkten Büchern vergangener Jahrhunderte.

Wissensinflation kann ein Vorteil sein

Wissen ist heute, genauso wie Geld, einer Entwertung ausgesetzt. Das kann sogar von Vorteil sein, auch wenn es auf den ersten Blick nicht so wirkt.

Geldinflation ist ausdrücklich von den Zentralbanken des jeweiligen Wirtschaftsraumes gewünscht; die Banken steuern nach Möglichkeit die Märkte sogar mit geldpolitischen Mitteln hin zu einer Inflation – gemeinhin wird eine Inflation von 2 Prozent als Ziel ausgegeben.

Eines dieser geldpolitischen Mittel ist dabei die Geldmengenausweitung. Zentralbanken haben das Privileg, Geld drucken (oder digital buchen) zu können und es damit zu vermehren. Das darf nur in einem gewissen Rahmen geschehen, weil sonst die Inflation des Geldes und damit die Kaufkraft der Bürger und der Unternehmen des Wirtschaftsraumes beeinflusst wird. Würden zu viele Scheine und Münzen in Umlauf kommen oder als Buchgeld digital vorliegen, so würde das Geld seine Funktion nicht mehr erfüllen können.

Das Geld würde wohl wertlos und damit für die Menschen als allenfalls buntes Papier irrelevant. Diese Hyperinflation gab es bekanntlich regelmäßig, nicht nur in Deutschland.

Das nun schlägt die Brücke hin zum Wissen. Denn dort fehlt grundsätzlich jeglicher Mechanismus zur Eingrenzung seiner Inflation – es gibt keine »Zentralbank des Wissens«, der eine Steuerungsfunktion zukommen könnte.

Vielmehr folgt die Menschheit einer Motivation, die da lautet, das Wissen immer weiter auszudifferenzieren und immer weitere Wissensbestände zu erzeugen. Das hat vermutlich etwas mit der Neugier zu tun, die uns Menschen voranbringt. Es hängt aber auch damit zusammen, dass sich Wissen als evolutionärer Vorteil bewährt hat: Wissen hilft, Ziele zu erreichen.

Geht man in unserer Geschichte zurück, so hat das Wissen über die Techniken des Feuermachens die Menschen beispielsweise in die Lage versetzt, tierisches Eiweiß durch Kochen besser verdaulich zu machen und damit einen evolutionären Vorteil zu nutzen. Der damit mögliche Zuwachs an Hirnkapazität hat ganz nebenbei bemerkt die weitere Lust auf Wissen möglich gemacht. Auch in unserer heutigen komplexen Gesellschaft ist Wissen immer noch dazu geeignet, sich Vorteile zu verschaffen und eigene Ziele zu erreichen. Ein guter Schul- und Berufsabschluss verhilft zum Beispiel zu einem besser bezahlten Job und ist damit indirekt ein legitimierter Zugang zu Geld und eigenen Zielen.

In der Inflation verliert das Geld aber gleichermaßen an Wert. Und genau darin liegt der Vorteil für denjenigen, der Wissen herausdifferenzieren kann, also für Wissensprofis wie Experten, Anwälte, Coaches oder eine hochspezialisierte Ärztin.

So wie Sie nicht versuchen sollten, Ihr Wissen wie den sprichwörtlichen »Sand in der Wüste zu verkaufen«, so sollten Sie nicht versuchen, Wissen auf den unteren Bloom-Stufen zu verkaufen – sprich als ein Wissen, das nicht gefiltert, nicht ausgewählt und nicht sortiert wurde. Menschen zahlen heute nicht mehr für Informationen dieser Stufen – die finden sie bei Google kostenlos, oder die KI erzeugt sie.

Reines Wissen ist auch deshalb entwertet, da es von Laien eben deshalb überhaupt nicht mehr auf dessen Qualität beurteilt werden kann. Zu breit gefächert sind die möglichen Wissensbestände in unübersehbar vielen Wissensnischen; und viel zu sehr verdichtet sich immer neu geschaffenes Wissen in immer neu geschaffenen Segmenten.

Wissen muss also veredelt werden, um wertvoll zu sein – so wie im Beispiel der Rohstoff »Sand«. Auch Sand muss buchstäblich von unerwünschten Bestandteilen gefiltert und so veredelt werden.

Spielsand für Sandkästen wird beispielsweise in 10-Liter-Säcken im Baumarkt für einige Euro verkauft; er ist besonders gereinigt und feinkörnig. Das gerade angeführte Geschäftsmodell wirkt grotesk, wenn man bedenkt, dass beispielsweise in Afrika große Bemühungen gegen die Ausweitung der südlichen Sahara getroffen werden. Dort würde man Millionen Dollar einsetzen, um mit weniger Sand konfrontiert zu sein. Und bei uns hierzulande wird pro Kilo Sand ein Vielfaches investiert, um den eigenen Kindern ein paar unbeschwerte Stunden im Sandkasten zu ermöglichen. Ganz ähnlich sind Individuen bereit, für eine Eindämmung des Wissens und eine Veredelung seiner Bestandteile zu bezahlen.

Rohstoffe oder auch englisch »Commodities« – wie Sand oder Informationen – können durch Kontextualisierung, Veredelung, Sortierung und an sie geknüpfte Versprechen (beispielsweise von Sicherheit und Zielerreichung) schlagartig an Wert gewinnen.

Aus Wissen wird ein Menü: Die Evolution der Kochbücher

Einen marktfähigen Wert erhält Wissen also dann, wenn es für Nutzer erkennbar zur Zielerreichung eingesetzt werden kann und mehr als ein reiner wertloser Rohstoff ist, der nicht veredelt wurde. Das ist die grundlegende Definition von Relevanz in Bezug auf Wissen. Dabei kaufen Menschen jedoch nicht, wie die Intuition vermuten lässt, immer das beste Produkt. Vielmehr kaufen sie das Produkt, das sie am besten verstehen und dem sie am meisten vertrauen. Sie sind weder interessiert an einer besonders großen Menge an Wissen (ganz im Gegenteil!) noch sind sie an Wissen interessiert, das für sie keine Relevanz hat. Viel mehr suchen die Empfänger gerade beim Wissen eine Hilfe zur Zielerreichung und klare Modelle anstatt eines Strebens nach Vollständigkeit.

Der (zunächst gegenintuitiv wirkende) Wert liegt für Experten als privilegierte Anbieter von Wissen im Weglassen, also in der Ordnung und Auswahl des für einen Kunden relevanten Wissens.

Michelangelo wird folgende Geschichte zugeschrieben: Beim Erstellen einer Reiterskulptur aus einem großen Gesteinsblock trat ein bewundernder Zuschauer auf ihn zu und fragte: »Wie machen Sie das nur, aus diesem Stein so ein wunderbares Reiterstandbild zu erschaffen? Sie schaffen dieses Kunstwerk scheinbar leichter Hand in bewundernswerter Perfektion.« Michelangelo erwiderte daraufhin: »Das ist ganz einfach. Man muss lediglich alles an Marmor abschlagen, was nicht nach Pferd und Reiter aussieht.«

Die Aufgabe jedes Wissensanbieters orientiert sich an dieser Anekdote. Es muss darum gehen, das Wissen zu eliminieren, das dem eigenen Ziel nicht zuträglich ist:

- Bieten Sie nur Wissen an, das für Ihre Kunden relevant ist und für das sie bereit sind, Aufmerksamkeit und Geld zu geben.
- Filtern Sie für sich selbst und dann für Ihre Kunden jene Wissensbestände aus der Fülle an Wissen heraus, die für Ihr eigenes Business sinnvoll sein können.
- Strukturieren und ordnen Sie das eigene Wissen, damit dieses Ihren Kunden gegenüber die Funktion der ordnenden Hand übernehmen kann, die die Wertschöpfung des Wissensanbieters im Kern ausmacht.
- Bieten Sie vor allem die Wissensbestände an, die gut geeignet sind, um Ihren eigenen Expertenstatus sichtbar zu machen, die außerdem Ihre eigene Personal Brand stützen und die damit Ihre eigene Wissensmarke aufbauen; das ist schließlich der ideale Hebel für die Skalierung Ihrer Personal Brand.
- Bringen Sie Ihr Wissen in eine Struktur, die Ihren Kunden in einem Wissensbusiness von seinem klar formulierten Problem zu einer möglichst klar formulierten Lösung leiten kann; denn vor allem das ist aus Kundensicht die größte Wertschöpfung eines Wissensanbieters.

Große Wertschöpfung: Wissen aus Kundensicht betrachten

Der letzte Punkt – die Betrachtung aus Kundensicht – ist dabei besonders wertvoll.

Wie soll aus der schier unendlichen Menge an Wissen jenes extrahiert werden, das die zuvor aufgelisteten Anforderungen möglichst ideal erfüllt? Dazu können wir uns einer Denkübung bedienen, die bereits auf direktem Weg zum späteren Wunschkunden führt: das *Reverse Engineering* der Problemlösung.

Wie wird denn ein Kunde darauf aufmerksam, dass er genau Ihr Wissen benötigt? Das wird er über ein Problem, das er lösen möchte, oder er wird ein Ziel formulieren, welches er erreichen möchte. Auf dem Weg dahin wird er jedoch feststellen, dass ihm das Wissen dazu fehlt.

Er weiß dann nicht, wie er vom eigenen defizitär empfundenen Status quo zum Ziel kommt, daher benötigt er an dieser Stelle Ihre Hilfe.

Dabei ist es von Vorteil, wenn es Ihnen gelingt, Ihren Kunden mit seinen Bedürfnissen zu erkennen und ihm gegenüber dieses Ziel gut zu formulieren: Dann fühlt sich Ihr Kunde besonders gesehen.

> Wenn es Ihnen dabei noch gelingt, das Ziel sogar besser zu formulieren, als es dem Kunden selbst möglich ist, kann das ein erster erheblicher Vorteil in der Positionierung des eigenen Produktes sein. Es stützt zudem automatisch die Autorität des Experten als Koryphäe mit scharfem analytischem Blick auf das klare Problem seines Kunden.

Auf diese Weise funktionieren beispielsweise Kochbücher. Besonders erfolgreiche Titel sind solche, bei denen ein klar formuliertes Ziel für den Kunden anhand von Modellen einfach gelöst wird, etwa: *Meine gesunde Küche für jeden Tag* von Su Vössing oder *Das Anti-Entzündungs-Kochbuch* von Starkoch Johann Lafer oder *Jamies 15 Minuten Küche* von Jamie Oliver lösen schon in ihrem Titel klar zu formulierende Probleme – viel besser als das lösungsarme, klassische »Die 100 besten Rezepte«-Kochbuch, bei dem der Kunde keinen klaren Mehrwert erkennen kann.

In den Beispielen von gerade eben wird schnell und dennoch auf dem Level eines Starkochs gekocht. Oder es werden Entzündungsprozesse im Körper durch die richtige Ernährung behoben beziehungsweise eine gesunde Küche offeriert, die sich jeden Tag umsetzen lässt. Die Titel und Inhalte der Kochbücher sind aus Sicht des Kunden formuliert und gedacht und lassen sich in den höheren Stufen des Bloom-Modells verorten. Dem Kunden wird aus der großen Menge möglicher Zutaten, Garmethoden und Küchen der Welt eine sauber recherchierte Auswahl vorgestellt, die er dann mit einem klaren Rezept nachkochen kann.

Unabhängig davon, wie gut der Kunde jedoch sein Ziel oder sein Problem zunächst formulieren kann, wird er in jedem Wissensgebiet nach Informationen und Wissen suchen, um damit seinen Herausforderungen gerecht werden zu können. Er zäumt dabei das Pferd von hinten auf und denkt vom Problem beziehungsweise vom Ziel her. Der Kunde wird sich spezifische Wissensnischen suchen und nach Experten recherchieren, zum Beispiel nach einem Kochbuch im Buchhandel.

Der Ansatz des *Reverse Engineering* bringt mit der Formulierung eines klaren Zieles dann oft erst den notwendigen Ankerpunkt für eine Ausrichtung und Strukturierung des eigenen Wissens mit und ist damit für viele Wissensanbieter eine Art Geburtsstunde eines eigenen tragfähigen Konzeptes.

Nobelpreiswissen und die Grundlagenforschung

Lohnend ist auch ein Blick darauf, wie denn in der Wissenschaft mit Wissen umgegangen wird, beispielsweise mit dem vermutlich bekanntesten Wissenspreis, dem Nobelpreis.

Dort werden insbesondere Grundlagenforschung und die Erweiterung des menschlichen Wissens in einem bestimmten Bereich ausgezeichnet. Nur sehr indirekt werden Lösungen eines konkreten Problems ausgezeichnet.

Die Grundlagenforschung wird in vielen Wissenschaftsbereichen vom Staat durch den Betrieb der Universitäten bezahlt; und wenn klar ist, dass damit insbesondere die Grundlagen für spätere hilfreiche Lösungen geschaffen werden, treten Drittmittel aus der Industrie dazu.

Der Staat muss hier einspringen, weil an reiner Grundlagenforschung kein direktes wirtschaftliches Interesse besteht. In der Molekularbiologie oder der Biochemie beispielsweise werden Grundlagen erforscht, die dann später zur Entwicklung von Medikamenten für ganz konkrete Problemlösungen den Weg bereiten. Das wird getan, weil zwar die Notwendigkeit für diese Grundlagenforschung erkannt wird, sie aber zu einem solch frühen Zeitpunkt das dafür notwendige Kapital nicht erwirtschaften könnte. Geld wird dann erst später verdient, und zwar mit Produkten, die Lösungen versprechen.

Im Jahr 2022 haben der Franzose Alain Aspect, der US-Amerikaner John Clauser und der Österreicher Anton Zeilinger den Physiknobelpreis erhalten. Die Quantenphysiker haben laut Jury »bahnbrechende Experimente zu Quantenzuständen« durchgeführt. Ihre Erkenntnisse hätten in den Folgejahren zu neuen technischen Anwendungen auf der Basis von Quanteninformationen geführt. Dabei forschen Sie konkret zu sogenannten »verschränkten Quantenzuständen«, bei denen sich zwei

Teilchen hierbei wie eine Einheit verhalten, auch wenn sie sich räumlich weit voneinander entfernt befinden. Für die Frage, ob und warum sich zwei Teilchen trotz räumlicher Entfernung gleich verhalten können, wollte in der reinen Marktwirtschaft aber doch niemand so recht Geld bezahlen.

Erst mit Zeitversatz und weitergehender Forschung werden Produkte daraus. Heute hat sich auf der Basis des Nobelpreises ein weites Forschungsfeld eröffnet, aus dem heraus Quantencomputer, Quantennetzwerke oder die Quantenverschlüsselung zur sicheren Kommunikation entwickelt wurden.

Erst dann entsteht aus dem konkreten Problem, Kommunikation sicher zu verschlüsseln, eine Sortierung des Grundlagenwissens zur Quantenmechanik, und es scheint möglich, auch dem Laien den Nutzen dieser Technologie in seiner Lebensrealität schlüssig zu erklären.[7]

Werden Sie einzigartig mit Ihrer eigenen Wissensmethode

Personal Brands schaffen es, aus vorhandenem Wissen ein eigenes Modell zu kreieren und diesem einen eigenen Namen zu geben. Ein solches Modell hat den großen Vorteil, dass es bereits durch die Benennung und die behauptete Abgeschlossenheit und Integrität seiner Wissensbestände eine gute Anschlussfähigkeit für nach Lösungen suchende Personen bietet.

Dabei entstehen solche Methoden meist nicht durch eine besonders ausgeprägte Erfindungshöhe. Sie kombinieren in der Regel einen Großteil bekannten Wissens, zum Beispiel 75 Prozent, und schaffen durch Neustrukturierung, Filterung und vor allem durch Weglassen unnötigen Wissens 25 Prozent neue, besonders hochwertig verarbeitete Information. Diese 25 Prozent der Neuerung liegen dann in den oberen Stufen von Blooms Wissenstaxonomie, in der Analyse, der Synthese und der Erstellung eines Modells.

Es gibt beispielsweise zahlreiche Rückenkurse und Therapiebänder, die bei bestimmten sportlichen Betätigungen oder therapeutischen Problemstellungen genutzt werden. Aber es gibt nur ein Kieser Training, und es gibt nur ein originales Thera-Band. Es gibt nur eine Blackroll, und es gibt nur eine Rückenschule nach Liebscher und Bracht. Es gibt zahllose Diäten, aber eben nur eine *Brigitte*-Diät und nur eine Intueat-Methode der Ärztin Dr. Mareike Awe zur Gewichtsreduktion.

Daher der Rat: Geben Sie Ihrer eigenen Methode einen Namen!

Die HAWEI-Methode

Der Ernährungsfachmann und niedergelassene Diabetologe Dr. Winfried Keuthage hat seine Methode die »HAWEI-Methode« genannt und erzielt damit große Erfolge. Sein Buch *Abnehmen mit der HAWEI-Methode: Die revolutionäre Formel aus Hafer & Eiweiß* beschreibt die Methode wie folgt: »Entwickelt wurde das Ernährungskonzept vom renommierten Diabetologen und Bestsellerautor Dr. med. Winfried Keuthage auf Grundlage wissenschaftlicher Erkenntnisse. Der Clou: Es verbindet die blutzuckersenkenden Eigenschaften des Hafers mit dem Sattmacher Eiweiß. So gelingt endlich gesundes und nachhaltiges Abnehmen.«[8]

Das Buch ist derart erfolgreich, dass es auf der *Spiegel*-Bestsellerliste auftauchte.

Niemand wird dem ausgebildeten Diabetologen Keuthage einen Mangel an guter Kompetenz unterstellen. Damit ist das Kernkriterium für die Entwicklung von Personal Brands erkennbar erfüllt: ein hohes Maß an Fachwissen, das der Leser als Selbstverständlichkeit voraussetzt.

Die Methode an sich aber hat Keuthage selbst entwickelt. Die Vermutung liegt nahe, dass auch andere Ernährungsratgeber die gute Wirksamkeit von Hafer als langkettigem Kohlenhydrat einerseits und Eiweiß als hochwertigem Nährstoff erkannt haben. Allerdings ist die Synthese daraus in Kombination mit dem Namen »HAWEI« einzigartig – und überdies im Rahmen einer Markenbildung leicht zu erinnern.

Die klare Benennung einer eindeutigen Methode bietet Anschlussfähigkeit für Interessenten und Wiedererkennung. Sie wird als Beleg wahrgenommen, dass hier eine abgeschlossene und ausgewogene Sortierung von Wissen stattgefunden hat, die klar einem Ziel des potenziellen Kunden zugeordnet ist. Sie ist eindeutig wiedererkennbar, stützt die Markenbildung des Experten oder seiner ausgewiesenen Methoden.

»Kieser Training« etwa gehört dem gleichnamigen Unternehmen und steht seit 1967 für Krafttraining an Maschinen mit dem Ziel der Gesundheitsförderung. Dazu werden heute eigens entwickelte Trainingsgeräte eingesetzt, die »immer weiter spezialisiert werden, stets unter Berücksichtigung der aktuellsten medizinischen Erkenntnisse«, so die Website des Anbieters.

Es wird also ein durchaus bekannter Prozess gezeigt: Die Firma leistet eine Filterfunktion für den Kunden und beobachtet stellvertretend für ihn mit großer Expertise und Erfahrung fortlaufend den Stand aktueller medizinischer Kenntnisse. Die für das Ziel des Kunden relevanten Informationen, die sich der Gesundheitsförderung als hohem Ziel unterordnen, werden dann in Form der Maschinen und der zugehörigen Trainings für den Kunden aufgearbeitet und bieten ihm einen klaren Handlungsablauf, wie er sein Ziel erreichen kann. Das Kieser Training ist eine klare Methode mit klaren Schritten.

Eine weitere Sache können Sie vom Kieser Training lernen: Als Trainingssequenz werden beispielsweise zweimal 30 Minuten Training pro Woche empfohlen und dem Kunden damit ein überschaubarer Zeitrahmen abverlangt. Die Abwägung des Nutzenversprechens für sein Problem geschieht auch immer anhand des Zeitaufwands – denn Zeit ist heute eine besonders knappe Ressource geworden.

Auch das zuvor geschilderte Kochbuch wirbt mit Rezepten, die in weniger als 15 Minuten funktionieren.

Wenn vergleichsweise wenig Zeit, Energie und Aufmerksamkeit investiert werden müssen, erhöht das automatisch das Interesse an der Methode.

3. Ihre Personal Brand veredelt Ihr Wissen

»Was machen Sie beruflich?«

»Ich bin Sportarzt!«

»Aha, so wie Dr. Müller-Wohlfahrt!«

Wer derart als Synonym für eine Expertennische steht wie Dr. Hans-Wilhelm Müller-Wohlfahrt, hat eine starke Personal Brand aufgebaut.

Der Mannschaftsarzt des FC Bayern München und der deutschen Fußballnationalmannschaft Müller-Wohlfahrt gilt als *der* Experte für Sportmedizin und unterhält eine private Praxis in München. Vor allem aber hat er auch seinen starken Namen digitalisiert und skalierbar gemacht.

Auf der Plattform »Meet your Master« kann jeder das veredelte Wissen des Sportarztes gegen eine Membership-Gebühr abrufen.

Müller-Wohlfahrt wurde zum sportärztlichen Aushängeschild der beliebtesten deutschen Sportart: des Fußballs. Die allermeisten Zuschauer werden nicht viel mehr von ihm kennen, als ihn auf der Ersatzbank der deutschen Nationalmannschaft sitzend oder zu einem Spieler aufs Feld eilend zu sehen; trotzdem steht er für höchste Kunst in der Sportmedizin.

Die Tatsache, dass er Arzt dieser erfolgreichen Mannschaften war, führt verkürzend zu der Einschätzung, dass die Expertise Müller-Wohlfahrts die ärztliche Grundlage dieses Erfolges sein müsse und fungiert somit für ihn als Stütze seiner Personal Brand. Der hohe Status und das Ansehen der von ihm betreuten Fußmannschaften, die aus allen Sportmedizinern (so zumindest die Erwartung des Zuschauers) den besten wählen konnten, werden damit an den leitenden Sportmediziner vererbt. Außenstehende leiten das sogar gänzlich ohne Kompetenzbeweis ab, weil sie diese Einschätzung weder mit einem medizinischen Studium noch mit einer besonders tiefgehenden Recherche absichern können.

In einer Parallelbewegung zur Suche nach der bestmöglichen Lösung ihres Problems suchen Menschen immer auch auf der Personenebene nach klaren Anknüpfungspunkten – zu Menschen, denen sie vertrauen.

Für sie ist Pharrell Williams, der Louis-Vuitton-Chefdesigner, eine scherenschnittartige Ikone für die Deutungshoheit gegenüber Modefragen – und das, obwohl er eigentlich mit seinem Musikhit *Happy* weltbekannt wurde und so zumindest keinen nachweisbaren Hintergrund im Bereich des Modedesigns hat. Auf Menschen ebenso ikonisch wirken oder wirkten Modeschöpfer wie Wolfgang Joop oder Karl Lagerfeld.

Und so wenig nun jemand von Mode verstehen mag, so würde er doch stets darauf vertrauen, dass Mode von Louis Vuitton »en vogue« und damit stilsicher ist.

Arnold Schwarzenegger ist für viele Menschen die personalisierte Referenz für Fragen von Erfolg und sportlichen Höchstleistungen mit klaren Zielen. Ganz gleich, ob seine Aussagen zu Bodybuilding und Leistungssport jeder wissenschaftlichen Überprüfung standhalten könnten, ob sie teilweise zu relativieren wären oder unter Umständen nicht das ganze Bild zeichnen – wenn Schwarzenegger über Bodybuilding und Erfolg spricht, dann genießt er einen Vertrauensvorsprung als ausgewiesener Experte mit klar zuzuordnender Personal Brand. Hieraus leitet er eine hohe Deutungsmacht ab und kann mit seiner Autorität sogar in ordnender Funktion auf das Wissen zurückwirken, das ihn ausmacht und seinen Expertenstatus festigt.

Karl Lagerfeld wurde durch seinen mit weißem Puder hervorgehobenen Zopf und seine Sonnenbrillen sowie durch seine fingerlosen weißen Handschuhe zu einer sofort erkennbaren Ikone. Und Arnold Schwarzenegger könnte auch im Schattenriss mit seinem präsentierten Bizeps – seiner »Signatur Pose« – weltweit jederzeit wiedererkannt werden.

Sie beide haben durch diese vereinfachte, aber strahlkräftige Positionierung das Ruder fest in der Hand, um zu bestimmen, in welchem Kontext sie erscheinen wollen, und können durch ihre Autorität den Kontext letztlich selbst bestimmen.

Die Personal Brand hat gleich doppelte Wertschöpfung

Ihre eigene Personal Brand ist zunächst ein geldwerter Vermögensgegenstand, ein *Asset*, der Ihnen höchstpersönlich gehört.

Wert bedeutet aber nicht nur im Wortsinn ein Geldäquivalent; der Begriff Wert hat ebenso eine zweite, davon unabhängige Bedeutung, und meint hier Ideal oder Grundsatz.

Ihre eigene Personal Brand und der damit verbundene Expertenstatus sind dazu in der Lage, Werte auch im Sinne eines Ideals oder eines Grundsatzes herauszustellen und zur Geltung zu bringen.

Denn in diesem Wortsinn werden Werte ganz wesentlich erst dadurch geschaffen, dass sie an Personen geknüpft werden, die ihnen Strahlkraft verleihen. Erst ein Ideal, das sich an einen Menschen binden lässt, wird überhaupt wahrgenommen – ansonsten bleibt es im Ungefähren, Abstrakten.

So wie Luisa Neubauer zum Beispiel mit ihrer dauerhaften Medienpräsenz – die sich zu einem Teil auf ihre Beharrlichkeit und ihre dauerhafte Sichtbarkeit mit einer klaren und zeitgeistigen Botschaft stützt – bestimmte Werte betreffend einen Bezugspunkt geschaffen hat, nämlich ihre eigene Person, so kann das in abgeleiteter Form jeder Experte anstreben.

Die Klimabewegung und der Ruf einer Generation nach Chancengerechtigkeit werden im deutschsprachigen Raum mit Luisa Neubauer assoziiert und bekommen dadurch ein Gesicht. So war Neubauer auch der Kristallisationspunkt einer vorhandenen Unzufriedenheit in ihrer Generation.

Luisa Neubauer hat also den Werten der Klimabewegung ein Gesicht gegeben und wurde damit zu einer Personal Brand, die für einen Wert, für ein Ideal steht.

Mit ihren viel beachteten Reden hat Neubauer es geschafft, dass die Frage nach einem schonenden Umgang mit dem Klima und den weltweiten Ressourcen eng an ihre Person gebunden ist.

In ihrer Zielgruppe wird Luisa Neubauer wahrgenommen als Expertin für den Klimawandel, und ihr wird eine intensive Deutungshoheit gegenüber den damit verbundenen Zusammenhängen zugestanden.

Der ausgewiesene Klimaexperte Mojib Latif, ausgebildeter Meteorologe, Ozeanograf, Klimaforscher und Hochschullehrer an gleich zwei wissenschaftlichen Instituten sowie Präsident der Deutschen Gesellschaft Club of Rome sowie der Akademie der Wissenschaften in Hamburg, kann in seiner Sichtbarkeit mit wirklich ausgewiesener Expertise durchaus mit der der genannten Aktivistin Neubauer konkurrieren – wenngleich mit einer deutlich anspruchsvolleren Wahrnehmung als renommierter Klimaforscher.

In medialen Auftritten unterstreicht er Aussagen zu der Brisanz des Klimawandels, die insbesondere von Luisa Neubauer immer wieder getroffen werden. Seine Einschätzung kann er dabei fundierter und mit mehr wissenschaftlichem Einblick, gegebenenfalls sogar mit eigener Forschung und Methodik hinterlegt, weitergeben.

Sein Expertenstatus bringt durchaus Vorteile in der Deutungsmacht gegenüber der jungen Aktivistin, über deren Schulbildung, Ausbildungsabschlüsse und weitere Interessen die breite Öffentlichkeit kaum informiert ist.

Wer die Nummer eins ist, das liegt im Auge des Betrachters

Dennoch hat Luisa Neubauer sich ohne Zweifel eine starke Personal Brand aufgebaut – vielleicht ist diese sogar stärker besetzt auf das Thema des Klimawandels als Mojib Latif, trotz ihres geringeren akademischen Horizonts. Wer als die Nummer eins im Klimadiskurs wahrgenommen wird, liegt im Auge des Betrachters.

> Erinnern Sie sich: Die Nummer eins einer Expertennische ist nicht automatisch die Person, die über das meiste Wissen verfügt.

Der Interessent oder Kunde dieses Wissens kann in aller Regel selbst gar nicht beurteilen, wie gut und breit das Wissen des Experten ist. So muss er sich auf seiner Suche nach Kriterien, die seiner Einschätzung leichter zugänglich sind, auf andere Kriterien berufen. Er sucht nach Einschätzungen aus seinem Umfeld oder nach online abgegebenen Bewertungen, vertraut Institutionen, die den Experten empfehlen, also etwa TV-Sendern und Rednerbühnen, und nicht zuletzt achtet er auch auf die Persönlichkeit des Experten: Kann dieser gut reden oder Inhalte verständlich darstellen, so wird dies als eigene Qualität des Expertentums verstanden. Personal Brands wie Luisa Neubauer ziehen einen Teil ihrer Expertise eben auch aus der von ihren Fans niemals in Zweifel gezogenen Authentizität der persönlichen Betroffenheit und unauflöslichen Missionsbereitschaft.

Die Nummer eins einer Expertennische ist also die Person, der am meisten vertraut wird, auch wenn durch sie die Inhalte vereinfacht werden.

Es ist schlichtweg die Person, die von den Zuschauern und möglicherweise den Kunden von Wissensprodukten für den Experten in dieser Nische gehalten wird. Was dabei unlauter klingen oder als ein Aufruf zu verstehen sein könnte, nicht das beste Wissen in der Nische zu erarbeiten, ist hier allerdings als neutrales Argument gemeint.

Natürlich kann jeder Experte in seiner Nische das beste Wissen reichhaltig transportieren. Jedoch sollte man nicht davon ausgehen, dass das automatisch zur Wahrnehmung als Nummer-eins-Experte führt. Ganz im Gegenteil kann es der Sache sogar schaden, wenn die Fülle und Qualität des Wissens nicht angemessen transportiert werden und den Interessenten des Wissens kein adäquates Angebot gemacht wird zur Transformation unter Ausweisung eines klaren und strukturierten Modells.

Für Experten sind die relevanten Inhalte daher vielfach *sine qua non* – Inhalte also, ohne die es nicht geht. Es kann sogar den eigenen Expertenstatus und damit die Personal Brand gefährden, wenn das eigene Wissen von anderen als nicht stichhaltig oder nicht umfassend genug entlarvt wird. Die tiefe Wertschöpfung des Wissens liegt aber in der Analyse und Neustrukturierung des vorhandenen Wissens in Korrespondenz mit den

Herausforderungen der Zielgruppe. Wer ein Problem löst, das nicht das Problem der Zielgruppe trifft, wird häufig kaum als relevanter Experte gewertet.

Albert Einstein war beispielsweise gezwungen, sein Wissen mit sich selbst zu entwickeln und konnte es niemals in dieser Form präsentieren. Er war schlicht zu genial und wäre wahrscheinlich bis heute nur einer kleinen Gruppe von Physikern – und darüber hinaus selbstverständlich als Nobelpreisträger – bekannt. Aber es ist fraglich, ob er heute in diesem Maße als Genie aller Genies in Erinnerung wäre, wenn er nicht auch kluge Instrumente zur Pflege seines eigenen Expertenstatus in der breiten Öffentlichkeit geschaffen hätte.

Wir dürfen eines nicht übersehen: Albert Einstein ist nicht nur ein Genie gewesen, sondern auch ein Popstar seiner Zeit. Experten, die mit ihrem Wissen gesehen werden wollen, sollten sich somit idealerweise immer aus beiden Welten bedienen.

Dr. Müller-Wohlfahrt ist mit all seinem Wissen und seiner Erfahrung ein exzellenter Arzt. Aber es ist unwahrscheinlich, dass es in einem dann doch so breiten Feld wie der Sportmedizin nicht etliche weitere Ärzte gibt, die auf ähnlichem Niveau oder sogar darüber hinaus über gleichwertiges Wissen, Expertise und Erfahrung verfügen. Aber in seinem Bereich ist Dr. Müller-Wohlfahrt ebenfalls ein Popstar.

Die Personal Brand als Heuristik: Menschen suchen nicht nur Vereinfachungen, sie brauchen sie sogar

Ein Gedankenspiel zeigt, wie wichtig Vereinfachungen, Modelle und Metaphern für uns sind. Schauen Sie sich solch eine oft zitierte Vereinfachung an:

> »Das menschliche Gehirn funktioniert wie ein Computer. Es kann Informationen immer nur nach und nach bearbeiten und hat dabei klare Kapazitätsgrenzen im Hinblick auf Umfang und Geschwindigkeit der Speicherung und Verarbeitung.«

Dieser Vergleich liegt nahe, ist weitverbreitet – aber ein Irrtum! Um die Funktionsweise des menschlichen Gehirns in Bezug auf die Informationsverarbeitung zu beschreiben, dient es als gern gewähltes Beispiel, Computerfunktionen als Vergleich heranzuziehen. So wird beispielsweise erklärt, dass dem Gehirn pro Sekunde zwischen 12 und 15 Millionen Bits an Informationen begegnen würden – über die Sinne des Hörens, Sehens, Riechens, Schmeckens und Fühlens etwa.

Seit das Gehirn als Sitz kognitiver Leistungen erkannt wurde, wurde es in der Literatur immer wieder mit den komplexesten verfügbaren Apparaturen verglichen, sei es der Dampfmaschine, dem Telegrafen oder eben später auch dem Computer.[1] All das stets mit dem Ziel, seine Leistungsfähigkeit und seine Herausforderungen einordnen und verständlich machen zu können.

Dabei wird sowohl die Aussage zur Kapazität als auch zur Verarbeitungspotenz des Gehirns mit dem wachsenden Wissen und den zur Verfügung stehenden Informationen der jeweiligen Zeit in diesem Wissenschaftsfeld ständig geändert, die Wissensmetapher somit angepasst.

Der Vergleich zwischen Gehirn und Computer hat bei alledem in sich schon eklatante Schwächen, funktioniert aber trotzdem gut als Erklärungsansatz. Wer ihn anstellt, nutzt eine sogenannte Heuristik. Diese zu verstehen, ist ein mächtiges Instrument auf dem Weg zur eigenen Personal Brand.

Der Vergleich des Gehirns mit dem Computer hat für den Anbieter dieser Information sowie für seine Betrachter angenehme Vorteile, weil dieser Vergleich eine schnelle Einschätzung des ganzen vorhandenen Wissens über die Funktionsweise beider Systeme erlaubt. Dabei hinkt er gewaltig und hat große Schwächen: Er lässt Wissensbestände aus, verkürzt und stellt falsche Ableitungen. Nüchtern betrachtet gilt nämlich, dass das menschliche Gehirn in vielen Belangen überhaupt nicht wie ein Computer funktioniert.

Das menschliche Gehirn funktioniert als neuronales Netzwerk, nimmt Informationen in völlig anderer Form auf als ein Computer. Beispielsweise werden durch jede neue Information im menschlichen Gehirn neue Verknüpfungen hergestellt; das passiert im Computer nicht. Das menschliche Gehirn arbeitet die Informationen auch nicht streng linear ab wie ein Computer, der nach der sogenannten »Von-Neumann-

Struktur« arbeitet. Anders als der Computer arbeitet das Gehirn auch Informationen nicht stoisch ab, sondern ist stets um Effizienz bemüht. Es hat einen Hang dazu, schneller zu Lösungen und Ergebnissen zu kommen, als noch weiter Informationen zu sammeln, auch wenn das zulasten der Genauigkeit geht. Selbst unsere Vorurteile beziehen ihre Kraft zu einem guten Teil aus diesem Wunsch nach Geschwindigkeit des Gehirns.

Die Metapher hilft jedoch – obwohl fachlich unzulässig – bei der Veranschaulichung komplexer Sachverhalte. So funktionieren zum Beispiel Sachbücher. Sie versuchen Zusammenhänge auf einem vertretbaren Komplexitätslevel darzustellen und geben den Lesern Entscheidungshilfen. Will jemand tiefer einsteigen, muss er stattdessen auf das Fachbuch zurückgreifen.

Die Funktion des Gehirns lehrt nicht nur am Vergleich des Computers, wie Heuristiken funktionieren; sie lässt auch Rückschlüsse darauf zu, wieso Menschen diese so lieben und gern nutzen. Wir wissen heute, dass das Gehirn trotz aller Leistungsfähigkeit angesichts der großen Informationsflut dauernd bemüht ist, die Fülle an Informationen zu sortieren, zu filtern und zu speichern.

Informationen, Eindrücke und Erfahrungen werden im Gehirn in verschiedenen Formen des Gedächtnisses aufbewahrt und unter Umständen später wieder zur Verfügung gestellt. Und bei all diesen Formen der Wissensakquise und -aufbewahrung ist das Gehirn ständig darum bemüht, wichtige von unwichtigen Informationen zu unterscheiden. Es ist um Effizienz bemüht.

> Versuchen Sie es selbst: Diesen Mechanismus erkennt jeder, der sich beim Lesen dieser Zeilen darauf konzentriert, was er gerade an Geräuschen hört oder an Gerüchen wahrnimmt, was er neben und hinter dem Buch nicht – oder erst jetzt bewusst – wahrnimmt. Um uns herum sind Informationen, die dem Gehirn zwar die ganze Zeit zur Verfügung standen, die aber bis gerade eben unterhalb der eigenen Wahrnehmung weggefiltert wurden. Sie wurden als irrelevant herausgefiltert.

Der überlebenswichtige Filter dabei ist vor allem das Vergessen und das Ignorieren. Das menschliche Gehirn ist zu einem Großteil seiner Zeit damit beschäftigt, unwichtige Informationen abzuscheiden, um relevante Informationen mit begrenzten Ressourcen bei ständig neuer Informationsflut erhalten und nutzen zu können.

Daraus lässt sich die Vorliebe der menschlichen Informationsnutzung ableiten, privilegierten Zugang zu gefilterten und sortierten Informationen zu bekommen.

Experten sind auch deshalb gefragt, weil ihre Informationen Effizienz versprechen.

Die Effizienz der Urteilsheuristik

Das Gehirn schafft einen Engpass, den es danach wieder lösen muss. Es filtert ständig Informationen. Damit stehen weniger Informationen zur Verfügung, aus denen jedoch nach Möglichkeit trotzdem Aussagen und Lösungen entwickelt werden müssen. Das kann gefährlich sein, wenn unser Verstand Informationen herausfiltert, die eigentlich sehr wichtig für uns gewesen wären.

Dieses Problem hat, und das ist nun wenig überraschend, nicht nur das Gehirn in seinen basalen Funktionen, sondern auch die Wissenschaft, die sich idealerweise in besonderem Maße des Verstandes bedient und um diesen Fehler nun einmal weiß. Schon seit der Antike gibt es einen Begriff für die Herausforderung, mit begrenztem Wissen und unvollständigen Informationen, gegebenenfalls noch bei wenig Zeit, dennoch zu wahrscheinlichen, richtigen Aussagen oder praktikablen Lösungen zu gelangen: die Heuristik. Wir Menschen sind allesamt in dieser Heuristik gefangen.

Jeder Mensch fällt jeden Tag eine große Zahl an Urteilen und Bewertungen. Dazu gehören Einschätzungen, Analysen und vor allem auch Entscheidungen. Wenn man darüber nachdenkt, ist es selbstverständlich völlig irrig anzunehmen, dass jedes dieser Urteile an jedem Tag stets auf einer ausführlichen und umfassenden Analyse basieren könnte.

Sei es, dass diese Informationen aus der Fülle an Eindrücken herausgefiltert worden sind oder dass bei bewusstem Fokus auf ein Thema nicht hinreichend Informationen akquiriert werden konnten – stets wird aus den zur Verfügung stehenden Informationen ein Urteil abzuleiten versucht. Dabei ist unser Gehirn immer dann besonders rigoros, wenn sehr viele Informationen zugleich vorliegen, welche es dann zu unzulässigen Abkürzungen motivieren.

Dabei werden Entscheidungen vom Gehirn in der Regel nicht einmal rational getroffen. Urteilsheuristiken sind wie mentale Faustregeln, derer sich das Gehirn zur Beurteilung von Situationen und Zusammenhängen bedient. Damit unterwerfen sie die umfassende Akquise von Wissensbeständen der Beschleunigung von Entscheidungsprozessen. Was unseren Vorfahren sicherlich gute Dienste geleistet hat, wenn sie im Gebüsch plötzlich ein leuchtendes Augenpaar gesehen haben, und womit sie auch zu der Einschätzung gelangt sind, diese Situation trotz etlicher fehlender Informationen mit der Gefahr eines Angriffs durch ein wildes Tier zu assoziieren, begleitet uns heute mit geänderten Herausforderungen.

Die Tatsache, dass unsere Vorfahren eher einmal zu oft als einmal zu selten vor einem Paar funkelnder Augen davongerannt sind, und damit diese hilfreiche Urteilsheuristik vererben konnten, lässt uns heute vielleicht den einen oder anderen Experten aufsuchen, obwohl wir zuvor nicht alle Informationen über ihn und seinen Fachbereich recherchiert haben.

Die Grundfunktionen sind immer noch die gleichen, und sie sind uns tief eingeschrieben. Menschen erkennen in Wolken beispielsweise reichlich andere Dinge als eine Ansammlung von gasförmigen Wassermolekülen, die dann in der Urteilsheuristik zu Gesichtern, Tieren oder Gegenständen werden.

Die Urteilsheuristik lässt sich auch beim Essen erkennen: So werden Speisen in Rottönen unterbewusst mit einer gesunden Wirkung assoziiert: Orangen, Tomaten, Beeren und Fleisch werden so beurteilt. Essen in Blautönen hingegen wird unbewusst mitunter als ungesund assoziiert, weil Schimmel diese Farbe hat.

Eine einzige, aber dafür klar erkennbare Eigenschaft von Schimmel, im konkreten Fall seine Farbe, wird unzulässig als Merkmal herausgefiltert und dann auf andere Zusammenhänge übertragen. Das hat in der Analyse zwar eindeutige Lücken, beschleunigt aber den Entscheidungsprozess.

Diese Effekte machen sich Geschäfte durchaus auch in der Interaktion mit dem Kunden zunutze. So wird über der Fleischtheke im Supermarkt oft eine Rotlichtlampe angebracht, die das Fleisch durch die entsprechende Beleuchtung röter erscheinen lässt. Damit wird die positiv assoziierte rote Farbe betont und seitens des Kunden eine Frische des Produktes angenommen. Oder es werden in der Diskussion zu einem Sachverhalt bestimmte Informationen besonders betont, wenn dadurch die Tendenz des Gegenübers zu einer einvernehmlichen Entscheidung gestützt werden kann. Wir argumentieren in Heuristiken; das kann man in mancher Rhetorikschulung perfektionieren.

Ebenso in sozialen Beziehungen greift unsere Urteilsheuristik, die unser Denken und unsere Entscheidungen lenkt. Wenn wir einen neuen Menschen kennen lernen, wirkt der erste Eindruck besonders nachhaltig, und es gilt das Sprichwort:

Es gibt keine zweite Chance für den ersten Eindruck.

Wir treiben eine Menge Aufwand für den guten ersten Eindruck – und greifen beispielsweise zur Schminke oder zu einem teuren Anzug mit Krawatte, wenn wir einen guten Eindruck hinterlassen wollen. Bereits mit dem ersten Ansehen der Person, und sei es nur auf einem Foto, das etwa in einer Werbebotschaft gleich ein gutes Gefühl vermitteln soll, werden erste Urteile in unzulässiger und vereinfachender Weise eingeleitet oder gar abschließend getroffen. Die Wirkung des ersten Eindrucks ist als Primacy-Effekt bekannt.

Jemand trägt beispielsweise eine Rolex-Armbanduhr. Hier wird gern verkürzt abgeleitet, dass diese Person vermögend, einflussreich und stilbewusst sei. Das kann jedoch ein grober Fehlschluss sein.

Wenn jemand »vom Professor« behandelt oder von »einer der führenden Kapazitäten« beraten wurde, kann sich das auch tatsächlich auf seinen wahrgenommenen Status auswirken. Wir wissen, dass die Behandlung vom Professor neben dessen unbestrittener Expertise ebenso ein Zeichen ist, dass der Patient privilegierten Zugang zu besonderen Experten hat. Das kann an seiner privaten Krankenversicherung liegen oder an seinem guten Netzwerk; es ist in jedem Fall jedoch ein Statussymbol.

Drei Arten der Urteilsheuristik

Urteilsheuristiken lassen sich danach einteilen, wie sie mit fehlender Sachinformation umgehen. Sie sind eine dem Mangel an Informationen geschuldete Abkürzung bei der Entscheidungs- oder Urteilsfindung, die unbewusst oder bewusst stattfindet.

Die erste Form der Urteilsheuristik, die *Verfügbarkeitsheuristik,* stützt sich beispielsweise auf einige wenige, jedoch sehr individuelle und stets schnell abrufbare Erinnerungen. Dabei wird nicht auf die statistische Wahrscheinlichkeit einer Option geschaut, was durchaus mühselig sein könnte, sondern es wird schlicht gesucht nach eigenen Erinnerungen an solche oder ähnliche Ereignisse. Wenn einem Nachbarn vor vielen Jahren schon einmal etwas passiert ist, dann hat er nach dieser Heuristik eine wahrgenommene Wahrscheinlichkeit, dass es ihm erneut geschieht – auch wenn das statistisch völlig unwahrscheinlich wäre. Diese Verfügbarkeitsheuristiken führen zu einer verzerrten Beurteilung einer neuen Sachlage. Grundlegend für die Verfügbarkeitsheuristik können beispielsweise schlechte Erfahrungen oder eine generelle Veranlagung zu wenig Selbstbewusstsein sein, die in der Vergangenheit aufgetreten sind. Durch die Erziehung oder frühere Erfahrungen hat eine Person beispielsweise ein geringes Selbstwertgefühl, deshalb wird sie in der Selbstbeurteilung unzulässig verkürzen und ihre eigene Selbstwirksamkeit stets negativ einschätzen. Sie empfindet sich als »Pechvogel«, dem dauernd ein Missgeschick widerfährt.

Die Verfügbarkeitsheuristik können Sie für Ihre Personal Brand gut nutzen: Indem Sie beispielsweise als Experte für Personalführung einer dominanten Persönlichkeit die ideale Strategie bieten, um die ganze Firma schnell hinter den eigenen Zielen zu versammeln, könnte das durchaus ein guter Aufschlag für ein Verkaufsgespräch über hochpreisige Coachings sein.

Die zweite typische Urteilsheuristik ist die *Ankerheuristik.* Beurteilung und Einschätzung werden mit anderen Eindrücken in Relation gesetzt. Das lässt sich gut an Preisen verdeutlichen: Hohe Preise werden mit hoher Qualität gleichgesetzt; das aber ist eine starke Vereinfachung.

Aus der Ankerheuristik lassen sich für Experten interessante Ableitungen anstellen. So geht es dort insbesondere um Erfahrungswerte und

Vergleichbarkeit. Gelingt es Experten, mit dem eigenen Wissen und der eigenen Lösungskompetenz unvergleichbar zu sein, beispielsweise weil eine kluge Nische ausgewählt wurde oder eine klare Positionierung gegenüber anderen Anbietern hergestellt werden kann, dann kann die Ankerheuristik hier auch nicht zu der einfachen Ableitung des »Preises in Relationen zur Leistung« herangezogen werden.

Dazu ein Beispiel: Ein durchschnittlicher, nicht positionierter Paartherapeut wird sich preislich mit anderen Paartherapeuten vergleichen lassen müssen. Ein »Paartherapeut für vermögende Paare mit besonderen Anforderungen an die Vertraulichkeit«, der Sitzungen hingegen als Hausbesuche für besonders im Interesse der Öffentlichkeit stehende »Fälle« bietet, kann damit eine besondere Nische finden, in der er sich nicht länger dem Preisvergleich mit anderen aussetzen muss. Er kann sehr viel höhere Honorare durchsetzen und sich daraus eine Personal Brand aufbauen.

Das bringt neben der damit umrissenen attraktiven Klientel nicht nur die Möglichkeit, höhere Preise zu verlangen und damit die Exklusivität seines Angebotes zu unterstreichen, sondern dieser besondere Anbieter gewinnt vielmehr besonders attraktive neue Kunden aus dieser Positionierung heraus. Der Kunde vereinfacht: »Wer so teuer ist, der muss ja besonders gut sein.«

Die dritte Form der Urteilsheuristik ist die sogenannte *Affektheuristik*. Menschen entscheiden in aller Regel zunächst auf emotionaler Ebene, bevor sie überhaupt kognitiv über Argumente nachdenken. Häufig findet der zweite Schritt gar nicht mehr statt. Es gibt Forschungen darüber, dass Ärzte bei unbeliebteren Patienten mit einer gewissen Wahrscheinlichkeit schwerwiegendere Diagnosen stellen. Mögen die Ärzte hingegen ihre Patienten, so werden sie im Gegensatz dazu eher weniger schwerwiegende Beeinträchtigungen diagnostizieren.[2]

Was zunächst wie ein Vorteil für die beliebten Patienten klingt, ist vielleicht gefährlich, wenn den beliebten Patienten damit eine schnelle Überweisung zu einem Spezialisten für eine womöglich schlimmere Krankheit vorenthalten bleibt.

Für eine Personal Brand gilt: Die emotionale Beziehung ist ausgesprochen wichtig; sie lässt sich insbesondere über Charisma erzeugen – dazu später noch mehr.

Ihr Vor- und Nachname wirken auf Ihre Personal Brand

Ein Schlaglicht auf die Frage, wie sehr wir in unserer Urteilsheuristik selbst bei vermeintlich wenig bedeutungsvollen Zuschreibungen wie dem Vor- und Nachnamen auf unzulässige Vereinfachung setzen, zeigt die wissenschaftliche Disziplin der Onomastik, die die Hintergründe von Namen erforscht.[3]

Und selbstverständlich ist Ihr Name ein erster Ankerpunkt für Ihre Wahrnehmung. Ist eine Person – nur anhand ihres Namens beurteilt – eher jung oder eher alt? Ein Name wie »Horst« oder »Hildegard« wird eher als alt, Namen wie »Anna«, »Finn« oder »Emily« werden eher als jung wahrgenommen.

Ein auf Basis dieser Erhebungen ermitteltes Onogramm für den Namen »Kevin« brandmarkt diesen als »wenig wohlklingend«, eindeutig »jung« und »unsympathisch«.

In weiteren Zuschreibungen ist Kevin »arm«, »nicht attraktiv« und zu allem Überdruss auch noch »nicht intelligent«. Eine Julia hingegen klingt »sehr vertraut«, »modisch« und »wohlklingend«. Sie ist explizit »sehr weiblich«, »jung« und »sympathisch« sowie »attraktiv«. Bei der Intelligenz befindet sie sich allerdings nur im leicht positiven Bereich.

Das Bewertungsverfahren von Onomastik.com bezieht sich nur auf eine Umfrage der Websitebesucher und ist damit allenfalls ein Überblick ohne statistischen Anspruch.

Die Idee, mit seinem eigenen Namen für bestimmte Markenkernwerte zu stehen und gewissermaßen Ankerpunkt für diese zu sein, ist durchaus auch bei großen Unternehmen eine gern gewählte Botschaft. Claus Hipp beispielsweise steht schon in den bekannten Werbespots seiner Firma »mit seinem guten Namen« für die gesunde Qualität der Säuglingsnahrung. Die gesamte Kommunikation des Milliardenunternehmens wird in diesem Falle zugeschnitten auf die Personal Brand des Firmeninhabers.

Die Personal Brand möglichst früh als Marke aufladen

Viel wichtiger, als den eigenen Namen nur zu nennen, ist es, die eigene Marke möglichst konsequent mit weiteren Merkmalen und Attributen zu versehen. Starken Marken vertrauen die Kunden sehr, und sie folgen ihrer Marketingbotschaft beinahe blind. Milupa Säuglingsmilch etwa gilt als hochwertiges Nahrungsmittel für Kleinkinder. Die »Hermès Birkin Bag« steht wie kaum eine andere Handtasche für extrovertierten Luxus. Coca-Cola ist der Inbegriff der koffeinhaltigen Limonade. Wie Tempo als Gattungsbegriff für den Bereich der Taschentücher namensgebend wurde, so ist es ebenso die Cola für eine ganze Gruppe von Nachahmerprodukten geworden.

Wenn die Produkte mit ihren starken Marken erst einmal im Gedächtnis der Konsumenten verankert sind, werden sie kaum wieder ausgelöscht.

Menschen kaufen – einfach gerade, weil sie vereinfachen – Marken, und hier am liebsten starke, bekannte Marken.

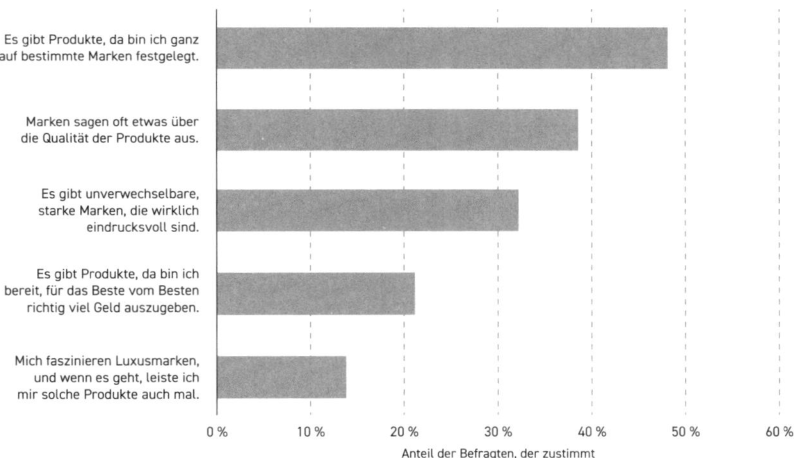

Menschen vertrauen Marken und schreiben ihnen besondere Qualität zu.

Quelle: Eigene Darstellung nach Statista-Daten[4].

Knapp 50 Prozent der Menschen, so zeigt die obige Statistik, sind beim Kauf bestimmter Produkte auf Marken festgelegt. Und fast 40 Prozent knüpfen eine Qualitätserwartung an sie.

Eingefleischte Mercedes-Benz-Fans würden vielleicht niemals auf die durchaus konkurrenzfähigen Alternativfahrzeuge gleicher Klasse von BMW oder Audi zurückgreifen.

Dies gilt ebenso bei Kleidung. Auch hier bevorzugen Menschen bestimmte Kleidungsmarken und statten ihre Garderobe damit aus. Aber das Prinzip gilt ebenso bei den sich schnell drehenden Konsumgütern (»Fast Moving Consumer Goods«): Nutella-Käufer beispielsweise greifen kaum zu einer anderen Nuss-Nougat-Creme-Marke, obwohl die Alternativen ja verfügbar wären.

Kunden nehmen Marken in Markenklassen wahr: Bentley, Maybach, Aston Martin und Rolls-Royce beispielsweise dürften gemeinhin mit Fahrzeugen der Ultra-Luxusklasse assoziiert werden. Kunden bewegen sich – falls sie über einen Wechsel der Marke nachdenken – oft ausschließlich innerhalb der gleichen Markenklasse. So mag ein Bentley-Fahrer über den Wechsel zu Rolls-Royce nachdenken; dass er sich aber für einen Opel oder Ford entscheiden wird, ist vermutlich eher selten der Fall.

Vielmehr dürfte ein Anhänger einer Markenklasse den Besitz eines Opels oder Fords von vornherein völlig ausschließen. Vermutlich zu Unrecht – denn selbstverständlich bauen auch Opel und Ford qualitätsvolle Fahrzeuge.

Auch bei der Kleidung gilt das System der Markenklassen: Jemand, der bevorzugt Luxusmarken wie Prada oder Louis Vuitton trägt, wird gar nicht erst in Mittel- oder Niedrigpreiskaufhäusern nach Alternativmarken Ausschau halten.

Die Urteilsheuristik vereinfacht den Entscheidungsprozess, der nunmehr ausschließlich innerhalb der Markenklassen stattfindet. Jemand, der ausschließlich in Hotels der 5-Sterne-Luxusklasse wie Ritz Carlton oder Mandarin Oriental übernachtet, schaut in anderen Städten ausschließlich nach 5-Sterne-Hotels und schließt aus seiner Suche 3- oder selbst 4-Sterne-Hotels von vornherein aus.

Sind starke Marken wirklich besser?

Dass eine bekannte, einflussreiche Marke wirklich besser ist, gilt als verbreiteter Allgemeinplatz. Marken indes werden mit besonderer Qualität verbunden, wie die vorangegangene Grafik zeigt.

In der folgenden Grafik sind die Ergebnisse einer Verkostung von Cola eingezeichnet. Im Blindtest schnitt die »Marke A« gegenüber der »Marke B« leicht besser ab. So konnten 5 Prozent der Befragten keinen wirklichen Unterschied feststellen. Wurde der gleiche Test mit den erkennbaren Marken »Pepsi« und »Coca-Cola« durchgeführt, entschieden sich nur 23 Prozent für die »Marke A« (Pepsi) und 65 Prozent für die ihnen nun bekannte »Marke B« (Coca-Cola). Coca-Cola hatte im ersten Test schlechter abgeschnitten, konnte jedoch mit Nennung der Marke den Konkurrenten nun weit überflügeln.

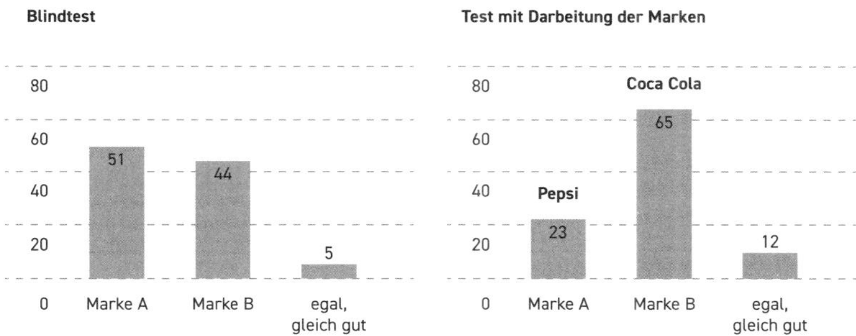

So wirken Marken: Im Blindtest gewinnt Pepsi; erst wenn der Tester weiß, dass er Coca-Cola trinkt, beurteilt er diese Cola besser.

Quelle: Eigene Darstellung nach Creating Powerful Brands in Consumer Service and Industrial Markets[5].

Die generelle Unterscheidbarkeit der beiden Produkte auf der Ebene von Geschmack und erkennbarer Unterschiede führt dabei höchstens so weit, dass eine leichte Präferenz der Kunden für Pepsi entsteht, dies aber nur, solange die Produkte ohne Marke präsentiert werden. Die Marke macht dann den eigentlichen Unterschied und verhilft Coca-Cola dazu, weit besser akzeptiert zu werden. Dass Coca-Cola also wirklich als das »bessere« Produkt wahrgenommen wird, ist der Marke zuzuschreiben.

Das ist aufschlussreich für Ihre Personal Brand. Denn bei der eigenen Positionierung neigen Experten dazu, in allem und in jedem Punkt einen klaren Unterschied gegenüber den Wettbewerbern machen zu wollen. Das aber ist als Ergebnis der vorliegenden Experimente gar nicht notwendig.

Dagegen liegt gerade in einer guten Schnittmenge der Eigenschaften der Produkte auch eine Versicherung für den Experten, dass seine Kunden sein Produkt überhaupt einordnen und einschätzen können und dann einige wenige, aber für sie wichtige Kriterien, als Anschlusspunkt für eine Entscheidung auswählen. Im obigen Fall: Beide Getränke sind Colas, die ähnlich schmecken – aber eine davon hat die stärkere Marke.

Eine intensive Sichtbarkeit beispielsweise, wie bei manchen Stars, die intensiv auf den Bühnen auftauchen und von vielen Fans verfolgt werden, kann einer solchen Markenbildung sehr zuträglich sein, solange der Rahmen seriös bleibt. Die Quantität der Sichtbarkeit gegenüber den Kunden spielt also eine Rolle.

Vorsicht, das bloße Auftreten im *Dschungelcamp* zur besten Sendezeit und mit hervorragenden Einschaltquoten kann toxisch sein und Ihre Markenkraft entwerten!

Mindestens ebenso wichtig ist außerdem der Faktor der Zeit. Wer über einen gewissen, längeren Zeitraum hinweg für seine Kunden immer wieder sichtbar wird, der kann auch zur Marke reifen.

Persil etwa ist ein Waschmittel, mit dem schon die eigene Großmutter ihre Wäsche gewaschen hat und dem sie vertraut hat. Persil ist heute noch als Marke präsent. Oder Aspirin, es ist mit dem exakt gleichem Wirkstoff seit über 100 Jahren am Markt und wird häufig synonym für »die Kopfschmerztablette« verwendet. Produkte, Firmen oder Experten, die sich über lange Zeit am Markt halten, haben offenbar eine ganz eigene Qualität zu bieten. Sie sind dauerhaft nachgefragt und können schon seit Langem die Probleme ihrer Zielgruppen offenbar gut lösen. Die Konsumenten gehen hier von einem funktionierenden Markt mit Angebot und Nachfrage aus, der schlechte Angebote über die Zeit aussortieren würde. Gerade über die Zeit verdichtet sich hohe Sichtbarkeit so immer besser zu einer Marke.

Gucci fälscht sich selbst

Besonders starke Marken dürfen sogar mit Musterbrüchen spielen und Grenzen überschreiten, ohne dass ihnen das schaden würde. Sie gewinnen dadurch sogar an Charisma ihrer Zielgruppe gegenüber. Mehr hierüber und wie Sie selbst im Sinne einer erinnerungsfähigen Brand Charisma entwickeln, werden Sie in einem späteren Kapitel dieses Buches noch dargestellt finden.

Luxus-Fashion-Brands wie Louis Vuitton, Gucci oder Prada werden bekanntlich regelmäßig gefälscht. Das Tragen einer Gucci-Tasche beispielsweise vererbt dem Träger einen Teil der Markenstrahlkraft. Der Wert der Marke überträgt sich damit auf seinen Eigner; und zwar so sehr, dass selbst erkennbare Fälschungen an Wert gewinnen.

Daraus hat Gucci selbst materielles und immaterielles Kapital geschlagen und eine überaus aufmerksamkeitserregende Serie aufgelegt: »Gucci Fake«. Eine solche Tasche kostet 1650 Euro.

Die Marke hält es aus, mit diesem Regelbruch zu spielen – die Marke karnevalisiert sich selbst; denn die Fake-Tasche mit Fake-Aufdruck ist ja ausdrücklich kein Fake.

Auf der Rückseite der Tasche steht übrigens »No« – so kann der Träger also, in Kombination mit der Vorderseite, »No Fake« bilden.

Selbstverständlich muss man vorsichtig sein mit solchen Brüchen! Jedoch lässt sich von großen Marken lernen, dass allzu langweilig eben auch unsichtbar bedeuten kann. Wie sehr der gesunde Menschenverstand überdehnt werden darf, liegt oft im Auge des Betrachters.

Die drei Elemente der Markenbildung

Die vorangegangenen Beispiele zeigen, dass insbesondere drei Faktoren einzahlen auf die Bildung einer Marke:

- **Quantität und Qualität der Sichtbarkeit:** Sie benötigen zunächst eine hochwertige Sichtbarkeit, über die dann im Laufe der Zeit (siehe nächster Punkt) und mehrere Kundenkontaktpunkte eine Markenbildung entsteht. Diese Markenbildung vollzieht sich aber nur dann erfolgreich und entwickelt nur dann ein Momentum der Anziehung, wenn einige wenige, für den Kunden relevante Produkteigenschaften immer mehr in der Marke aufgehen und für ihn zur Urteilsfindung ausreichen.
- **Dauer der Markenpräsenz:** Jahrzehnte der Wahrnehmung der Marke Coca-Cola haben dazu geführt, dass diese heute sogar abseits jeglicher Produktqualität als führendes Produkt durch die Kunden akzeptiert wird. Eher »weiche« Produkteigenschaften, beispielsweise die Wahrnehmung als angesagtes Lifestyleprodukt sowie die Kontextualisierung mit Stars und Prominenten über Jahrzehnte, sind in der Marke aufgegangen. Das ist auch der Grund, warum Marken oft mit ihrem

Gründungsdatum werben, weil der Kunde das als Qualitätsmerkmal versteht. Das funktioniert ebenso bei Personal Brands: Dr. Müller-Wohlfahrt oder der Stardesigner Tom Ford üben ihr Handwerk seit Jahrzehnten aus.

- **Positionierung durch unterscheidbare, individuelle Eigenschaften:** Sie sollten klar unterscheidbar eine Problemlösung für Ihren Kunden anbieten und ihr einen Namen geben. Durch eine dauerhafte Sichtbarkeit und eindeutige Merkmale werden die positiven Eigenschaften, die die Interessenten und Kunden mit den Experten zunehmend verbinden, immer stärker an den Anker der Marke gebunden. Interessenten und Kunden beginnen überhaupt zu verstehen, wofür der Experte steht und bei welchem Problem er ihnen mit relevanten Informationen und Lösungen weiterhelfen kann.

Aus Kunden werden »Evangelists«

Selbst anerkannte Qualitätsführer sind ohne Marke im direkten Vergleich wie Limonaden – nach ihrem reinen Inhalt sind sie kaum zu unterscheiden und in ihren Produkteigenschaften für den Interessenten austauschbar. So geheim wie die Zusammensetzung von Coca-Cola oder Pepsi, so unübersichtlich ist für den Interessenten die fundierte Expertise des Fachexperten. Erst mit der Personal Brand entsteht eine Einschätzung seitens des Kunden, für welche Qualitäten und Lösungen die Marke überhaupt steht.

Wenn das gut genug gelingt, werden aus Interessenten Kunden – und aus Kunden Fans, die sogenannten »Evangelists«.

No-Name-Smartphones beispielsweise sind auf ihre Funktion reduziert und in etlichen Qualitätsmerkmalen sogar häufig den gefragten Markenmodellen überlegen. Aber nur Apple-Fans warten mehrere Tage lang vorm Apple-Store, wenn ein neues iPhone erscheint. Und auch der Preis spielt dann kaum eine Rolle mehr.

Mit starker Brand können Anbieter also hohe Preise durchsetzen. Daher ist Coca-Cola beispielsweise rund dreimal teurer als eine No-Name-Cola, obwohl letztere einen ziemlich vergleichbaren Inhalt nebst ähnlicher Funktion mit sich bringt. Es ist unwahrscheinlich, dass die Herstellung von Coca-Cola wirklich dreimal so teuer ist als die der konkurrierenden Produkte.

Bei besonders starken Marken kann dieser Effekt nicht nur Interessenten und Kunden zu Fans machen, sondern diese Fans sogar zu den bereits ins Spiel gebrachten »Evangelists«. Bei Produkten der Firma Apple bezeichnen sich die Kunden im Deutschen gern als »Apple-Jünger«. Sie sind aus eigener Motivation heraus gewillt, ihre Überzeugung für dieses Angebot weiterzutragen.

Gut positionierte Experten können häufig von solchen Effekten profitieren – hört man sich unter ihnen um, erfährt man, dass viele Leuchtturm-Brands ihrer Branche auf einige solcher »Evangelists« verweisen können. Diese zeichnen sich üblicherweise dadurch aus, dass sie jedes Produkt der Experten kaufen, nach Möglichkeit jedem Vortrag online oder offline folgen und selbst sogar gewillt sind, eine aktive Rolle in der Community dieser Experten zu übernehmen.

Die Kunden schätzen die Werte immens hoch ein, die sie an die Personal Brand des Experten knüpfen, und gehen mit missionarischem Eifer voran.

Diese Phänomene gibt es überall – je stärker die Marke, desto stärker die Bindung der Zielgruppe daran. Im Fußball lässt sich das gut erkennen: Eingefleischte Fans nehmen viel Zeit, Mühe und finanzielle Ausgaben auf sich, um ihrem Verein so nah wie möglich sein zu können; ihr Grad der Identifikation scheint kaum Grenzen zu kennen. Sie reisen zu jedem Auswärtsspiel ihres Vereins mit, tragen Trikots ihrer Lieblingsspieler und sind empört und reagieren feindselig, wenn ein Bundesligaspieler wie Mario Götze vom BVB zum Erzrivalen Bayern München wechselt. Sie sind derart mit dem Verein verbunden, dass sie einen solchen – im Profifußball durchaus üblichen – Wechsel gar als Verrat empfinden.

Die starke Marke ist in ihrer Extremform mit einer großen Liebe vergleichbar. Auch Ihren Lebenspartner tauschen Sie ja nicht aus, er ist unersetzlich. Aus diesem Grund lautet der BVB-Slogan folgerichtig: »Echte Liebe«. Hochwertige Personal Brands sind ebenso unersetzlich; sie und ihre Follower sind unzertrennlich.

Die Amigos sind beispielsweise eine der erfolgreichsten deutschen Musikgruppen, aber auch eine, die wie kaum eine andere polarisiert. Seit

2012 erreicht nahezu jedes ihrer Studioalben Platz 1 der deutschen Musikcharts. Sie haben bisher mehr als 100 (!) Gold- und Platin-Auszeichnungen erhalten.[6]

Die beiden Amigo-Brüder machen volkstümliche Musik und finden in den Feuilletons deutscher Medien eher als Randnotiz statt. Die Herzen ihrer Fans erreichen sie dennoch.

Die Personal Brand der Amigos ist derart stark, dass sie unersetzlich ist. Stellen Sie sich hierzu das folgende Gedankenspiel vor: Auf einer ausverkauften Konzertreise der Amigos erklärt der Veranstalter, die Amigos seien mit Stimmproblemen erkrankt. Das sei aber nicht weiter schlimm, schließlich hätte der Veranstalter für sogar besseren Ersatz gesorgt: Ausgebildete Opernsänger würden nun aufspielen, und diese hätten durch ihr Musikstudium die qualitätsvolleren Stimmen.

Sie erkennen: Das funktioniert nicht; Stornierungen dürften die Folge sein. Und damit leere Säle. Ihre Fans sind derart an ihre Personenmarke gebunden, dass sie keinen Ersatz akzeptieren, selbst wenn er aus der Außensicht als der hochwertigere erscheinen mag.

Marken zahlen sich aus

Die Rolle der »Evangelists« schlägt einen weiten Bogen zurück zur Schaffung der Werte durch die eigene Personal Brand. Wenn bisher schon beschrieben wurde, dass beispielsweise Luisa Neubauer mit all ihrem Expertenstatus, ihrer Sichtbarkeit und der Kohärenz ihrer Inhalte heute selbst auf die Wertvorstellungen zurückwirken kann, die sie vertritt – dann geht damit auch ein kommerzieller Wert einher.

Der Aufbau der eigenen Marke zeigt sich in verschiedenen Personal Assets, die einen Wert für den Experten selbst beinhalten. Dabei ist die Marke wie verschiedene andere Werte zunächst nichts weiter als eine Fiktion oder bestenfalls ein Motiv der Aushandlung zwischen Personen. Eine Marke existiert nur in der Vorstellungskraft des Kunden, genauso wie Geld seine Funktion nur deswegen erfüllen kann, weil alle daran glauben. Damit ist die Marke immateriell.

Laut *Handelsgesetzbuch* (HGB) werden in der Bilanz von Unternehmen die Marken in der Regel als Wertgegenstand aufgeführt. Im Paragraphen 266 HGB mit der Überschrift »Gliederung der Bilanz« steht geschrieben, wie eine Bilanz eines Unternehmens aufzuführen ist, in der alle wesentlichen Posten des Vermögens auftauchen. Auf der Aktivseite der Vermögensbilanz hat ein Unternehmen zunächst solche Werte aufzuführen, die es am wenigsten schnell verkaufen kann, die kaum vom Unternehmen abfließen können und die damit am wenigsten liquide sind. Das können Fabriken und Grundstücke sein – aber eben auch die Marke. Was wäre der Coca-Cola-Konzern ohne die Marke »Coca-Cola«?

Freiberufliche Experten kennen das in der Regel nicht, da sie ihre Werte nicht in einer Bilanz erfassen müssen. Für sie stellt sich die Frage auch nicht, ob sie ihr Unternehmen als Soloselbstständiger verkaufen könnten. Denn wenn sie das Unternehmen mit ihrem »guten Namen« verlassen würden, dann würden die Kunden das keineswegs akzeptieren.

Kunden bezahlen ein solches Einzelunternehmen für Wissen, Kompetenz und Struktur – und diese sind in der Regel an den Firmeninhaber gebunden. Das ist für Käufer eines solchen Ein-Mann-Unternehmens höchst unattraktiv, denn das Unternehmen hat seinen Wert wesentlich in den Wissensbeständen und dem Vertrauen der Kunden in der Personal Brand. Diese immateriellen Wertgegenstände sind aber direkt an den Experten gebunden und machen ihn damit erst wertvoll.

All diese Werte sind Posten, die auf Information basieren. Diese Information steht als Allererstes in der Bilanz eines jeden Unternehmens, sozusagen im unveräußerlichen Kern. Es sind die Geschäftsidee, seine Marke, seine Patente sowie alles im Unternehmen gebundene Wissen. Experten, die auf die eigene Markenbildung abzielen, sollten sich das noch einmal verdeutlichen: Die eigene Firma und die eigene Marke sind nichts ohne das eigene Wissen und, hieran angebunden, die Personal Brand. Aber das eigene Wissen geht erst in der Sichtbarkeit, Verlässlichkeit und Anknüpfungsfähigkeit des Kunden wertschöpfend auf die Marke über.

Die Personal Brand ist einzigartig skalierbar

Die Tatsache, dass ein solches – an eine Personal Brand – geknüpftes Wissen schwierig zu liquidieren ist, mag auf den ersten Blick wie ein

Nachteil für Experten wirken. Allerdings überwiegen vermutlich etliche Vorteile diese zunächst schlecht anklingende Nachricht.

Weil die Personal Brand ein immaterieller Vermögensgegenstand ist, ist sie andererseits hervorragend skalierbar. Eine Firma, die mit großen Maschinen Metall bearbeitet oder Kunststoffteile fertigt, ist sowohl auf der Ressourcenseite wie auch auf der Output-Seite immer begrenzt. Es müssen Rohstoffe herangebracht werden, um den Produktionsprozess aufrechtzuerhalten; es müssen in der Regel viele Mitarbeiter beschäftigt werden, um die Produktionsabläufe zu gewährleisten; und es muss Logistik in der Lagerhaltung, im Vertrieb und der Auslieferung vorgehalten werden.

Experten arbeiten mit ihrem Wissen und damit mit viel fluideren und transportableren Wertgegenständen. Sie betreiben zwar wie etwa ein Automobilzulieferer eine klassische Wertschöpfung: Sie bringen (gegebenenfalls vorverarbeitete) Rohstoffe (Informationen) in einen Produktionsprozess ein und veredeln diese durch verschiedene Prozesse zu einem höherwertigen Produkt, beispielweise zu einem Seminar oder einer Beratungsleistung. Aus Roheisen wird zum Beispiel eine Stoßstange für einen Audi; oder aus dem besten Wissen zur Sportmedizin ein Rückenkurs.

Aus dem reichlich vorhandenen und relativ billigen Rohstoff Eisen wird bei den Zulieferern von Audi ein spezieller und teurer Wert geschaffen, der einen viel höheren Marktpreis erzielt. Experten tun genau das mit dem reichlich vorhandenen – aber damit ja wertlosen – Wissen; sie veredeln es und machen daraus wertvolle Spezialprodukte für bestimmte Zielgruppen.

Experten haben aber durchaus einen großen Vorteil in der Wertschöpfung gegenüber anderen Unternehmen. Denn das entstehende Wissen ist eben nicht an materielle Rohstoffe und auch nicht an materielle Produkte gebunden. Wissen kann heute digital zu den Kunden gebracht werden. Ob schlussendlich ein Kunde oder ob 10 000 Kunden eine Online-Rückenschule kaufen, macht für den Anbieter dieses Produktes keinen großen Unterschied – solange er dieses Wissen vorher digitalisiert hat. Es mag ein paar Anpassungen in der Auslieferung erfordern, wird aber kaum den notwendigen Ressourceneinsatz oder eine Ausweitung der digitalen »Fertigungsstraßen« verändern.

Um das einzuordnen, ist ein Blick auf Skaleneffekte und die Grenzkosten erhellend. Wenn ein Kinofilm produziert wird, kostet das in Hollywood durchaus 100 Millionen US-Dollar. Würde nur eine einzige Kinokarte für diesen Film verkauft werden, müsste diese Kinokarte folglich 100 Millionen US-Dollar kosten, um die Kosten einzuspielen. Bei zwei Kinokarten würden schon 50 Millionen US-Dollar als Preis genügen, bei 100 Karten 1 Million, bei 1 Million Karten 100 US-Dollar. Hollywoods Blockbuster haben häufig Millionen von Zuschauern weltweit und somit kann bei Kinopreisen von 10 US-Dollar ein Gewinn gemacht werden. Die Einmalkosten des Produkts werden früher oder später damit eingespielt.

Bei Produkten, die fortlaufend den Einsatz von Rohstoffen erfordern, wie beispielsweise den Stahlprodukten aus dem Audi-Beispiel, müssen jedoch bei jedem Verkauf wiederum teure neue Ressourcen eingesetzt werden. Deswegen bringen mehr Verkäufe nicht automatisch einen höheren Gewinn.

Experten sind hier mit ihrem Wissen auf der Seite der Kinobesitzer. Sie haben nur einmal Kosten für die Erstellung eines Digitalprodukts und profitieren dann überdurchschnittlich gut von einer Skalierung ihres Wissensverkaufs.

Personal Brands sind unsterblich

Personal Brands sind selbstverständlich nichts Neues und auch kein zeitgeistiges oder gar digitales Phänomen. Wer sich einen guten Ruf erarbeitet und sich einen Namen gemacht hat, dessen Personal Brand überdauert die körperliche Existenz und besteht damit auch nach dem Tod fort. Die Namen der starken Personal Brands wie Rockefeller oder Carnegie dürften deren Nachfolgern auch viele Generationen nach den Urgründern noch erhebliche Vorteile einbringen.

Es gibt leuchtende Beispiele für eine gelungene Darstellung des eigenen Expertenstatus, die weit vor der Internetzeit entstanden sind.

Albert Einstein beispielsweise verwendete nicht nur viel Zeit auf seine in vielerlei Hinsicht einzigartigen Forschungen und wissenschaftlichen Abhandlungen. Er war sich durchaus auch der Vorteile einer Herausstellung seines eigenen Status bewusst und arbeitete wissentlich an seiner eigenen Personal Brand.

Als sein Zeitgenosse und guter Bekannter, Charlie Chaplin, im Jahre 1931 dessen Film *Lichter der Großstadt* in Los Angeles einem begeisterten Publikum präsentierte, hatte er als Ehrengast den schon damals berühmten Physiker Einstein eingeladen. Chaplin sah, wie die Massen des Publikums Einstein zujubelten, und raunte Einstein der Überlieferung gemäß zu: »Bei mir jubeln sie, weil mich jeder versteht – doch bei Ihnen, weil Sie keiner versteht!«[7]

Einstein soll laut weiterer Überlieferung mit diesem Starruhm gegenüber Chaplin kokettiert haben, dass er den Grund für den Rummel um seine Person nicht kenne – ganz glaubwürdig ist das aber in der Retrospektive nicht.

Tatsächlich war die Expertise Einsteins zu seiner Zeit unerreicht. Nur wenige Fachkollegen konnten seine Gedankengänge überhaupt erfassen. Daher war Einstein in seinem Wissensbereich durch seine überlegene Expertise einsam, zumal seine Forschung zuallererst einem physikalischen Metaverständnis der Welt diente, als Probleme der Lebenswelt »normaler Menschen« zu lösen. Doch Einstein hatte ebenso stets ein waches Auge darauf, seine Expertise nach außen zu tragen, zu vermitteln und auch zu kommerzialisieren.

Einstein war darauf bedacht, in der öffentlichen Wahrnehmung stattzufinden und in der Presseberichterstattung aufzutauchen. Am 10. Dezember 1930 schrieb er in sein Reisetagebuch: »Die Reporter stellten ausgesucht blöde Fragen, die ich mit billigen Scherzen beantwortete, die mit Begeisterung aufgenommen wurden.«[8]

Er war ein PR-Profi, der Themen massentauglich vermittelte – Themen, die ihn in ihrer Komplexität und dem zugehörigen Reichtum an Wissen sogar unter absoluten Experten kaum anschlussfähig machten. Einstein fand Wege, seinen Expertenstatus massentauglich zu machen und damit zu kommerzialisieren. Auch damit wurde er zur Personal Brand, die bis heute besteht.

So gibt es die Erzählung, dass Einstein immer dann, wenn er anderen Personen begegnete oder gar in Foto- und Filmkameras blickte, zuvor sein Haar zu der stilbildenden Frisur zerzauste, für die er noch heute auf vielen Fotos bekannt ist. Gleichsam geht die Geschichte eines der berühmtesten

Fotos der Menschheitsgeschichte, Einstein mit herausgestreckter Zunge, aufgenommen an seinem 72. Geburtstag, auf einen solchen genialen Moment des Physikers zurück. Einstein schuf ein Bild von sich, das auch vereinfachte, aber einen klaren Wiedererkennungswert schuf.

Bereits kurz nachdem Einstein in die USA emigriert war, hielt er massentaugliche Vorträge vor mehreren Tausend begeisterten Zuschauern, wobei die Menschenmengen keineswegs immer nur aus physikalisch geschulten Experten zusammengesetzt waren. Grund dieser öffentlichen Wahrnehmung und Wertschätzung war nicht zuletzt, dass seine komplexen Ideen einen umwälzenden Charakter hatten für den gesamten Blick auf die Welt – so viel hatte sich sehr wohl herumgesprochen. Er beschrieb eine Welt weitab bisheriger Denkgewohnheiten. Das brachte es mit sich, dass auch in der allgemeinen Öffentlichkeit viel über ihn geschrieben und gesprochen wurde. Hierfür war aber nicht einmal zwingend, dass die Reporter die Informationen seiner Lehren auch nur im Ansatz verstehen konnten. Sie mussten nur verstehen, zu welchen Transformationen seine Forschung und sein Wissen noch führen könnten, und dieses Verständnis weitertragen. Und darauf, dass das gelingen konnte, legte Einstein in diesen Veranstaltungen den Fokus.

Auch wenn seine Zuschauer, die Presse und die breite Öffentlichkeit die Lehren Einsteins nicht verstanden haben, so konnten sie ihm doch bestimmte Werte zuordnen. Albert Einstein hat es geschafft, dass sein Name bis heute synonym für ein Genie verwendet wird. Man sagt sprichwörtlich zu einem besonders intelligenten Menschen, dieser sei »smart wie Albert Einstein«. Und nicht zuletzt geht aufgrund seiner Frisur und seines unangepassten Habitus auch ein wenig das Klischee des leicht trotteligen und sehr nischenfokussierten Forschers auf ihn zurück. Das ist ebenso unverkennbar geblieben.

Natürlich ist das für beide Seiten eine klare Verkürzung. Doch das liegt auch an einer Fähigkeit, die Albert Einstein wie einige weitere Leuchttürme des Personal Branding für sich umgesetzt hat: Seinen Expertenstatus hat er an vergleichsweise wenige, teilweise fast scherenschnittartige Merkmale gebunden, und damit für eine breite und interessierte Masse anschlussfähig gemacht.

Albert Einstein stand für die Relativitätstheorie, die er 1905 aufgestellt hatte – und die nie so recht jemand aus seinen begeisterten Zuhörermassen verstanden hat, wohl aber als einen Geniestreich höchster Intelligenz und Expertise benennen konnte.

Und jeder hatte damals wie heute sofort ein Bild von ihm vor Augen, das selbst als Schattenbild funktioniert: zerzaustes Haar, herausgestreckte Zunge, womöglich noch eine Pfeife im Mundwinkel. Auch seine berühmte Formel, $E = mc^2$, ist heute eine Ikone des Wissens, ohne dass sie von den allermeisten über diesen ikonografischen Charakter hinaus gedeutet werden könnte.

Die Formel $E = mc^2$ wurde zu einer Brand – und Albert Einstein mit ihr zu einer Personal Brand.

4. Höchstpersönliche Wertgegenstände aus Ihrer Personal Brand

Die eigene Personal Brand erzeugt nicht nur eine Sogwirkung gegenüber Ihrer Zielgruppe, sondern darüber hinaus digitale Wertgegenstände – Digital-Personal-Assets (DPA).

Ein eigener Wikipedia-Eintrag ist ein Beispiel dafür. Sucht ein Interessent nach Ihrem Namen oder über Keywords nach Ihren Themenfeldern, die Sie als Experte besetzen, so erscheint Ihr Wikipedia-Eintrag auf Toppositionen in den Google-Suchergebnissen, meist sogar auf Platz 1.

Google bewertet einen Wikipedia-Beitrag mit höchster Priorität, da er als Qualitätssignal erkannt wird. Ein eigener Wikipedia-Eintrag steht für nationale Prominenz und vor allem Relevanz, und ist auch beim Publikum dafür bekannt. Ganz ähnlich einem hochwertigen Fachartikel, zahlt ein eigener Wikipedia-Eintrag in sofort erkennbarer Weise auf Ihre Personal Brand ein und hat dadurch einen immateriellen Wert.

Die Wertschöpfung Ihres eigenen Wikipedia-Eintrags geht jedoch sehr viel weiter, denn er wirkt direkt auf den Google-Suchalgorithmus ein – weil er nach dem PageRank-Verfahren, das Google zugrunde liegt, das Qualitätssignal beispielsweise an Ihre Website weitervererbt.

Ihre eigene Website rutscht damit aufgrund eines mit dieser Seite verbundenen Wikipedia-Eintrags immer dann auf eine erheblich bessere Suchmaschinenposition, wenn nach Ihren wichtigsten Keywords gesucht wird, die Ihre Zielgruppe auf einer Problemlösungsreise eingibt.

Vererbungsfähige Qualitätssignale sind beispielsweise ebenso hochwertige Fachpresseartikel oder ein meinungsstarker, gut gepflegter Social-Media-Kanal. Es zeigt sich, dass der Wikipedia-Eintrag nicht nur für Ihre Personal Brand einen Wert hat, sondern Ihrer Website durch eine bessere Platzierung messbar Kunden zuführt.

Ohne einen eigenen Wikipedia-Eintrag müssten Sie Geld für bezahlte Google-Anzeigen ausgeben. Aber nun können Sie aus Ihren Assets langfristig und vor allem kostenlos einen neuen Kundenstrom aufbauen.

Der Wert eines Wikipedia-Eintrags kann damit – über die Jahrzehnte gerechnet – einem sehr großen Geldbetrag gleichkommen.

Das Konzept dieser Digital-Personal-Assets wäre damit umrissen: Es handelt sich um materielose Vermögensgegenstände, die sich außerhalb der Bilanz des eigenen Unternehmens befinden, da sie sich viel stärker an die Personal Brand des Experten binden als an das Unternehmen selbst. Sie sind eine eigene »Währung«, die jedoch völlig unabhängig von jeglicher Inflation, Insolvenz, Krieg und Währungsreform funktioniert. Diese Assets sind somit Vermögenswerte, die mittelbar und unmittelbar die Personenmarke ausmachen können. Ihre Unveräußerlichkeit sichert die darin gespeicherte Unterscheidbarkeit und Sichtbarkeit.

Digital-Personal-Assets funktionieren dabei im Wesentlichen so wie andere Assets, beispielsweise Digital-Monetary-Assets (DMA). Das sind Wertgegenstände, die in einer Bilanz auftauchen könnten und die liquide sind – beispielsweise veräußerbare Werte wie Bitcoins, NFTs, Patente oder Marken. DMAs sind aber ausdrücklich nicht an den Namen des Experten gebunden. Sie sind zwar ebenso wie Digital-Personal-Assets immateriell, können aber ohne Wertverlust weitergegeben werden. Ein NFT kann von einem Kundenportfolio auf ein anderes ebenso problemlos übergehen wie Bitcoins von einem »Wallet« auf ein anderes. Ein Wikipedia-Eintrag oder eine Social-Media-Präsenz ist dagegen nicht an Dritte übertragbar.

Es sei noch ein weiteres Beispiel für ein Personal Asset angeführt: Auch ein Doktortitel beispielsweise ist immer an die Person gebunden, die ihn erworben hat. Einen Doktortitel können Sie nicht verkaufen oder anderweitig übertragen. Vielmehr ist die wissenschaftliche Leistung der Dissertation eng und unveräußerlich an die Person gebunden, die diese erbracht hat, sodass der Wert des Doktortitels stets an diese gebunden bleiben wird.

Selbstverständlich ist ein Doktortitel nicht als Wertgegenstand gedacht, denn er steht zunächst für eine eigenständig erbrachte wissenschaftliche Leistung. Auch ein Meisterbrief oder Mastergrad beispielsweise ist Ausweis einer erbrachten Leistung. Unsere Gesellschaft misst einem Doktortitel aber im Sinne einer Urteilsheuristik darüber hinaus auch eine besondere Bedeutung bei; und diese eben lässt sich durchaus monetarisieren.

Einmal erlangt, hat er für seinen Besitzer gleich mehrfach einen hohen Wert:

- **Höhere Gehälter und Honorare.** Ein Doktorgrad ermöglicht einem Angestellten ein sehr viel höheres Gehalt. Ein Bericht der *Welt* weist nach, dass ein promovierter Mitarbeiter pro Jahr bis zu 33 000 Euro mehr verdient als ein Kollege ohne diesen Abschluss.[1] Auch für einen Selbstständigen ist ein Doktorgrad hilfreich, um hohe Honorare durchzusetzen, da ein solcher aus Kundensicht als einfach erkennbares Qualitätssignal gilt.
- **Höherer Status.** Ein Doktortitel stattet seinen Besitzer mit einem höheren Status, Prestige und Ansehen aus. Er ermöglicht ihm damit Zugänge zu Kreisen, die sich ihm sonst nur mühevoll öffnen würden.

In der Summe sind Menschen bereit, selbst für einen unrechtmäßigen Doktortitel viel Geld auszugeben und ihn illegal für viel Geld zu kaufen und dann zu führen. Bekanntlich sind Politiker und Wirtschaftsführer in unangenehmer Zahl gescheitert an zu Unrecht geführten Doktortiteln und mussten ihre Karriere andernorts fortsetzen.

Obwohl der Doktortitel also einen hohen Wert besitzt, würde sich die Wirtschaftswissenschaft schwer daran tun, ihn als Wertgegenstand in einer Handelsbilanz aufzuführen. Schließlich handelt es sich nach dieser Lesart um einen ideellen Wert oder eine persönliche akademische Lebensleistung.

Wenn es einem Experten gelingt, sich ein hochwertiges Portfolio an Digital-Personal-Assets aufzubauen, kann er diese im Verkauf seiner Expertise immer wieder einsetzen und damit im Sinne einer Umwegrendite höhere Honorare erzielen und die Personal Assets durchaus monetarisieren.

Mehr noch: Wo ein Monetary Asset, das nicht an eine Person gebunden ist, nur ein einziges Mal verkauft werden kann, da können die Digital Assets immer wieder wirken, weil sie wieder und wieder für potenzielle Interessenten zum Entscheidungskriterium werden, ohne sich dabei abzunutzen. Ein Wikipedia-Eintrag beispielsweise führt Ihnen dauerhaft Neukunden zu.

Sie verstärken sich sogar: Mit neuen Kunden können neue Testimonials eingesammelt werden, es kann mit hohen Honoraren weiter in den Aufbau des eigenen Expertenstatus investiert werden und die Inhalte des

Experten können sich gerade aus den Rückkopplungen der gut zahlenden Kunden immer weiter verbessern. Der Ruf des Experten bildet sich über die Rückmeldungen und den Austausch von zufriedenen Kunden weiter aus.

Ein Wikipedia-Artikel, der den Experten beschreibt, oder ein hochwertiger Social-Media-Account, auf dem Kunden gern kommentieren und immer wieder gern darauf verweisen, dass sie mit der Expertise des Experten zufrieden waren und eigene Ziele erreicht haben, funktionieren so. Ein hochwertiger Youtube-Channel mit vielen aktiven Followern ist ebenso ein sichtbares Zeichen eigentlich unsichtbarer Kernwerte einer Personenmarke. Auch professionell erstellte Fotos, die dann in renommierten Magazinen der Expertennische erscheinen, sind gute Digital-Personal-Assets. Eine aussagekräftige Website mit den eingangs beschriebenen Testimonials und das eigene Buch des Experten, das von der Kritik – etwa den heute immer häufiger aufzufindenden Buchrezensionsseiten auf Facebook, Instagram und so weiter – beschrieben wird, schaffen Sichtbarkeit für Expertisen.

Die klassischen vier Marketingstufen aus Sicht des Experten

Die einzelnen Digital-Personal-Assets bauen gut aufeinander auf und haben eine gute Wechselwirkung miteinander. Ein Interessent benötigt mehr als einen Kontaktpunkt zu Ihnen, bevor er Ihr Kunde wird.

Das klassische Marketing kennt für den notwendigen Prozess dahinter das AIDA-Modell. Es besteht aus vier Schritten: »Attention«, »Interest«, »Desire« und »Action«.

Der Weg eines Kunden von einem ersten Moment der *Aufmerksamkeit* gegenüber einem Produkt oder einer Dienstleistung soll damit gelenkt und anhand eines vierstufigen Prozesses weiterentwickelt werden. Seine Aufmerksamkeit, die in der täglichen medialen Überforderung nur von kurzer Dauer ist, sollte umgehend in ein erstes *Interesse* des Kunden am Produkt umgewandelt werden.

Dieses in der Theorie etwas länger währende und wertvollere Interesse gilt es dann dem AIDA-Modell zufolge in ein *Verlangen* des Kunden nach dem Produkt oder besser noch nach der Problemlösung aufzuwerten. So kann er schlussendlich dazu bewegt werden, eine *Handlung* auszuführen – den Kauf; und erst hier entsteht Umsatz.

Aus dem AIDA-Modell lässt sich so ein besserer Überblick ableiten, wie also aus der ersten Sichtbarkeit gegenüber einem Kunden die wertvolle Handlung wird. Das AIDA-Modell zeichnet damit die sogenannte *Customer Journey* nach, die Reise des Kunden, und zwar vom Erstkontakt bis zum Umsatz.

Wie bei einer Reise zu einem weit entfernten Ziel muss diese Customer Journey mit Zwischenhalten geplant werden. Das sind sogenannte Kundenkontaktpunkte oder Touch-Points.

Im Marketing steht dafür sinnbildlich bis heute die sogenannte 7-Kontakte-Regel, nach der ein Kunde im Schnitt sieben Kontakte zu einem Anbieter benötigt, bevor er sich zum Kauf entschließt. Weil die Zahl der notwendigen Kontakte von der Relevanz des Produktes, seinem Preis und der Aufgeschlossenheit des Kunden für dieses Angebot ebenso abhängt wie von unzähligen weiteren Faktoren, ist die reine Zahl in diesem Marketingbegriff vermutlich am unwichtigsten. Manchmal sind es sieben Kontakte, manchmal ist es nur einer; und manchmal sind es 20 Kontakte.

Die 7-Kontakte-Regel ist eine gute Denkhilfe, um den Weg von der ersten Aufmerksamkeit des Kunden hin zum wünschenswerten Verkauf der eigenen Expertise als mehrstufigen Prozess zu denken, den man aufbauen und aktiv steuern können muss. Jedes einzelne Digital-Personal-Asset kann ein solcher Kontaktpunkt sein.

Bei aller vordergründigen Präzision in der Beschreibung des Weges von der ersten Aufmerksamkeit bis hin zum Kauf verkürzt das AIDA-Modell modellhaft die oft komplexen Touch-Points des Kunden und bietet vor allem in dieser Übersicht keine konkreten Lösungen oder Instrumente an, damit der beschriebene Weg des Kunden zielsicher begangen wird.

Folgendes Gedankenspiel zeigt zur Illustration den Weg des prototypischen Kunden: Sie haben einen freien Nachmittag und Lust, durch eine Buchhandlung zu schlendern. Es gibt Abteilungen, die eher Ihr Interesse wecken und die Sie daher zuerst besuchen. Sie gehen langsam an den Reihen von Buchrücken vorbei und Ihr Blick schweift über die bunten Cover und die dort aufgedruckten Titel. Einer der Titel weckt Ihr Interesse. Würden Sie nun dieses Buch aus einem Impuls heraus sofort ergreifen, sich ohne Umwege zur Kasse begeben und dann vorm Geschäft auf der nächsten Bank sofort anfangen, dieses Buch zu lesen? Vielmehr würden Sie das im Regal entdeckte Buch erst zur Hand nehmen, es prüfen, vielleicht noch in seinem Klappentext lesen, um anschließend zu schauen, was es an ähnlicher Literatur noch so im Regal gibt. Erst nach genauem Studium würden Sie sich also für oder gegen den Kauf des Buches entscheiden.

Eine Ausnahme gilt bei starken Personal Brands von Autoren. Also wenn Sie beispielsweise ein großer Fan von Sebastian Fitzek sind und nun einen neuen Thriller von ihm im Regal entdecken. Vermutlich liegt dieser sogar bereits im Eingangsbereich der Buchhandlung auf einem der Tische. Hier würden Sie vermutlich im ersten Kontakt mit dem Buch schnell eine impulsive Kaufentscheidung fällen. Eine Personal Brand kann somit den Kaufprozess erkennbar deutlich verkürzen.

Aber auch hier sind dieser Entscheidung etliche Kontakte zum Autor und seinen Werken vorausgegangen. Als Fan haben Sie vielleicht schon einige seiner Bücher gelesen und können nur aus diesem Grund ohne eine ansonsten notwendige Kundenreise kaufen. Oder Sie haben den Autor in einer Fernsehdiskussionsrunde gesehen und schenken ihm deshalb Ihr Vertrauen.

Selbst wenn Sie Buch und Autor noch nicht kennen, aber der Titel besonders stark ist und Sie sofort begeistert, würden Sie sich die Mühe machen, um das Buch noch kurz in Augenschein zu nehmen, vielleicht ein paar Seiten oder das Inhaltsverzeichnis zu lesen.

Das SRP€-Modell

Auf der Grundlage des AIDA-Modells schlägt das vorliegende Buch ein auf die Bedürfnisse von Wissensarbeitern angepasstes Modell vor: das SRP€-Modell. Es lehnt sich dabei vage an das AIDA-Modell an, modifiziert dieses jedoch an gleich mehreren Stellen.

- **S wie Sichtbarkeit:** Ein Business beginnt immer mit der Sichtbarkeit. Dieser Punkt ist facettenreich, wie spätere Kapitel zeigen werden: Ihr Kunde möchte Sie zunächst kennen lernen, ohne eine direkte Kaufabsicht zu äußern. Die ersten Elemente einer guten Sichtbarkeit sollten vor allem werthaltig sein. Schon die ersten Kontaktpunkte sollten aus Kundensicht die Frage beantworten: Was ist der Mehrwert für mich?
- **R wie Relevanz:** Nur ein relevantes Angebot stößt auf eine Reaktion des Kunden. Ihre Sichtbarkeit muss somit anschlussfähig sein. Wenn Sie sich als Hundecoach etabliert haben, ein möglicher Interessent aber gar keine Hunde hat, bricht die Kommunikation an dieser Stelle ab: Sie haben kein relevantes Angebot, obwohl Sie durchaus sichtbar sind!
- **P wie Positionierung:** Erst Ihre klare, hochwertige Positionierung als Personal Brand führt dazu, dass Ihr Kunde sich mit Ihnen und Ihrem Angebot beschäftigt. Im Vordergrund steht die Frage: Was können Sie besser (oder im Idealfall sogar ausschließlich), das andere Menschen nicht können?
- **€ wie Euro:** Das Euro-Symbol steht für den Umsatz, der aus den vorangegangenen Elementen folgt, allerdings oft erst mit Zeitversatz. Und erst hier findet die eigentlich gewünschte Handlung statt, der Umsatz!

Ganz gleich, ob man die notwendigen Schritte mit dem AIDA-Modell, der 7-Kontakte-Regel, einer Kundenreise oder dem SRP€-Modell beschreibt – es geht immer darum, dem Kunden jeweils den nächsten Schritt anzubieten, damit er sich dem Produkt nähert und damit den Kauf zunehmend in Betracht zieht.

Es geht daher im ersten Schritt nur darum, im Rauschen der großen Fülle an Informationen, Angeboten und werblichen Inhalten, die heutzutage auf jeden Menschen einprasseln, einen ersten minimalen Moment der Sichtbarkeit zu erreichen, der alle weiteren Kundenkontakte initial erst möglich macht.

Diese Beschreibung ist bewusst sehr zurückhaltend gewählt, weil immer wieder beobachtet werden kann, dass Anbieter versuchen, von diesem ersten Moment der Sichtbarkeit direkt in Preisverhandlungen und Angebotsbeschreibungen überzugehen. Das kann funktionieren, wenn die Personal Brand ausreichend stark ist, stellt aber eher die Ausnahme dar.

Personal Assets lassen sich in die vier SRP€-Segmente einsortieren

Ihre Digital-Personal-Assets lassen sich in die vier SRP€-Segmente einsortieren. Jedes Segment sollte über mehrere Assets verfügen, erst dann führen die unterschiedlichen Kontaktpunkte zu einem Mehrumsatz und hohen Honoraren. Die folgende Tabelle gibt einen Überblick über das SRP€-Modell aus Kundensicht und nennt jeweils Assets als Beispiele.

Segmente	Kundensicht	Asset-Beispiele
S (Sichtbarkeit)	»Interessante Person oder interessantes Thema, ich schaue mal hin.«	Fotos Videos Kundenstimmen (Testimonials) Instagram-Posts Tiktok-Posts LinkedIn-Posts
R (Relevanz)	»Das ist ja mein Thema, das mich derzeit beschäftigt!«	Längere Textauszüge Blogbeiträge Youtube-Beiträge Podcasts
P (Positionierung)	»Das ist genau der richtige Experte, der weiß, was er sagt.«	Beiträge in hochwertigen Fachmagazinen TV-Auftritte Gastbeiträge in fremden Youtube- oder Podcast-Channeln
€ (Umsatz)	»Ich kaufe mir sein Produkt.«	Niedrigschwelliges Angebot (zum Beispiel Buch) Hochpreis-Coaching

Der eigene Personal-Brand-Styleguide

Ein eigener Styleguide für Ihre Personal Brand ist nicht weniger als das Herz und die Seele Ihrer Marke. Der Styleguide überträgt die Mission, die Vision und auch die Werte Ihrer Marke zu Ihren Interessenten und Kunden. Er macht sie vor allem grafisch und optisch

- sichtbar,
- einzigartig,

- unverwechselbar und
- wiedererkennbar.

Gleichzeitig aber wirkt ein Styleguide in der Realität häufig oberflächlich. Rein pragmatisch ist er zunächst nur eine Festlegung auf bestimmte Elemente der Außendarstellung einer Marke. In einer PDF-Unterlage oder einem anderem Dokument wird – zumeist im Marketing – festgelegt, welche Schriften, Farben, Logos, Bilder, aber auch Geschichten und Werte mit einer Marke verknüpft sein sollen. Das erscheint einem häufig sehr kleinteilig und institutionalisiert.

In einem solchen Dokument wird sehr technisch beispielsweise eine Primärfarbe für das Unternehmen mit einem konkreten »Hex-Code« festgelegt, zu der gleichzeitig eine Sekundär- und eine Tertiärfarbe passend arrangiert werden. Die bestimmende Farbe der Firma ist fortan nicht mehr ein »sattes, fröhliches Gelb«, das dann und wann womöglich auch mal mehr ins »leuchtende Orange« geht – sondern es ist (hier als Beispiel angeführt) präzise der Hexadezimalcode #FFFF00. Das wird im Styleguide festgelegt und führt dazu, dass beispielsweise das Telekom-Magenta überall identisch in der Markenkommunikation auftaucht.

Es wird außerdem ein Logo entwickelt und in mehreren verschiedenen Auflösungen für die Verwendung in Hoch- und Querformat dargestellt. Außerdem werden Briefköpfe erstellt und Schriftgrößen für den Schriftverkehr mit Kunden festgelegt.

Grafikagenturen kennen das, wenn sie beispielsweise für Printprodukte von Kunden angefragt werden und ihnen dann ein solcher Styleguide zugeschickt wird mit dem Hinweis: *»Bitte nutzen Sie nur die dort aufgeführten Logos und Farben der festgelegten Farbcodes.«*

Hinter dieser technisch wirkenden Festlegung steckt aber mehr, als das manchem kreativen Freigeist auf den ersten Blick augenfällig ist.

> Es ist sinnvoll, die eigene Personenmarke und den dazugehörigen Styleguide zwar kreativ und professionell zu erstellen, ihn danach aber eher äußerst kohärent und zuverlässig und wenig kreativ einzusetzen. Dann ist ein Styleguide auch mehr als eine Festlegung von Designelementen, nämlich eine wirksame Hilfe bei der Etablierung der eigenen Personal Brand.

Ist es trotzdem nicht etwas dick aufgetragen, wenn man diesen Festlegungen auf Farben und Schriften die Funktion überträgt, Herz und Seele einer Marke zu repräsentieren? Sind nicht gerade bei einem Expertenbusiness die Inhalte, die Persönlichkeit des Experten und die auszeichnenden Merkmale seiner großen Expertise viel mehr Herz und Seele der Marke?

Selbstverständlich, und doch müssen diese auch unzweifelhaft und unverwechselbar sichtbar gemacht werden. Wer die Kernwerte einer Personal Brand und ihre Außendarstellung absichtlich oder fahrlässig voneinander trennt oder gegeneinander verschwimmen lässt, macht sich die eigene Positionierung unnötig schwer.

Wer die eigene Markenidentität nach außen professionell darstellen möchte, ist natürlich gut beraten, eine Wiedererkennbarkeit gegenüber seinen Kunden auch durch einen solchen Styleguide mittels einiger feststehender und immer wiederkehrender Designmerkmale sicherzustellen. Doch muss man sich deshalb gleich auf Farben im Hexadezimalcode, CMYK-Farben für Printprodukte präzise festlegen und diese immer stoisch verwenden? Oder genügt es, am Anfang zu experimentieren und sich dann später, wenn das Business läuft, ein Logo und einen Brand-Styleguide erstellen zu lassen?

Das lässt sich pragmatisch beantworten: Wenn bei jeder Veröffentlichung ein anderer Violettton des eigenen Logos gewählt wird, weil vielleicht der Grafiker keine genauen Vorgaben hatte oder weil diese Farbe in den Einstellungen des eigenen Youtube-Kanals nur ungefähr zu den sonst gewählten Lilatönen der eigenen Marke passte, dann macht genau das es dem Kunden schwerer, die dargestellten Inhalte auch treffsicher immer demselben Experten zuzuordnen. Der Experte investiert viel Energie, Zeit und Geld, um sichtbar und für den Kunden interessant zu werden – und der Kunde denkt: »Der Name des Experten ist mir zwar bekannt, aber das Logo sieht ganz anders aus.«

Gelingt es nicht oder nur unzuverlässig, alle Bemühungen des Markenaufbaus durch verschiedene Digital-Personal-Assets und weitere Funktionen eigener Sichtbarkeit in einer damit immer stärker werdenden Marke zu konzentrieren und wertstiftend darin aufgehen zu lassen, dann wird damit der Aufbau der eigenen Marke erschwert.

Das ist eine Verschwendung von Energie, Ressourcen und nicht zuletzt auch Geld. Wenn in den Kapiteln dieses Buches somit auf verschiedene Wege verwiesen wird, wie mit eigenen Digital-Personal-Assets eine eigene Personenmarke dauerhaft und erfolgreich aufgebaut werden kann, so sollte dieser Prozess nicht durch Streuverluste in der eigenen Sichtbarkeit und Wiedererkennbarkeit ständig erschwert oder gar torpediert werden.

Werte, Logos und Farben sind am Styleguide angebunden

Kunden knüpfen an den Faktor der Wiedererkennbarkeit auch solche Werte wie Vertrauen und Verlässlichkeit. Es ist beispielsweise elementarer Bestandteil des enormen Wertes der Marke Nivea, die den Wert der Marke des Mutterkonzerns Beiersdorf bei Weitem übersteigt, dass Nivea als Schriftzug seit Jahrzehnten unverändert und bekannt ist und dabei für Vertrauen und Verlässlichkeit in seinem Nutzwert steht. Vermutlich können Sie den Schriftzug von Nivea gerade vor Ihrem inneren Auge aufrufen – aber ebenso den von Beiersdorf? Nivea steht schnörkelig weiß auf königsblauem Grund und wird als Creme in einer runden Blechdose ausgeliefert. Die Creme, die die Großmutter schon benutzt hat, benutzt auch in großem Vertrauen der Enkel.

Das funktioniert heute noch so. Kennen Sie das bunte Logo von Google, das aussieht, als sei es beim Kinderschminken auf dem Dorffest entstanden? Wahrscheinlich sehen Sie es jetzt vor sich. Und das von der Google-Mutter Alphabet? Immerhin dem Konzern, der Google, Youtube, Google Ventures und Google Play unter sich vereint und der eines der wertvollsten Unternehmen der Welt ist. Das Logo kennt man kaum, weil es nicht wichtig ist; es ist sehr reduziert, da es nach außen kaum genutzt wird und von den Untermarken, die sich an die Kunden wenden und von diesen immer wieder gefunden werden sollen, bloß nicht ablenken soll. Die Kunden sollen »googeln« und sich Videos bei Youtube ansehen, nicht bei Alphabet auf der Website surfen. So besteht das Alphabet-Logo nur aus einer einfachen, reduzierten, serifenlosen Schrift in einem Karminrot.

Auf Wiedererkennbarkeit gestütztes Vertrauen und Verlässlichkeit sind Kernwerte, die ein Experte mit seiner Personal Brand verbunden sehen will und die er repräsentieren möchte beziehungsweise, mit Blick auf hohe Honorare, sogar repräsentieren muss. Ein Styleguide ist dann ein zentraler Bezugspunkt für die Designentscheidungen der eigenen konsistenten Außendarstellung, aber eben auch für die Wiedererkennbarkeit gegenüber dem Kunden, und der Styleguide hilft dabei beiden Seiten, sich zu finden und zu vertrauen.

Damit ist der eigene Styleguide sehr grundlegend für fast alle anderen Elemente der eigenen Markenpositionierung. Wer in einem Styleguide das eigene Logo, einen eigenen Farbraum und beispielsweise eigene Schriften für seine Außenwirkung definiert und festlegt, der transportiert damit automatisch auch bestimmte Werte und Elemente der eigenen Marke. Aber ein guter Styleguide kann viel mehr.

Es macht einen Unterschied, ob Sie eher eine verschnörkelte Schrift für das eigene Logo wählen wie Nivea oder ob Sie eine zurückgenommene, technisch anmutende Schrift favorisieren wie BMW. Dunkle Farben stehen eher für seriöse Inhalte, während bunte Farben und knallige Muster dem Betrachter Interpretationsangebote ganz anderer Art unterbreiten und für Kreativität und auch Disruption stehen.

Solche Funktionen des Logos sollten also nicht nach Tageslaune entschieden werden, sondern tiefgreifend auf die festzulegenden Kernwerte der eigenen Marke zurückzuführen sein. Und weil dem so ist, wird ein guter Designer bei der Erstellung eines solchen Brand-Styleguides den Experten weniger danach fragen, welche Farben und Schriften dieser »schön findet«. Er wird ihn vielmehr nach den Kernwerten seines Expertenbusiness fragen: »Weshalb haben Sie dieses Unternehmen gegründet, und wo sehen Sie es in der Zukunft?« »Wer ist die präzise Zielgruppe dieses Geschäftsmodells, und weshalb brauchen Ihre Kunden Sie?« »Wie lösen Sie Probleme, und welcher Art sind die Probleme Ihrer Kunden?« »Mit welchen Eigenschaften verknüpfen Ihre Kunden Sie, und mit welchen sollen sie Sie verknüpfen?«

Ein gutes Logo erklärt dabei nicht die Firma oder was diese tut. Das Google-Logo ist eben keine Lupe oder eine wenig abstrakte Darstellung der vielfältigen und unendlichen Verknüpfungen des World Wide Web, auf die die Suchalgorithmen von Google vertrauen.

Selbst der Markenname verweist nur sehr indirekt auf diese Möglichkeiten, wenn »Google« sich auf das Kunstwort »Googol« bezieht, das der Mathematiker Edward Kasner für eine Zahl mit einer Eins und hundert Nullen erfand. Google-Mitgründer Larry Page fand diesen Namen dann unterhaltsam und eingängig, änderte ihn leicht und machte ihn noch eingängiger durch die Verschiebung einiger Laute. Er fand, dass eine Eins mit hundert Nullen gut für die Möglichkeiten des Internets und seiner Vernetzung stehen konnte. Aber das erklärt kaum die Firma. Man kann sich den Markennamen Google jedoch gut merken.

Die erste Idee für das eigene Logo ist oft nicht die beste, weil sie zu sehr von Vorurteilen belastet wäre, hier also: Eine Suchmaschine? – Eine Lupe! Ein Experte für Ernährung? Eine Gabel und ein Messer! Ein Fitnesstrainer? Eine Hantel! Verzichten Sie besser darauf, denn Logos und Firmennamen, die jedem zu einem Thema einfallen, sind wieder kaum unterscheidbar und werden dann schnell vergessen.

Der Designer für den eigenen Styleguide fragt daher weiter: »Würden Sie sich als konservativ oder eher unkonventionell beschreiben?« »Arbeitet Ihr Business eher klassisch oder modern?« »Was sind bestimmte Kernaussagen Ihrer Expertise, mit der Sie die Problemlösung für Ihre Kunden auf einen Nenner bringen können?« »Was sind Grundprinzipien des Handelns und der Entscheidungsfindung in Ihrem Unternehmen und in der Zusammenarbeit mit Ihren Kunden?« »Können Ihre Kunden Ihre Arbeit in einem Satz beschreiben?«

Ein gutes Logo folgt dieser wichtigen Idee: Es soll einfach und gut wiederzuerkennen sein. Aber es erklärt eben die Marke nicht. Zudem sollte es stets auch eine positive Idee übertragen, aber nicht versuchen, die Markeninhalte figürlich abzubilden. Es ist eine Andeutung, keine Abbildung – und es ist einzigartig!

Elemente des Styleguides

Ein professionell entwickelter Styleguide stellt darüber hinaus auch Elemente der Außendarstellung heraus, die mehr sind als Farben, Schriften und Logos.

Um Ihre Personal Brand gruppieren sich zunächst Ihre konkreten Merkmale wie beispielsweise Ihr Name und, davon abgeleitet, Ihr eigenes Logo. Es gibt eine, wie bereits beschrieben, klare Farbpalette mit einer Primärfarbe und einigen wenigen ergänzenden Farben, die fortan die Marke repräsentieren. Auch sollte eine Typografie festgelegt werden, die in aller Korrespondenz des Unternehmens verwendet wird sowie an allen Stellen, wo das Unternehmen sichtbar wird.

Daneben gibt es Elemente der eigenen Marke, die etwas mehr Interpretationsspielraum und Anpassung an verschiedene Kontexte und Medien erlauben. Diese gehören genauso in den Styleguide. Sie sollten sogar möglichst früh festgelegt werden, bevor allzu viel Energie in die eigene Sichtbarkeit und Wiedererkennbarkeit gesteckt wird.

Signature-Storys: Narrative sind wesentlicher Teil des Styleguides

Ein Element, das ebenso konsistent nach außen getragen werden sollte und das die Wahrnehmung der Marke prägt, ist beispielsweise das eigene Storytelling: Welche Geschichten werden im Zusammenhang mit der eigenen Marke, der eigenen Expertise und natürlich auch der eigenen Personal Brand immer wieder erzählt? Welche funktionieren besonders gut und erlauben dem Kunden erfahrungsgemäß eine Anknüpfung an diese Geschichten?

Narrative sind anerkannte Leitmotive darin, wie Menschen die Wirtschaft begreifen. Robert Shiller, Nobelpreisträger für Wirtschaftswissenschaften 2013, hat dazu ein prägendes Buch mit dem Titel *Narrative Wirtschaft: Wie Geschichten die Wirtschaft beeinflussen* verfasst.[2]

Shillers wesentliche Forschung räumt mit einem weitverbreiteten Irrtum auf: Die Wirtschaft wird oft erklärt mit rationalen Ideen und Fachbegriffen wie »Bruttoinlandsprodukt« oder »Kurs-Gewinn-Verhältnis«; dahinter liegen komplexe Theorien sowie daraus abgeleitete Rechnungen, die für Laien meist unverständlich bleiben. Das jedoch ist ein Mythos – die Wirtschaft folgt sehr viel weniger dem Rationalen, als Wissenschaftler sich das wünschen. Vielmehr verstehen und verbreiten Menschen ihr wirtschaftliches Verständnis auf der Basis von Narrativen – Storys eben. So beispielsweise der Begriff der »Aktienblase«, die als Geschichte zu Unrecht aufgeblähter Kurse erzählt wird. Folgen Menschen solchen Geschichten unreflektiert – und das tun sie laut Shiller häufig –, dann verkaufen Menschen ihre Aktien nicht aufgrund rationaler Überlegungen, sondern weil sie dem Narrativ der fallenden Kurse folgen. In der Konsequenz geschieht genau das: Die Aktienkurse fallen, ohne dass es eine rationale Erklärung dahinter gegeben hätte.

Wer sich regelmäßig mit Menschen und deren starken Personal Brands auseinandersetzt, dem werden besonders eingängige Geschichten dazu einfallen, die Signature-Storys.

Michael Groß ist Speaker und berät Unternehmen. Er ist Geschäftsführer der Groß & Cie., einer Beratungsgesellschaft für Change- und Talentmanagement. Ein ähnliches Spektrum bearbeiten sicher auch andere Profis und profilieren sich in diesem Bereich als Experte. Aber Groß hat vor allem eine Geschichte.

Michael Groß war dreimal Olympiasieger als Schwimmer, fünfmal Weltmeister und viermal Sportler des Jahres. Und mit diesen Attributen, den Personal Assets seiner Karriere, wird er auch als Speaker beworben.[3] In einem seiner Rennen, das er kurioserweise nicht gewonnen hat, rief der Reporter Jörg Wontorra damals kurz vor dem Ziel euphorisch »Flieg, Albatros, flieg!« in Bezug auf den Spitznamen des eleganten Schwimmers, und schuf damit einen ikonischen Ausruf, der noch heute mit Groß in Verbindung gebracht wird. Diese Geschichte zeichnet Michael Groß bis heute aus.

Auf diesen sportlichen Erfolg führt Groß seine Legitimation zurück, heute auch andere Menschen zu eigener Initiative motivieren zu können. Er absolvierte ein Studium der Germanistik, Politik und Medienwissenschaften und promovierte außerdem. Googelt man ihn jedoch, wird er auch auf Websites, auf denen er gebucht werden kann, zunächst als »einer der erfolgreichsten Sportler der Welt« beschrieben. In seinem Speaker-Profil wird beschrieben, dass er die Kombination von »Talent, Wissen und Wille« an seine Kunden weitergibt. Was er als Sportler gelernt und was ihn erfolgreich gemacht hat, kann er heute bei seiner Arbeit als Unternehmer, Redner, Trainer, Autor und Dozent weitergeben. So wirken Geschichten zur Legitimation markenbildend.

Groß nutzt diese Geschichte in seinen Vorträgen. Und wer ihm direkt oder medial begegnet, der wird sie wohl oft hören und wiedererkennen.

Geschichten in dieser Form der Signature-Storys sind häufig Heldengeschichten. Letztere werden von gutem Storytelling gern genutzt, weil dabei entweder der Experte selbst oder seine Kunden in einer Art Heldenreise große Herausforderungen bewältigen und damit die Inspiration für neue Kunden des Experten sein können. Das sind häufig Geschichten, die einen gewissen Initiationsmoment beschreiben: Mit einem Erlebnis, einer Erkenntnis oder neuen Fähigkeit, die dem Experten zur Verfügung stehen, wurden plötzlich große Probleme lösbar oder große Ziele erreichbar gemacht. Vortragsthemen, die man bei Michael

Groß buchen kann, lauten beispielsweise »Sieg und Niederlage – jeden Tag ein Olympiasieg« oder »Siegen kann jeder – Basis zur Motivation«.

In dieser Form gedacht, ist der Styleguide von Michael Groß dann ein immer wieder gültiges Dokument, auf welche die eigene Personal Brand zurückgeführt werden kann. Es ist klug, sich früh zu überlegen, welche Geschichten man immer wieder erzählen wird, welche Art der Wahrnehmung man seinen Kunden anbietet und mit welchen Designelementen man diese von Beginn an stützen kann. Dazu gehören dann bei den Signature-Storys auch Bild- und Klangwelten.

Die Klangwelten sind dabei schnell erklärt, obwohl sie vielfach unterschätzt werden. Erstellt ein Experte beispielsweise Videos, könnte er diese von einem professionellen Sprecher vertonen lassen oder sie selbst einsprechen. Vielleicht ist es sein eigener Akzent oder Dialekt, der dann eine Rolle spielt und den Experten nahbar erscheinen lässt. Vielleicht will der Experte mit einem professionellen Sprecher auch den Eindruck einer gewissen professionellen Distanz bewusst pflegen. Beides funktioniert gleichermaßen.

Als letzter Satellit des eigenen Brand-Styleguides fungieren die Bilder. In welchen Bildwelten lassen Sie sich als Experte fotografieren? In welchen Kontexten treten Sie auf? Es macht einen klaren Unterschied, ob Sie sich auch als Speaker präsentieren und fotografieren oder filmen lassen oder ob Sie Ihren Kunden lieber im kleinen Kreise sehr vertraulich gegenübertreten und nur das zeigen – selbst wenn beides Teil Ihrer eigenen Arbeit als Experte wäre.

Es kann durchaus sinnvoll sein, festzulegen, ob Sie in der Regel lieber in Anzug und Krawatte oder in Jeans und T-Shirt fotografiert werden möchten.

Auf seiner Website setzt Michael Groß viele erfolgreiche Personal-Branding-Elemente um, aber auch solche des konsistenten Stylings seiner Sichtbarkeit.

Das Logo von Michael Groß besteht aus einem Stern, somit einem Symbol für einen gewissen Ruhm und buchstäblichen Status als »Star.« Es zeigt weder eine besonders große Person, was eine rein körperliche Eigenschaft von Michael Groß wäre, noch zeigt es einen Albatros oder eine irgendwie mit dem Schwimmen zu assoziierende Symbolik.

Der Stern besteht aus drei gleichen, geometrischen Elementen, die in drei ähnlichen Farbtönen gestaltet sind. Es handelt sich um drei Variationen eines Rot-Orange.

Die drei Farben des Logos sind aus gestalterischer Sicht harmonisch, weil sie einen Anteil von Rot haben; zwei von ihnen haben auch einen deutlichen Anteil von Gelb. Diese drei Farben sind auch die einzigen Farben, die die ansonsten schwarz und weiß gehaltene Gestaltung der Website aufbrechen.

Sie werden für die drei inhaltlichen Fachbereiche des Experten genutzt und stehen für:

- Inspiration (dunkelrot),
- Motivation (leuchtend rot) und
- Faszination (orange).

Auf der Website tauchen die drei Farben mit dem jeweiligen Thema in gleichwertigen Blöcken auf. Sie repräsentieren die drei Säulen seiner Expertise für die »Inhaltliche Kompetenz Michael Groß« in genau diesen drei sehr konkreten Bereichen.

Das Logo wird jeweils dazu genutzt, diese Dreiteilung zu akzentuieren, und im jeweiligen Block der Expertenthemen wird eines der drei geometrischen Elemente des Sterns betont. Dabei wird das Logo aus der Mehrfarbigkeit zu einem einfarbigen Logo neu interpretiert, während die beiden anderen Elemente ausgedünnt sind. So ist der Styleguide von Michael Groß auch bereits vorbereitet für eine Schwarzweißnutzung und weitere Darstellungen im digitalen Bereich und setzt diese Anforderungen ideal um.

Direkt unter dem Logo erscheint ein Bild von Groß. Dieses ist professionell mit reduziertem Licht in einem Studio fotografiert und erzeugt in schwarzweißer Ausführung einen fokussierten Experten mit positiver Ausstrahlung – in einer Körperhaltung, die körpersprachlich mit »Nachdenken« assoziiert wird. Durch die besondere künstlerische Gestaltung des Porträts erfährt dieses eine hohe Wertwahrnehmung.

So bleiben Bilder und Geschichten eben bei vielen Menschen besonders gut hängen. Hierbei sollte man davon ausgehen, dass die Bildwelten bekannter Experten selten durch Zufall geleitet sind. Wenn etwa regelmäßig Bilder von Richard Branson kursieren, auf denen er in einer

Badehose gekleidet auf einer Insel in der Sonne sitzt, dann ist das Teil seiner eigenen Darstellung als erfolgreicher Unternehmer mit Sinn für Nonkonformismus. Und wenn es im Gegensatz hierzu genau solche Bilder von Oliver Blume, dem Chief Executive Officer von Volkswagen, eben exakt nicht gibt, dann ist auch das kein Zufall.

Ganz nach dieser Art sollte jeder Experte sensibilisiert sein, seine eigene Außendarstellung nicht dem Zufall zu überlassen. Der eigene Brand-Styleguide kann hierfür eine wertvolle Hilfe sein, um immer wieder auf bestimmte Elemente zu achten, die konsistent und wiederkehrend die Wiedererkennbarkeit, Verlässlichkeit und das Vertrauen für die Kunden spiegeln.

Fotos: Kunden wollen sich ein Bild von Ihnen machen

Weil sich Kunden auf ihrer Suche ein Bild von Ihnen machen wollen, bevor sie Sie für eine Expertise beauftragen, sollten Sie Bilder verwenden. Hierfür sollten Sie professionelle Fotos aufnehmen lassen. Denn Menschen kaufen von Menschen. Und Fotos hinterlassen einen guten Eindruck, sofern sie vor allem eines sind, authentisch!

Professionell erstellte Fotos sind ein grundlegend wichtiges und gleichzeitig auch routiniert und leicht zu erstellendes Digital-Personal-Asset. Wer mit seinem Expertenwissen ein Business betreibt, der sollte dabei zunächst an Businessfotos denken. Das sind Fotos, die idealerweise von einem professionellen Fotografen erstellt werden und den Experten dabei so ablichten, wie ihn auch seine Kunden antreffen würden.

Das hat erstens den Vorteil, dass sich der Experte dabei vermutlich am ehesten wohl in seiner Haut fühlt. Und zweitens erleben die Kunden keinen Wahrnehmungsbruch beim ersten Treffen mit dem Experten, den sie vielleicht schon von den Fotos seiner Website her kennen.

Ist es in Ihrer Branche üblich, dass Anzug und Krawatte getragen werden, wie es beispielsweise in der Finanzbranche ja durchaus erwartet wird, überlegen Sie sich dazu zwei Dinge: Erstens können Sie dieser Erwartung selbstverständlich entsprechen und sollten dann auch auf Ihren Fotos mit Anzug und Krawatte abgebildet sein. Alternativ könnten

Sie auch anfangen sich zu fragen, ob ein geplanter, unbedingt aber authentischer Musterbruch Ihnen nicht auch einen guten Dienst erweisen könnte.

Gerald Hörhan ist ausgewiesener Finanzexperte und hat in diesem Fach unter anderem an der renommierten Harvard University studiert. Dort hat er einen Abschluss mit Auszeichnung gemacht. Wenn Sie Gerald Hörhan treffen, werden Sie allerdings schnell verstehen, warum er als »Investmentpunk« bekannt geworden ist: Denn vermutlich wird Ihnen Gerald Hörhan in einer Lederjacke entgegentreten, und nur selten werden Sie ihn mit Anzug und Krawatte erleben.

Damit bricht er mit dem Muster seiner Branche und unterstreicht damit nicht zuletzt die Aussage, dass seine Ansätze etwas Revolutionäres und Neues haben. Er gibt sich unangepasst, ist eine charismatische Persönlichkeit. Und wer einmal eines seiner zahlreichen Videos in seinen Social-Media-Kanälen gesehen hat, der vergisst das nicht so schnell. Der »Investmentpunk Hörhan« (so seine Eigenbeschreibung) polarisiert zwar; weil aber seine Inhalte fundiert sind und er mit seinen Themen für viele potenzielle Kunden anschlussfähig ist, die ihn dann auch durch seine schillernde Persönlichkeit immer wieder erkennen würden, ist Hörhan nicht trotz, sondern auch wegen seines unangepassten Auftretens erfolgreich.

Solche Überlegungen zur eigenen (visuellen) Positionierung kann man bereits für die eigenen Fotos anstellen, die daraufhin in einer ersten Sichtbarkeit die eigene Expertise für die eigenen Kunden anschaulich machen.

Menschen sind es gewohnt, Bilder von anderen Menschen schnell zu sichten und sich im Grunde binnen Sekundenbruchteilen ein Urteil über ihr Gegenüber zu bilden. Daher stammt der Spruch: »Sich ein Bild von jemandem machen.« Wer auf professionelle Bilder setzt, kann deren Aussagekraft ideal steuern, um seinen Interessenten und Kunden ein adäquates und zielgenaues Bildangebot zu bieten. Berücksichtigt man hingegen die Erstellung eigener professioneller Fotos am Anfang nicht und vertraut darauf, dass man im Rahmen von Veranstaltungen, Zeitungsberichten und anderen Veröffentlichungen ja auch im Internet und in Zeitschriften gefunden wird, gibt man damit auch ein Stückweit die Steuerungsgewalt über seine eigene Sichtbarkeit im Bereich von Fotos ab.

Wem ist es nicht schon einmal passiert, dass er sich auf einem Zeitungsfoto betrachtet und sich dabei wünscht, er hätte das Foto vor der Veröffentlichung zur Freigabe vorgelegt bekommen?

Ein professioneller Fotograf wird bei der Erstellung solcher Bilder auch Fragestellungen beachten, die dem Laien nicht immer zugänglich sind. So wird er nach dem Verwendungszweck der Fotos fragen. Für die eigene Website können Fotos nämlich unter Umständen etwas seriöser und zurückhaltender gestaltet werden als Fotos für Social Media, die dort in viel stärkerer Konkurrenz zu anderen visuellen Inhalten stehen und allein deshalb schon etwas auffälliger sein müssen. Der Profifotograf wird zudem auf Formate achten. Auf einer Website werden Fotos heute gern im Header oben auf der Seite formatfüllend verwendet. Dafür müssen sie sehr groß und breit sein, aber auch noch Platz für eventuelle Textbausteine daneben lassen. Wohingegen Fotos für Instagram und Pinterest gänzlich anders aufgebaut sein müssen, weil hier ein Hochkantformat oder quadratische Bilder benutzt werden.

Der professionelle Fotograf kennt die Wirkung von Farben und weiß, dass helle Farben beispielsweise freundlicher wirken, während dunkle Farben eher etwas verschlossen und deutlich seriöser wirken. Lässt sich der Experte mit seinem Team abbilden, dann gilt es auch hier schon im Vorfeld dafür zu sorgen, dass die Farben der Outfits aufeinander abgestimmt sind.

Doch auch bei all diesen technischen Details ist es sehr hilfreich, seinen Fotografen zu lenken. Manche Fotografen fotografieren ihre Kunden gern in ihrem Studio. Dort haben sie viel Technik zur Verfügung und wissen, wie sie mit wenigen Handgriffen eine Person bestens ausleuchten können – kurzum sie sind eingespielt. Manchmal entstehen in einem solchen Setting aber Fotos, die eher für ein steriles Passbild geeignet wären als dafür, Menschen auf den ersten Blick von der eigenen Expertise zu überzeugen oder bei ihnen ein erstes Interesse für die eigene Person zu wecken.

In der zeitgenössischen Businessfotografie sind daher beispielsweise Fotos im Reportagestil ein gutes Element, um bestimmte Kernwerte der eigenen Personenmarke zu transportieren. Wird der Experte in Gesprächssituationen fotografiert, bei denen vielleicht der Gesprächspartner angeschnitten über die Schulter hinweg gezeigt wird, dann zeigt das das kommunikative Talent des Experten. Den allermeisten fällt es dabei auch deutlich leichter, in der Interaktion mit einem Gegenüber ein natürliches und freundliches Lächeln zu zeigen. Eine solche Situation, die beispielsweise einen Coach bei der Arbeit zeigt, ist zugleich authentischer und lebendiger. Ein guter Fotograf wird in Zusammenarbeit mit seinem Kunden dafür sorgen, dass auch diese Situation nicht gestellt wirkt. Vielleicht kann es sogar richtig sein, einen Fotografen tatsächlich zu einer eigenen Beratungssituation mitzunehmen.

Ist die eigene Positionierung so geplant, dass mehr Musterbrüche eingestreut werden sollen, dann kann diese Idee noch weitergedacht werden. Experten, die sich ein wenig unangepasst zeigen wollen, könnten sich beispielsweise Fotos im »Adhoc-Stil« anfertigen lassen. Dabei wird der Experte vom Fotografen durch eine Stadt begleitet und der Fotograf erstellt ad hoc eine Reihe von Fotos, bei denen etwa eine Straßenampel oder ein Straßenschild im Bild angeschnitten werden. Solche unvollkommenen, aber aktionsorientierten Fotos stellen sich nicht zuletzt auch bewusst dem typischen Stil eines Fotostudios entgegen und zeigen damit, dass der Experte nicht nur in dieser Hinsicht einen Unterschied machen möchte.

Manche Fotografen werden solche Situationen nicht unbedingt präferieren, weil sie eine gewisse Experimentierfreude und auch Mut ihrerseits erfordern. Schließlich kann ein Fotograf hier nicht so gut auf seine professionellen Werkzeuge und eingespielten Arbeitsabläufe zurückgreifen.

Doch hier macht sich die Suche nach einem Fotografen bezahlt. Im Idealfall sollte man ein Vertrauensverhältnis zu ihm haben, und er sollte es schaffen, dass man sich mit der eigenen Abbildung wohlfühlt. Tatsächlich gibt es einen einfachen Zugang, den richtigen Fotografen zu finden: Lassen Sie ein paar Probeaufnahmen machen und schauen Sie anschließend, wie Sie sich selbst auf den Fotos sehen. Wenn Sie sich selbst gestellt empfinden oder an sich ein Lächeln sehen, das Sie im Spiegel so noch nie gesehen haben beziehungsweise mit dem Sie die Fotos von ihrer eigenen Kamera sofort löschen würden, sollten Sie den Fotografen darauf hinweisen, dass sie sich »noch nicht gesehen« fühlen.

Es gilt der Grundsatz: Authentizität ist der Schlüssel zum eigenen Personal-Brand-Fotoset – und diese können allein Sie selbst erkennen.

Haben Sie schließlich einen Fotografen gefunden, dem Sie vertrauen, dann ist das auch eine gute Basis für eine gute Kohärenz innerhalb Ihrer bildlichen Darstellungen. Ein guter Fotograf hat immer einen eigenen Stil und eine eigene Handschrift. Diese Handschrift können Sie sich zunutze machen, wenn Sie dadurch zu einem kleinen Baustein Ihrer ortstreuen Leuchtturmfunktion in Form einer Wiedererkennbarkeit gegenüber möglichen Kunden finden.

Gute Fotos können Sie letztlich in verschiedensten Kontexten veröffentlichen. Sie lassen sich für die eigene Website ebenso nutzen wie für Social-Media-Kanäle und Presseveröffentlichungen. Ihr eigenes Buch kann eines Tages Ihr Konterfei als Autorenfoto tragen und darüber hinaus schätzt auch Google Bilder und wird diese bevorzugt, nicht zuletzt gegenüber Mitbewerbern zeigen, wenn Sie Ihre eigene visuelle Darstellung im Griff haben und fördern. Zwar werden wie beschrieben gewisse Einschränkungen in der Verwendung für alle Plattformen gemacht werden müssen, weil beispielsweise manche Formate besser für Websites geeignet sind und andere besser für den Social-Media-Bereich, jedoch kann man Fotos doch in aller Regel eine breite Nutzbarkeit unterstellen.

Wenn man insbesondere auf die spätere Verwendung in verschiedensten Formaten achtet und auch den Fotografen darauf hinweist, dann können Fotos, einmal gemacht, viele Aufgaben für die eigene Personal Brand lösen. So können Experten mit einem professionellen Shooting und einem daraus resultierenden Fundus an guten Bildern also viele Aufgaben bezüglich ihrer eigenen Sichtbarkeit gut unterstützen und lösen.

Dieses Prinzip sollte man nach Möglichkeit an alle Bemühungen anlegen, um eigene Digital-Personal-Assets zu erstellen. Natürlich kostet die Erstellung von Fotos bei einem professionellen Fotografen Geld, Zeit und Energie. Umso mehr ist es da doch geboten, Prozesse darauf zu prüfen, ob sich die Ergebnisse in möglichst vielen Kontexten als Bereicherung der Personal Assets nutzen lassen. Fotos sind hier ein nahezu perfektes Beispiel, wie das gelingen kann.

Social-Media-Kanäle

Social-Media-Kanäle sind ein ideales und heute unverzichtbares Instrument einer Sichtbarkeit. Zwar sind sie darüber hinaus auch geeignet, Kunden an sich zu binden und die Kundenreise durch immer wieder neue Inhalte auch in diesem Medium zu gestalten, aber im Vordergrund steht nicht der Verkauf eines Produkts, sondern die frühe Bindung an Ihre Zielgruppe.

Kaum mehr Text und Tiefe

Jedoch funktionieren insbesondere Facebook, Instagram und Tiktok vor allem als visuelle Medien und produzieren damit Sichtbarkeit. Die sozialen Medien zeigen dabei in den letzten Jahren immer mehr einen Trend weg von Texten und hin zu Bildern und Videos. Während die Nutzer bei Facebook als einem der älteren sozialen Medienkanäle noch Bilder und Videos mit längeren Texten kombinieren können und das auch durchaus nutzen, ist Instagram bereits deutlich bild- und videolastiger. Tiktok als jüngster Vertreter ist in seinen Texten bereits äußerst reduziert und ein nahezu reines Videoformat.

Das kann man aus der bildungsbürgerlichen, anspruchsvollen Mitte heraus durchaus kritisch sehen. Schließlich geht mit dem Ausschleichen der Texte auch die Informationstiefe der Botschaften in diesen Medien zunehmend verloren. Für viele Angehörige der älteren Generation ist Tiktok eine Blackbox, die maximal für junge Menschen steht, die 60 Sekunden lang tanzen und damit großartige Reichweiten erreichen. Doch das ist zu kurz gegriffen, und es ist ein herausforderndes Beispiel, wie auch eigentlich sehr trockene Themen bei Tiktok eine große Bühne finden können. Das zeigt das folgende Beispiel:

Tim Hendrik Walter ist deutlich bekannter als »Herr Anwalt«. Das ist an sich noch nicht weiter verwunderlich, schließlich ist er Fachanwalt für Familienrecht mit dem Interessenschwerpunkt Zivilrecht in Unna. Walter ist zudem Buchautor und hat mit seinem Buch *#5MinutenJura: Recht einfach erklärt* einen *Spiegel*-Bestseller gelandet.

Walter hat aber auch ein Faible dafür, juristische Themen gegenüber meist jungen Menschen zu vermitteln, und fühlt sich darüber hinaus berufen, sie auch mit tagespolitischen Zusammenhängen und nur lose mit juristischen Themen verwandten Informationen zu versorgen. Auf seinem Tiktok-Kanal, den er mit dem Hashtag »#1MinuteJura« und dem Hinweis »Ich bin Anwalt« brandet, gibt er häufig leichten juristischen Themen Raum. Er beschreibt in 60 Sekunden, was man »mit 18 darf«, gibt kurze Hinweise zum Umtauschrecht bei Geschenken und Änderungen von Gesetzen im neuen Jahr. Er nutzt den Inhalt einer Chipstüte als Beispiel für Verbrauchertäuschung und beschreibt »3 Dinge, die nur Lehrer dürfen«. Darüber hinaus gibt er auch Einschätzungen zu politischen Sachverhalten und eher rechtsfernen Themen – dies aber immer sehr kurz.

Seine 6,1 Millionen (!) Follower konsumieren diese Inhalte in beachtlicher Zahl. Videos mit vier und mehr Millionen Zugriffen sind keine Seltenheit auf seinem Kanal »Herr Anwalt«. Dabei gibt schon das Medium kaum die Chance, die Inhalte in besonderer Tiefe darzustellen. Aber vielmehr legt »Herr Anwalt« großen Wert auf eine pointierte, abwechslungsreiche und unterhaltsame Darstellung der Inhalte.

Vielleicht kommt eine große Durchdringung rechtlicher Aspekte zu kurz in dieser Form der Darstellung juristischer Inhalte in 60 Sekunden. Aber wir können uns anschauen, welche Stilelemente sich denn aus diesem Beispiel für uns ableiten lassen.

Zum einen passt Walter seine Inhalte dem Medium an. Das lohnt sich für ihn, denn mit Tiktok hat er eine reichweitenstarke und aufstrebende Plattform gefunden, in der die Konkurrenz anderer Anwälte um die Aufmerksamkeit der Zuschauer eher gering ist. Er hat eine Nische für seine Informationen gefunden und passt dabei den Umfang, die Präsentation und die Tiefe seiner Inhalte dem Medium an. Er versucht also ganz klar, nicht das BGB in Gänze durch das Schlüsselloch der 60 Sekunden zu pressen. Das können Experten von ihm lernen: Nicht stoisch auf die Fülle des eigenen Wissens zu schauen, sondern immer auch im Auge zu behalten, wie dieses im spezifischen Medium in akzeptablen Häppchen dem Publikum präsentiert werden kann.

Zudem nutzt Walter auf kluge Weise einen Musterbruch und setzt sich damit von seinen Mitbewerbern ab. Er schafft eindeutige »Insignien« seines Expertentums und gibt ihnen große Reichweite. Er gibt sich jung, nahbar und redet leicht verständlich zu seinen Followern. Von einem Anwalt wünschen sich das vielleicht mehr Menschen, als es den Anschein hat, also wenn man ihn mal benötigt.

Mit Perücken und Verkleidungen greift er sogar Topoi des jungen Mediums auf, in dem solche einfachen Mittel der Aufmerksamkeit sehr verbreitet und etabliert sind, was auch immer man davon halten mag. Walter macht sich auf jeden Fall unterscheidbar – und das ist es, was eben auf seinen Personal Asset mehr einzahlt als ein Anzug nebst Krawatte.

Diese Unterscheidbarkeit ist in den sozialen Medien immer ein guter Kronzeuge für das eigene Expertenstanding.

LinkedIn erreicht ein Businesspublikum

Neben den bereits vorgestellten videobetonten Kanälen bietet sich für die Inhalte vieler Experten vor allem noch LinkedIn an. LinkedIn ist ein Portal, das insbesondere die berufliche Funktion seiner Nutzer herausstellt, sich dabei ergo stärker zurücknimmt als Tiktok. Es ist außerdem gekennzeichnet durch ein textlastiges Format, das dem Benutzer durchaus ein erhöhtes Maß an Anspruch abverlangt.

Bei LinkedIn wird stärker auf berufliche Tätigkeit, Fortbildungen und mögliche Businesskooperationen abgezielt. Ein Experte, der mit der eigenen Website und einem ausführlichen LinkedIn-Profil breit aufgestellt ist, kann hierüber sehr gut Reichweite erzielen und eine erste Sichtbarkeit gegenüber potenziell neu an seinen Inhalten Interessierten sowie zukünftigen Kunden erreichen. Für Experten ist das eine gute Möglichkeit, sich ähnlich schnell eine Sichtbarkeit aufzubauen, wie das Tim Hendrik Walter, »Herr Anwalt«, auf Tiktok erfolgreich unter Beweis stellt.

Bei LinkedIn können Sie sogenannte »Beiträge« ausspielen, das sind Textartikel, die mit Grafiken angereichert werden können. Diese Beiträge können durchaus umfangreichere Textstücke sein. Sofern Sie einen interessanten, inhaltsdichten Beitrag mit einem guten Thema haben, erreichen Sie insbesondere bei LinkedIn ein Businesspublikum, das eine ausreichende Zeitspanne fürs Lesen aufbringt. Sie können auch einen Call-to-Action anbringen am Ende Ihres Artikels, denn das LinkedIn-

Publikum ist damit vertraut. Haben Sie mehrere Artikel, können Sie diese auch in Artikelserien erstellen und ausbauen.

Die KI erstellt Snack-Content-Blöcke für Ihre Social-Media-Accounts

Bei der Entwicklung hochwertiger Social-Media-Beiträge können Sie auf die künstliche Intelligenz und deren Tools wie ChatGPT zurückgreifen, die erstaunlich hochwertige Texte auswerfen. Es ist ein Irrglaube, dass solche Artikel allzu generisch, sprich »steril« seien, und es ihnen an Charisma und einer individuellen Note mangele.

Anhand Ihrer Eingaben können Sie die KI durchaus darin steuern, Texte in dem Sprachduktus zu erstellen, in dem Sie Ihr Publikum auch ansonsten ansprechen.

Dennoch: Texte, die die KI erstellt, können Ihre persönlichen Inhalte nicht ersetzen; das aber soll mitnichten die Botschaft an dieser Stelle sein. Vielmehr soll es um folgende Vereinfachung gehen: Weil Social Media nun einmal regelmäßige Inhalte erwartet und die Aufmerksamkeitsschwelle Ihrer Zuschauer außerdem niedrig ist, genügt hier »Snack-Content«.

Dieser Content ist wie ein Schokoriegel. Also eher kurzweilig, mit geringem Nährstoffanteil, schnell konsumiert – und wer einen Schokoriegel genascht hat, möchte nach kurzer Zeit wieder einen Riegel.

Snack-Content erfüllt ausschließlich die Aufgabe, »Attention« (Aufmerksamkeit) und »Interest« (Interesse) nach dem AIDA-Modell sicherzustellen. Ihr Kunde wird dadurch überhaupt erst auf Sie aufmerksam und beginnt, sich für Sie zu interessieren. Die weiteren Stufen des AIDA-Modells (»Desire« für Verlangen und »Action« für beispielsweise den Kauf Ihres Produkts) werden durch andere Elemente Ihrer Kommunikation erfüllt, beispielsweise Ihre Website.

Was sich für Snack-Content gut eignet, sind beispielsweise Aufzählungen und bewertete Toplisten, die mit einer aufmerksamkeitsstarken Überschrift kombiniert werden. Der Call-to-Action kann darin bestehen, Ihnen bei LinkedIn (oder selbstverständlich auf jeder anderen Plattform) zu folgen. Und das gelingt gut, wenn Sie interessante Themen in mehrteiligen Artikelserien ausspielen.

Ein Leser, der Ihren ersten Beitrag schon interessant fand, folgt Ihnen mit guter Wahrscheinlichkeit, um ebenso Ihre weiteren Beiträge aus einer Artikelserie nicht zu verpassen. Die Schwelle dafür ist niedrig: Derjenige muss nur den Follow-Button drücken.

KI: Artikelserie mit Snack-Content erstellen

ChatGPT erhält von mir die Aufgabe, einen ersten Artikel für eine Artikelserie zu erstellen. Durch einen möglichst klar strukturierten Arbeitsauftrag erreichen Sie, dass der Artikel in Ihrem üblichen Sprachduktus erstellt wird:

> »Erstelle eine Aufzählung der 5 wichtigsten Punkte, warum Emotionales Marketing für den Marketingerfolg so wichtig ist. Es soll ein Text für einen LinkedIn-Beitrag werden. Verwende eine vertraute, aber zurückgenommene Sprache. Formuliere in der »Du«-Form. Der Call-to-Action soll lauten: Folge mir bei LinkedIn. Der Call-to-Action soll darauf hinweisen, dass dieser Beitrag der erste eine Artikelserie von vier Artikeln ist.«

ChatGPT gibt in Sekundenschnelle einen durchaus sendefähigen Beitrag aus, den Sie selbstverständlich nach Ihrem eigenen Verständnis editieren, bevor Sie ihn ausspielen. Hier ist der nicht editierte Beitrag, den ChatGPT ausgegeben hat:[4]

> *5 Punkte, warum Emotionales Marketing so wichtig ist*
>
> Heutzutage geht es im Marketing nicht mehr nur darum, Informationen über Produkte und Dienstleistungen zu vermitteln. Es geht darum, eine Verbindung herzustellen, Gefühle zu wecken und echte Beziehungen zu deinen Kunden aufzubauen. Aus diesem Grund ist emotionales Marketing so entscheidend für deinen Marketingerfolg. Hier sind die fünf wichtigsten Punkte, die du unbedingt kennen solltest:
>
> 1. Emotionen beeinflussen Kaufentscheidungen: Egal, wie rational wir uns gern sehen – unsere Emotionen spielen eine enorme Rolle bei unseren Kaufentscheidungen. Menschen kaufen nicht nur ein Produkt oder eine Dienstleistung, sie kaufen ein Gefühl. Indem du emotionales Marketing einsetzt, kannst du diese emotionalen Verbindungen herstellen und das Verlangen nach deinem Angebot verstärken.

2. Emotionen sorgen für langfristige Kundenbindung: Wenn du es schaffst, positive Emotionen bei deinen Kunden auszulösen, schaffst du nicht nur einen einmaligen Verkauf. Du baust eine langfristige Kundenbindung auf. Kunden, die eine emotionale Bindung zu einer Marke haben, sind eher bereit, diese Marke anderen weiterzuempfehlen und bleiben ihr oft treu, selbst wenn es vergleichbare Alternativen gibt.
3. Emotionales Marketing erzeugt Aufmerksamkeit: In einer Welt voller Reizüberflutung musst du aus der Masse herausstechen, um Aufmerksamkeit zu erlangen. Emotionales Marketing kann dabei helfen. Indem du Geschichten erzählst, die die Gefühle und Interessen deiner Zielgruppe ansprechen, weckst du ihre Aufmerksamkeit und bleibst in Erinnerung.
4. Menschen teilen emotionale Inhalte: Wenn du emotionale Inhalte in deinem Marketing einsetzt, ist die Wahrscheinlichkeit höher, dass Menschen diese Inhalte teilen. Emotionen lösen Reaktionen aus, sei es Begeisterung, Freude oder sogar Wut. Durch das Teilen deiner Inhalte verbreitet sich deine Botschaft schneller und erreicht ein größeres Publikum.
5. Emotionales Marketing schafft Markenloyalität: Eine starke emotionale Verbindung zu deiner Marke schafft Loyalität. Kunden, die sich emotional mit einer Marke verbunden fühlen, bleiben ihr treu, selbst wenn andere Angebote verfügbar sind. Sie sind bereit, einen höheren Preis zu zahlen, und entwickeln eine starke Markenloyalität. Durch emotionales Marketing kannst du diese Loyalität aufbauen und langfristig von Kunden profitieren.

Das waren die fünf wichtigsten Punkte zum Thema emotionales Marketing. Folge mir auf LinkedIn, um keine weiteren Artikel dieser spannenden Serie zu verpassen. In den kommenden drei Artikeln werden wir tiefer in die Materie eintauchen und praktische Tipps geben, wie du emotionales Marketing erfolgreich in deiner Marketingstrategie einsetzen kannst. Lass uns zusammen den Weg zum Marketingerfolg gehen!

Folge mir auf LinkedIn, um mehr zu erfahren!

Übrigens bieten die meisten Social-Media-Plattformen an, ausgespielte Artikel zu »boosten«: Mit etwas Budget erweitern Sie damit die Leserschaft dieses Artikels, sodass dieser an diejenigen aus Ihrer Zielgruppe ausgespielt wird, die bislang noch nicht zu Ihren Followern zählen.

Redaktionspläne automatisieren

Welche Kanäle auch immer Sie bedienen mögen, von großer Bedeutung ist es, regelmäßig Inhalte zu veröffentlichen – und dies über eine lange Zeit aufrechtzuerhalten.

Die Algorithmen vieler Social-Media-Dienste honorieren Kontinuität als wichtiges Qualitätsmerkmal. Statt also für kurze Zeit häufig Content zu veröffentlichen und danach eher unregelmäßig, bleiben Sie besser bei der Strategie großer Dauerhaftigkeit.

Wichtiger als die algorithmische Bewertung Ihres Accounts ist aber die Erwartungshaltung Ihrer Follower. Sieht Sie ein Follower regelmäßig und über einen langen Zeitraum immer wieder, zahlt das in wesentlicher Weise auf Ihre Personal Brand ein. Kontinuität und Langfristdenken werden eben aus Sicht eines Kunden gleichgesetzt mit hoher Kompetenz, getreu der Devise: Wer sich besonders lang am Markt behauptet, dem wird ein gutes Maß an Seriosität und inhaltlicher Qualität unterstellt.

Das ist der Grund, warum Firmen – oft schon im Logo – mit ihrem Gründungsdatum werben. So steht »Seit 1848« für Qualität, die sogar ganze Generationen überdauert.

Hilfreiche Mittel, um dauerhaft und kontinuierlich sichtbar zu bleiben, sind Redaktionstools wie »Buffer« oder »Hootsuite«. In dieser Software erfassen Sie Ihre wichtigsten Social-Media-Accounts. Damit lassen Sie mittels einer zentralen Software das Ausstrahlen Ihrer Inhalte auf beispielsweise Tiktok, Instagram, Facebook und LinkedIn zu.

Beiträge können Sie auch für die Zukunft und zeitversetzt planen. Empfehlenswert ist es, zum Beispiel monatlich Beiträge einzustellen und damit direkt einen Monatszeitraum durchzuplanen. Sie haben dann einerseits den Kopf frei, weil Sie wissen, dass Ihre Social-Media-Beiträge in guter Regelmäßigkeit automatisiert ausgespielt werden. Der Monatsrhythmus ermöglicht es Ihnen andererseits, zeitlich flexibel auf neuere Entwicklungen reagieren zu können.

Wenn Sie Ihre Inhalte strategisch sinnvoll planen, können Sie die von der künstlichen Intelligenz erzeugten Inhalte in Kombination mit kurzen Videosequenzen oder professionell aufgenommenen Fotos auf allen Plattformen ausstrahlen. Oft müssen nur kleinere Passagen angepasst werden – oder Sie denken die Automatisierung gleich von vorneherein mit. Statt zu schreiben »Folge mir auf Instagram«, könnten Sie formulieren »Folgt mir hier auf diesem Kanal«. Denn damit lässt sich der Snack-Content auf allen Plattformen zugleich ausspielen, ohne dafür editiert werden zu müssen.

Zwar wird es innerhalb Ihrer Followergruppen erfahrungsgemäß Überschneidungen geben. So werden Ihnen zahlreiche Follower bei zugleich mehreren Plattformen folgen, sodass die Gefahr der inhaltlichen Doppelung besteht. Dagegen spricht jedoch, dass Ihre Posts längst nicht allen Ihren Followern auf jeder Plattform überhaupt ausgespielt werden. Je nach Plattform erhalten nur 5 bis höchstens 20 Prozent Ihrer Follower Ihre Beiträge überhaupt. Maßstab, wer Ihre Beiträge zu sehen bekommt, bilden vor allem Interaktionsquoten, die die Plattformen individuell erheben. Follower hingegen, die Ihre Beiträge regelmäßig liken, kommentieren oder speichern, werden andere Beiträge Ihres Accounts mit größerer Wahrscheinlichkeit erhalten.

Die Praxis zeigt somit, dass es durch die geringe organische Reichweite also sogar hilfreich sein kann, identische Beiträge auf den unterschiedlichen Plattformen auszuspielen.

Youtube

Youtube ist die sicherlich bekannteste und erfolgreichste Plattform für Videoinhalte. Youtube gehört dem Google-Mutterkonzern Alphabet. Das führt dazu, dass Inhalte, die Experten bei Youtube veröffentlichen, besonders gern auch von Google gefunden werden.

Youtube kann wie kaum eine andere Plattform Interesse vertiefen und Relevanz aufbauen, die Autorität des Experten abbilden und so die Positionierung in der Tiefe stützen.

Aber Youtube ist eben auch eine der größten Suchmaschinen weltweit. Insbesondere derjenige, der sich ein bestimmtes Thema anhand eines schnell konsumierbaren und gut aufbereiteten Contents erarbeiten möchte, wird mit hoher Wahrscheinlichkeit direkt auf Youtube danach suchen oder über die Google-Suche schneller zu solchen Inhalten geführt werden. Viele Google-Suchergebnisse bieten direkt Videoinhalte an. Das trifft vor allem fürs Smartphone zu, auf dem Texte aus Nutzersicht noch weniger erwünscht sind als am Notebook.

Ein seriös aufgebauter Youtube-Kanal wirkt auch dann besonders eindrucksvoll, wenn er viele Videos beinhaltet, die professionell eingestellt wurden. Bei über 1,9 Milliarden aktiven Youtube-Nutzern stehen die Chancen auf jeden Fall gut, dass Experten ihre passende Zielgruppe dort erreichen können. Ausführliche, beschreibende Texte helfen Youtube dann dabei, die Videos eines solchen Kanals auch den entsprechenden Suchanfragen der Nutzer zuzuleiten.

Bevor allerdings Videos produziert und hochgeladen werden, sollte eine Strategie entwickelt werden. Ein paar Schlüsselfragen weisen den Weg zu einem hochwertigen Youtube-Kanal:

- Welche Themen möchten Sie auf Ihrem Kanal und in Ihren einzelnen Videos behandeln?
- Wieso sollte sich der Zuschauer Ihre Videos anschauen? Wie können Sie ihm in den ersten rund zehn Sekunden zeigen, dass hier eine für ihn relevante Frage diskutiert wird?
- Wie können Sie Ihre Videos etwas besser machen als Ihre Wettbewerber? Können Sie Ihrem Kunden eine Lösung für seine Probleme in Aussicht stellen?
- Gibt es Musterbrüche, die Sie in Ihren Videos umsetzen können und die Sie dann auch in entsprechenden Videotiteln oder Videobeschreibungen nutzen?
- Wodurch können Sie Ihren Zuschauer niveauvoll unterhalten? Das kann weniger intensiv angelegt werden als bei Tim Hendrik Walter (»Herr Anwalt«). Aber es kann davon ausgegangen werden, dass Kunden am liebsten Information und Unterhaltung gleichzeitig konsumieren. Fundierte Inhalte, die unterhaltsam präsentiert werden, können länger und besser konsumiert werden. Auf die klassische Unterschei-

dung zwischen U (Unterhaltung) und E (ernsthaft), wie sie die Musik gern beschreibt, sollten Sie bei Youtube verzichten.

Showreels und Videos

Die konsequente Fortführung hochwertiger Fotos sind gute Videos. Diese sind besonders wertvoll, denn sie gehören heute zu den am deutlichsten bevorzugten und damit ausgespielten Darstellungsformen für unterhaltende und informierende Inhalte.

Das lässt sich an den Suchpräferenzen von Google erkennen. Google zeigt Videos bevorzugt gegenüber Fotos, vor allem aber gegenüber reinen Texten. Wer seine Website mit Videos ausstattet, kann auf eine bessere Sichtbarkeit seiner Website hoffen. Wer seinen eigenen Instagram- oder Facebook-Account mit Videos bespielt, in Tiktok und Instagram sogenannte Reels hochlädt und den Menschen damit vor allem an mobilen Endgeräten die Möglichkeit gibt, Inhalte schnell zu erfassen, der wird von den bekannten Plattformen wie Alphabet (als Mutter von Google und Youtube) und Meta (als Mutter von Facebook, Instagram und Whatsapp) besonders gern potenziellen Interessenten und Kunden gezeigt.

Je nach Anwendung und äußerer Darstellung lassen sich Videos durchaus einfach und auch selbst erstellen. Für Social Media sind Inhalte, die man mit dem eigenen Smartphone im Selfie-Modus dreht, nicht nur erlaubt, sondern teilweise ausdrücklich gewünscht. Der Selfie-Modus suggeriert eine gewisse Nähe des Experten zu den Inhalten. Manchmal scheint es, als habe er diese gerade »on the fly« erstellt und wollte seinen interessierten Nutzern direkt weitergeben, was er denkt und was ihn aktuell beschäftigt. Die direkte Ansprache der Nutzer wird ihrerseits als wertvoller Inhalt wahrgenommen.

Auf Ihrer Website sollten Sie eher ein Video präsentieren, das Sie in verschiedensten Situationen bei Ihrer beruflichen Arbeit zeigt: die Showreels. Ein solches Video zeigt Sie auf der Bühne und in der Gesprächssituation. Oder auch in Ihrem Netzwerk mit anderen Experten, die für den Kunden wiedererkennbar und zuzuordnen sind. Hier besteht für Sie die Möglichkeit, in vielleicht 90 Sekunden eine Abkürzung zur Einschätzung des Kunden vorzunehmen, indem Sie darin einen

Einblick geben, wie Sie arbeiten und in welchem Umfang Sie wahrgenommen werden.

Es ist abermals eine Verkürzung der Urteilsfindung, wenn Menschen davon ausgehen, dass sie von einem ersten optischen Eindruck über eine Person Rückschlüsse ableiten könnten, wie diese Person im persönlichen Umgang ist. Wer in einem solchen Video viel lächelt, auf Menschen zugeht und sich ihnen gegenüber zugewandt zeigt, wer aber auch von anderen Experten seiner Branche ebenso offen empfangen wird, der ist bei aller Verkürzung womöglich der weiteren Aufmerksamkeit des Interessenten beziehungsweise Kunden wert.

Zahnärzte beispielsweise haben oft bestimmte Tätigkeitsschwerpunkte. Das weist sie als Experten aus. So sind viele Zahnärzte in ihrer öffentlichen Darstellung häufig darauf bedacht, diese Expertise herauszustellen. Wenn man sich Websites von Zahnärzten anschaut, sind diese in der Regel dadurch geprägt, dass die Fachgebiete des Zahnarztes betont werden: »Prothetik« und »Bruxismus« liegen vielleicht im besonderen Tätigkeitsschwerpunkt des Zahnarztes, und er weist gern darauf hin. Nun kann damit allerdings kaum ein Patient seinen immer wiederkehrenden und womöglich von einem nächtlichen Zähneknirschen herrührenden Spannungskopfschmerz verbinden. Obwohl sich hinter dem Begriff des Bruxismus exakt diese Thematik und somit die Lösung für den Patienten verbergen könnte. Ferner hat der Patient nur eine vage Vorstellung davon, warum sein Hausarzt ihn nun zu einem Zahnarzt überwiesen hat.

In der Beratung von Zahnärzten kann es deshalb sinnvoll sein, die als Ausweis der Expertise beeindruckenden Fachtermini durch einfachere, klare Problembeschreibungen zu ersetzen.

Vor allem aber gilt: Patienten, die einen neuen Zahnarzt suchen, werden auf der Website des Zahnarztes nach Zeichen suchen, wie sie denn dessen Freundlichkeit und Menschlichkeit einzuschätzen haben. Die Wahrscheinlichkeit ist groß, dass sie diesen Aspekt ähnlich oder sogar stärker gewichten in Bezug auf die Expertise des Zahnarztes als dessen fachliche Kunst.

Aus der Innensicht ist das manchmal nicht so einfach zu greifen: Wenn der Zahnarzt auf den Fotos und Videos seiner Website lächelt und eine ruhige, in sich stimmige Körpersprache zeigt, unterstellen wir ihm vielleicht eher, dass er innerhalb seiner Behandlung besonders auf die Vermeidung von schmerzhaften Anwendungen achten wird. Das ist manchen Patienten wichtiger als die haarkleine Darlegung aller Fortbildungen im Bereich des Bruxismus, auch wenn diese der eigentlichen Lösung seines Problems nützlicher sein würden als eine freundlich dreinblickende Zahnarzthelferin, die nett in die Kamera lächelt.

Auch das können Videos transportieren – und sind damit ein starkes Vertriebsargument.

Ein solches Video, das Ihren eigenen Expertenstatus auf Ihrer Website bewirbt, sollten Sie professionell beauftragen und hierfür durchaus etwas Budget bereitstellen. Denn es handelt sich hierbei um ein wertvolles Personal Asset.

Moderatorengeführtes Experteninterview

Bewährt hat sich ein besonders eindrückliches, allerdings auch hochpreisigeres Setting: das moderatorengeführte Experteninterview. Bei diesem werden in einer authentischen Umgebung und mit mehreren Kameras jeweils der Experte und eine Moderatorin oder ein Moderator zusammen gezeigt. Mit vier oder mehr Kameras und abwechslungsreichen Kameraeinstellungen wie etwa sogenannten fahrenden Dollykameras und Kamerakränen wird ein lebendiges, abwechslungsreiches Video erzeugt, das die interessanten Inhalte des Experten stützt und durch Mobilität kurzweilig produziert ist.

Oft wird unterschätzt, wie sehr bei einer solchen Darstellung auch kleinere technische Ungereimtheiten wie »Wackler« oder ein rauschender Ton die Aufmerksamkeit der Zuschauer immer wieder ablenken und binden können. Schon aus diesem Grund empfiehlt es sich, dass aufgrund des eigenen Anspruchs an eine professionelle Expertise, letzterer auch mittels einer professionellen videografischen Darstellung die notwendige Außenwirkung zu verleihen ist.

Das steht ausdrücklich nicht im Gegensatz zum Selfie-Video, das kurz und direkt bei Instagram gepostet wird. Vielmehr wird der Kunde die beiden Pole dieser möglichen technischen Umsetzung im jeweiligen Rahmen akzeptieren, weil das Medium sie vorgibt.

Im professionellen Rahmen der hochwertigen Kameratechnik kann ein Moderator besonders sinnvoll eingesetzt werden. Es gibt zwar durchaus Profis, die ihr eigenes Wissen gut und frei vor einer Kamera vortragen könnten. Das aber ist längst nicht jedem gegeben und fällt vielen Experten schwer. In der Interaktion mit einer zweiten Person, dem Moderator, der offenes und ehrliches Interesse für die eigenen Inhalte und die eigene Expertise zeigt, fällt vielen Experten das freie Vortragen jedoch viel leichter. Schließlich ist die Situation häufig Teil des eigenen beruflichen Alltags. So entstehen vor allem authentische Videos, denen der Zuschauer auch über längere Strecken folgen kann.

Die Fragen, die inhaltlich durchaus stichpunktartig durch den Moderator vorzubereiten sind, werden dann zwar routiniert vom Experten im Interview beantwortet. Aber sie wirken als Antworten gleichsam authentisch und eben nicht wie stumpf vorgetragen. Unklarheiten, denen gegenüber der Experte betriebsblind sein könnte, können durch Nachfragen des Moderators beantwortet werden.

Das moderatorengeführte Interview ist daher empfehlenswert, wenn Sie ungeübt darin sind, frei vor der Kamera vorzutragen. Es führt dazu, dass in Verbindung mit professioneller Kameratechnik und einem ansprechenden Set für den Dreh ein im Ergebnis besonders hochwertiger Eindruck auch für diejenigen Experten entsteht, die in solchen Situationen nicht besonders erfahren und bewandert sind. Diese Form des Interviews führt dazu, dass Experten nach solch einem Dreh die eigenen Inhalte, die eigene Kamerapräsenz und das eigene Bild als besonders authentisch empfinden. Und das, obwohl es ja vielen Menschen so geht, dass sie eigene Bild- und Tonaufnahmen nicht allzu gern anschauen.

Sequenzielle Videoinhalte als Produkt für Experten

Bisher sind zwei Extreme erkennbar: die Erstellung von Selfie-Videos oder einfache, mit der Handykamera gefilmte Szenen für Inhalte auf den Social-Media-Kanälen, ebenso wie die Erstellung sehr hochwertig produzierter Videos als Websiteinhalte.

Jedoch gibt es auch im Bereich dazwischen Inseln, die man besetzen kann, wenn Sie in der eigenen Expertenpositionierung keine Selfie-Videos nutzen möchten und den Aufwand eines großen Videosets mit Kamerateam scheuen.

Ein gutes Beispiel derartiger Videos sind solche, bei denen Sie sich selbst in einem Setting vor einer Kamera positionieren und dann Inhalte für potenzielle oder bereits gewonnene Kunden erstellen. Wer also das notwendige Selbstvertrauen und die Kamerapräsenz hat, um auch solche Videos ansprechend und unterhaltsam einzusprechen, kann sich damit ein dauerhaftes Format schaffen.

Der technische Aufwand ist hier vergleichsweise viel geringer. Zwei Kameras genügen. Die erste Kamera filmt Sie frontal; die zweite ist für einen Schnitt beider Perspektiven daneben angeordnet. Dann können Sie in die eine Kamera sprechen und die zweite Kamera zur Auflockerung des Schnittbildes nutzen, wenn nicht 20 Minuten eines Vortrags stoisch mit einer festen Kamera präsentiert werden sollen – das nämlich können nur erfahrene Kameraprofis.

Die Nutzung von zwei Kameras hat darüber hinaus den Vorteil für Sie, dass auch kleine Verhaspler oder der kurze Blick zu den eigenen Aufzeichnungen im Schnitt entfernt werden können. In solchen Fällen wird zur zweiten Kamera geschnitten, der Zuschauer hat diese Perspektive eine Weile nicht gesehen und merkt nicht, dass an dieser Stelle ein zeitlicher Versatz enthalten ist. Dadurch, dass hier wenige Wechsel in den Kameraeinstellungen vorgenommen werden müssen, werden diese nur zu Beginn konfiguriert, idealerweise in einer gut ausgeleuchteten Situation mit einer cineastischen Unschärfe im Hintergrund (dem sogenannten Bokeh-Effekt). Im Ergebnis entstehen professionelle Aufnahmen bei geringerem technischem Aufwand und damit geringeren Kosten.

Ein erfahrener Coach hat für eben solche Aufnahmen seine Garage ausgebaut, und zwar eine nicht besonders ansprechende, alte Autogarage. In dieser hat er eine Ecke zur Kameraecke ausgerüstet. Die Wände wurden abgehängt, die Situation perfekt ausgeleuchtet und ein angenehmes Hintergrundbild geschaffen.

Vielleicht kennen Sie ähnliche Kameraperspektiven, in denen hinter dem Experten in der Unschärfe ein paar Accessoires stehen; manchmal sind das reine Dekorationsartikel, manchmal sind dort auch Preise und Auszeichnungen drapiert. Derlei Dinge unterbrechen die Monotonie.

Ein solches »Bühnenbild« hat sich der Coach erschaffen. Auch mit einem Stuhl, der in der Höhe eines Barhockers ausgeführt war und ihn damit in einer eher stehenden als sitzenden Situation zeigte.

Er hatte Kameras und Lampen ideal platziert und konnte damit beeindruckende Bilder schaffen. Zwar war das nur in dieser Position und mit statischem Bild möglich. Für seinen Zweck, seinen Kunden damit hochwertige Inhalte zu produzieren, genügte das jedoch.

In der Regel handelte es sich bei seinen so produzierten Videos um Inhalte für Youtube oder für sogenannte Membership-Produkte. Bei diesen kauften Kunden seine Expertise in sequenziell freigeschalteten, immer wieder aktuellen Inhalten. Diese wurden den Kunden monatlich oder wöchentlich neu zugänglich gemacht und stellten für sie somit ein gut zu konsumierendes Maß regelmäßig interessanten Inhalts dar.

Bei solchen Produkten, übrigens ebenso wie bei Youtube-Channels, werden seitens der Kunden ein etwas niedrigeres Niveau der Kameratechnik und der Aufnahme durchaus akzeptiert. Hier stehen weniger werbliche Zwecke als eher die Inhalte der Expertise im Vordergrund. Bei solchen Inhalten hat der Kunde bereits gekauft und ist nun vor allem an den Inhalten interessiert.

Auf diese eine Perspektive, mit guter Beleuchtung und vielleicht einer zweiten Kamera, kann man sich dann aber so konzentrieren, dass man sie ziemlich perfekt gestaltet. Bei Videos, die den Schwerpunkt auf den Inhalt und nicht die Form legen, kann das eine sehr gute Herangehensweise sein.

Screencapture-Videos: Oft eine sinnvolle Alternative

Nach ähnlichen Prinzipien funktionieren auch Videos, die als Screencapture produziert werden, beispielsweise mit der Software Loom. Ein Experte erstellt hier vor allem Aufzeichnungen seines Bildschirms. In denen klickt er beispielsweise durch eine PowerPoint-Präsentation oder zeigt Sachverhalte in einer Software auf.

Der Experte selbst müsste dabei überhaupt nicht gezeigt werden, denn die Screencapture-Videos würden auch ohne den Blick auf den Experten funktionieren. Allerdings erscheint bei diesen Videos der Experte zusätzlich in einer kleinen Einblendung im Bild, gefilmt über die interne Webcam von PC oder Notebook.

Damit haben die Zuschauer seiner Videos später auch eine direkte Verbindung zu ihrem Experten, weil sie ihn, wenn auch klein, immer dabei sehen, wie er für sie die Inhalte präsentiert und kommentiert. Solche Videos erfüllen ebenso die grundlegenden Ansprüche, einem Experten besonders vertrauen zu können, weil man sich ein Bild von ihm machen kann. Dieser Effekt ist dabei vor allem psychologisch stark und wertet die Videos deutlich auf, was auf die Personenmarke einzahlt.

Loom gestaltet die Videos dabei automatisch professionell. Dennoch sind sie leicht herzustellen und können später noch geschnitten werden. Durch die kleine Darstellung des eigenen Bildes und die Konzentration auf den Bildschirminhalt fühlen sich viele Experten bei dieser Art, gefilmt zu werden, außerdem deutlich wohler.

Die dabei entstehenden Videoinhalte können wie so häufig in Teilen herausgeschnitten und für die eigenen Kanäle als Zweitverwertung genutzt werden oder in vielfältiger Anwendung die Sichtbarkeit des Experten nach außen stützen und aufbauen.

Podcasts

Podcasts sind in den letzten Jahren sehr beliebt und erfolgreich geworden. Sie sind vergleichsweise leicht zu produzieren, weil sie nur aus einer Tonaufnahme bestehen. Sie lassen sich leicht veröffentlichen, weil viele – ihrerseits wiederum sehr beliebte – Portale wie Spotify, Apple Podcast oder Amazon Music dafür besonders geeignet sind. Sie lassen sich gut nebenbei hören, etwa beim Autofahren, und stehen der Aufmerksamkeit vieler Interessenten und Kunden damit häufig und leicht zur Verfügung.

Mit diesen wenigen Charakteristika sind bereits viele Vorteile beschrieben, warum Experten gerade Podcasts auch zu einem wichtigen Teil ihres eigenen Assetaufbaus einsetzen sollten. Wer dabei die notwendigen technischen Hürden nicht überwinden möchte oder den Aufwand der regelmäßigen redaktionellen Betreuung des eigenen Podcasts nicht eingehen möchte, der kann sich als Experte auch gut in andere Podcasts einladen lassen. Auch dort, auf der anderen Seite, sind die Anbieter stets auf der Suche nach spannenden neuen Inhalten, die sie ihren Hörern zu Verfügung stellen können. Damit sind sie zumeist offen für eine spannende Expertise.

Ein Experte, der sich schon auf die bisherigen Beschreibungen aus diesem Buch fokussiert hat zur Herausarbeitung eines Modells mit Abkürzungen für bestimmte Herausforderungen seiner Kunden, wird auch in einem Podcast schnell wissen, womit er bei seinen Hörern und Podcast-Gastgebern punkten kann. Und es hat auch eine ganz eigene Magie, wenn Sie Beiträge renommierter Podcasts auf Ihrer Website verlinken können oder wenn diese Interessenten bei der nächsten Google-Suche gezeigt werden.

Ein eigener Podcast hat dabei durchaus Parallelen zum eigenen Youtube-Kanal, nur dass hier eben die Kameratechnik und der Schnitt entfallen.

Wie bei Youtube und vielen anderen Inhalten bilden auch hier eine gewisse Kohärenz und Regelmäßigkeit in der Veröffentlichung von Inhalten den Schlüssel vieler Erfolgsfaktoren.

Die benötigte Technik für einen Podcast ist relativ überschaubar. Wichtig sind vor allem ein hochwertiges Mikrofon und ordentliche Kopfhörer. Schließlich soll während der Aufnahme und insbesondere im Schnitt danach wahrgenommen werden, dass die Qualität der Aufnahme passt. Auch hier gilt, dass ein Rauschen der Aufnahme oder das ein oder andere Knacken und Ploppen auf dem Ton für die Hörer so störend sein können, dass das reduzierte Hörvergnügen sie schon dazu veranlassen könnte, sich nicht weiter mit den Inhalten zu beschäftigen. Trotz aller niedrigen Einstiegsschwellen ist somit ebenso hier ein gewisser Standard bei der Technik wesentlich.

Auch beim Podcast sollte ein geeigneter Ort für die Aufnahme gefunden werden. Weil nicht gefilmt werden muss, genügt hierfür auch ein ruhiger Ort zu Hause. Nur Räume, die verstärkt einen Hall wiedergeben, sollten dabei vermieden werden.

Videos und Podcasts lassen sich gut kombinieren

Podcasts und Ihre eigenen Videos können sich gut ergänzen: Filmen Sie hierzu Ihr gesamtes Setup, während Sie Ihren Podcast aufzeichnen. Ein solcher Podcast, der nebenher gefilmt wird, kann ebenfalls eine interessante Außendarstellung für einen Experten ergeben und viel Aufmerksamkeit erzeugen.

So können die Videos, die zeigen, wie Sie selbst gerade einen Podcast aufnehmen, für den Schnitt von Expertenvideos genutzt werden und –

kombiniert mit Bildschirmaufnahmen zu diesem Thema – bereits ein sendefähiges Video ergeben.

Auch der umgekehrte Weg ist durchaus sinnvoll: Die Tonaufnahme, die während eines Videos in einer Interviewsituation oder während eines Vortrags vor der Kamera im eigenen »Garagen-Setting« entsteht, kann ausgekoppelt und als Podcast wiederverwertet werden.

Interviewsituationen erreichen viel Tiefe

Podcasts und Videos, die in Interviewsituationen zwischen zwei Experten aufgenommen werden, erreichen oft ein hohes Maß an inhaltlicher Tiefe.

Somit sind Aufnahmen in Form von Interviewsituationen ein hilfreiches Mittel, um selbst besser in einen Flow des Erzählens zu kommen. Hier arbeiten viele Podcaster mit Notizen und einem Konzept für ihre Aufnahmen, wohingegen manch andere auch gänzlich frei zu einem bestimmten Thema sprechen.

Wer selbst kein Naturtalent ist, um allein mitreißend, unterhaltsam und spontan wirkende Podcastaufnahmen zu gestalten, dem kann ein Interviewpartner hierbei wertvolle Hilfe leisten. Schließlich entstehen durch diese Konstellation Fragen und Gegenfragen. Auch werden vom Gegenüber Impulse gesetzt, auf die Sie spontaner und womöglich etwas schlagfertiger eingehen können. Manchmal ist zu viel Perfektion im eigenen Vortrag übrigens eher schädlich für den Unterhaltungscharakter des fertigen Produkts.

Daneben werden die Zuhörer eines solchen Podcasts – wie bei guten Videos ganz ebenso – ein gutes Storytelling zu schätzen wissen. Wenn es Geschichten gibt, die anschlussfähig für die Zuschauer sind, weil für sie beispielsweise die Geschichte des Erzählers oder die seiner interessantesten Kunden nachvollziehbar sind und sie sich darin wiedererkennen, dann ist das ein wertvolles Element für den Zuhörer oder Zuschauer.

Interessante und unterhaltsame Anekdoten oder Geschichten aus dem Alltag haben stets eine Komponente der Anschlussfähigkeit. Menschen lieben Geschichten und sind jederzeit bereit, für eine gute Geschichte entsprechende Aufmerksamkeit zu investieren. Das kann sich ein Podcast, der gute Geschichten erzählt, ziemlich gut zunutze machen.

Wie so oft präferieren Menschen eher Transformationen, als dass sie Informationen kaufen würden. Somit geben sie einer Inspiration klar den Vorzug, sodass ein technisch noch so fundierter, aber blutleerer Vortrag eines Experten hier nicht mithalten kann. Gute Podcastinhalte erkennen das an und gestalten ihre Inhalte entsprechend abwechslungsreich und anziehend.

»Aber ich habe keine schöne Stimme!«

In Videos und auf Fotos betrachten sich viele Menschen nicht gern selbst. Ähnliches gilt auch für den Podcast: Menschen hören häufig die eigene Stimme nicht allzu gern und sind fast etwas erschrocken, wie sie selbst klingen. Aus anatomischer Sicht hat das damit etwas zu tun, dass wir unsere eigene Stimme nicht ausschließlich über die akustischen Signale vernehmen, die auch unser Gegenüber von uns hört, sondern dass diese Signale auch schon bereits bei der Stimmerzeugung über unsere Schädelknochen direkt zum Innenohr übertragen werden. Weil hier niedrig-frequente Töne besser übertragen werden, hören wir uns selbst immer etwas tiefer und sonorer, als unser Gegenüber uns akustisch vernehmen kann. Wenn wir dann durch Tonaufnahmen dessen objektivere Wahrnehmung gespiegelt bekommen, finden wir unsere eigene Stimme meistens etwas zu hoch und ziemlich verkehrt.

Profifotografen erzählten denjenigen ihrer Kunden, die selbst mit dem eigenen Bild haderten, eine Geschichte, die sich auch auf die eigene Stimme und die eigene Wahrnehmung in Videos übertragen lässt.

So sagten die Fotografen ihren Kunden provokant: »Die schlechte Nachricht ist, dass du tatsächlich genauso aussiehst, wie du dich auf den Bildern siehst. Die gute Nachricht ist, dass das nur du allein siehst. Diese Falte auf der Stirn, auf die du achtest und die dich stören mag, die sehen die anderen Menschen gar nicht und empfinden sie vielleicht sogar als Merkmal deiner Einzigartigkeit. Diese Falte gibt dir also etwas, das andere nicht haben. Sie ist daher besonders wertvoll!«

Diese Geschichte lässt sich somit auf die eigene Stimme übertragen. Oftmals mögen Menschen die eigene Stimme wenig, während diese für andere Menschen besonders attraktiv sein kann. Dies gilt auch für Akzente und Dialekte. Häufig sind Experten in großer Sorge, dass ein Dialekt in den Videos oder Audioaufnahmen als unangenehm empfunden werden könnte. Dabei sind es gerade solche auszeichnenden Merkmale, die von potenziellen Hörern als Wiedererkennungsmerkmal und als durchaus charaktervoll empfunden werden.

Solange Sie nicht im tiefsten (und damit für einen großen Teil Ihres Publikums unverständlichen) bayerischen Urdialekt oder im höchsten Plattdeutsch zu ihren Zuhörern sprechen und darüber mehr Zuhörer verlieren, als Sie durch die beste Werbung hinzugewinnen könnten, sollten Sie es schätzen, einen Wiedererkennungswert zu schaffen.

Musterbrüche verkürzen die Kundenreise massiv

Ein besonderer Wert der Digital-Personal-Assets kann häufig dann generiert werden, wenn auch bei diesen ein Musterbruch erzeugt wird. In der Masse digitaler Möglichkeiten zur eigenen Sichtbarkeit geht das einzelne Digital-Personal-Asset angesichts vieler konkurrierender Angebote womöglich unter, vor allem, wenn diese untereinander allzu vergleichbar sind. Somit müssen ebenso Digital-Personal-Assets den Marktregeln gehorchen und jeweils eine eigene, unverwechselbare Sichtbarkeit erzeugen.

Videos beispielsweise werden von vielen Anbietern als Medium der Aufmerksamkeitserzeugung eingesetzt. Weil das den potenziellen Kunden nun aber schon lange nicht mehr überrascht, wird damit auch seine Aufmerksamkeit nicht besonders zu triggern sein. In der Masse an Videos ist das einzelne Digital-Personal-Asset-Video zunächst vergleichbar, wertlos und irrelevant.

Die Erstellung spezifischer Digital-Personal-Assets ist eine Selbstverständlichkeit in Bezug auf die eigene Positionierung. Aber sie ist keineswegs ein Garant einer erfolgreichen Ausbildung der eigenen unverwechselbaren Personal Brand. Deshalb sollten diese Sichtbarkeitsinstrumente auch für sich genommen immer etwas Unvergleichliches haben und einen gewissen Musterbruch in der Wahrnehmung durch Interessenten und Kunden erzeugen. Sie sollten hier einen erkennbaren Unterschied bewirken können.

Das kann auf inhaltlicher Ebene passieren, wenn darüber beispielsweise ein Problem des Kunden besonders gut, charmant oder effizient gelöst wird. Insbesondere mit Blick auf Podcasts können viele Menschen einen oder gar mehrere, sehr erfolgreiche Podcasts nennen, die für sie und viele andere aus der Masse verfügbarer Inhalte herausstechen. Gerade weil dort ein qualitativer Unterschied im Vergleich zu den anderen Angeboten gemacht wird, werden diese Podcasts auch gemessen nach Hörerzahlen erfolgreich.

So zum Beispiel der *Tagesschau*-Podcast *11KM*, der zahlreiche Themen aufgreift und privilegierten Zugang zu journalistisch wertvollen Informationen bietet. Die besondere journalistische Qualität macht hier den Unterschied. Es können aber auch unterhaltsame Podcasts sein wie der Podcast *Apokalypse & Filterkaffee* von Micky Beisenherz, der augenzwinkernd und scharfzüngig aktuelle Themen aufgreift und damit eher ein Unterhaltungs- als ein Informationsbedürfnis bedient.

Oder es können unterhaltsame Mischformate sein, die Wissen populärwissenschaftlich vermitteln. Etwa *Die Ernährungsdocs – Essen als Medizin* oder *Verbrechen von nebenan: True Crime aus der Nachbarschaft*. In diesen Beispielen gelingt es immer, einen Unterschied zu machen – dies vor allem durch besondere inhaltliche Qualität, Tiefe oder Unterhaltung – und auf diese Weise eine große Zuhörerschaft hinter sich zu versammeln.[5]

Der geforderte Musterbruch, der besondere Sichtbarkeit für die eigene Personal Brand erzeugen kann, kann aber auch in der Form der Präsentation und der Begegnung des Kunden mit den Inhalten umgesetzt werden. Unter Umständen ist das sogar leichter, denn es können wesentliche Elemente der qualitativen und quantitativen Konkurrenz auf den einschlägigen Plattformen egalisiert und ein hochwertiger Zugang zum eigenen Kunden durch einen Podcast geschaffen werden.

Es ist nahezu unmöglich, die *Tagesschau* in puncto Zuhörerzahlen mit den eigenen informativen Inhalten zu überholen. Das aber ist auch gar nicht notwendig, wenn es gelingt, andere Wege eines privilegierten Zugangs zu potenziellen Interessenten zu bekommen. Es braucht dafür nicht mehr als einen Musterbruch und einen Medienwechsel.

Sehr inspirierend umgesetzt hat das ein Mittelständler, der Profi-Kaffeemaschinen vertreibt, indem er seinen Marketingberatern ins Pflichtenheft schrieb: »Das bisherige Marketing im Zusammenhang mit regelmäßiger Messepräsenz sollte wirkungsvoller umgesetzt werden. Es gab aus Sicht des Firmenchefs im Nachgang der Messen zu wenig erfolgreichen Zugriff auf die dort entstandenen Erstkontakte.« Das Unternehmen nutzte die Möglichkeiten, mit seinen Interessenten in Kontakt zu treten, zuvor klassisch. Es präsentierte sein Unternehmen regelmäßig auf Fachmessen und sammelte dort E-Mail-Adressen all derer ein, die seinen Stand besuchten. Für sein Geschäftsmodell war das eine wichtige und erprobte Säule der Neukundenakquise.

Messen dienen meist nur einer Kontaktanbahnung, weniger dem direkten Verkauf. Häufig wird sogar darauf spekuliert, dass potenzielle Kunden das Unternehmen sehen und dieses durch seine Messepräsenz zwar als ernstzunehmenden Anbieter einordnen. Aber von direkten Verkäufen an die Kundschaft auf Messen oder im Nachgang wird gar nicht erst ausgegangen. Erst viel später, nach vielen weiteren Kontakten mit dem Kunden, können Unternehmen ihre Messepräsenz dann nutzen, um auch ein Geschäft mit dem Kunden zu erzielen, der sich vielleicht auf der Messe das erste Mal mit dem Unternehmen und seinen Produkten beschäftigt hat.

Mittlere und größere Unternehmen wissen häufig, dass sie die wenigen Aufträge einer Messe nicht eins zu eins ins Verhältnis setzen dürfen mit Kosten und Aufwand der Messe, sondern auch auf Effekte im Nachgang achten müssen. Die Kundenreise ist hier alles andere als eine gerade Linie; sie ist eher eine Zickzacklinie mit Umwegen und zufälligen Kontakten zum Kunden.

Dennoch ist es für solche Messeauftritte interessant, die aus den Erstkontakten folgende Kundenreise möglichst effizient und für das Unternehmen lukrativ zu gestalten. Kehren wir zurück zu unserem Mittelständler. Bei ihm war es so, dass an alle Kontakte, die auf der Messe mit dem Unternehmen in den Austausch gekommen waren und die eine Visitenkarte oder ihre Kontaktdaten hinterließen, im Nachgang standardmäßig eine E-Mail gesendet wurde. In dieser Nachricht wurde noch einmal für das gute Gespräch auf der Messe gedankt und eine Einladung zum weiteren Kontakt gemacht. Natürlich wollte das Unternehmen den Interessenten aus der großen Gruppe der Messebesucher danach etwas verkaufen.

Die Analyse des bestehenden Prozesses, sprich weitere notwendige Kontakte zum Kunden durch diese Dankes-E-Mail generieren zu wollen, hat jedoch Folgendes ans Tageslicht befördert: Die E-Mail, die sich für das gute Gespräch bedankt, hatte für den möglichen Kunden keinen relevanten Inhalt und führte ihn daher kaum weiter zu den nächsten Kontakten mit dem Unternehmen. Die E-Mail war eine »leere« Information und nicht mehr als ein Allgemeinplatz. Sich noch einmal für das Interesse des Kunden zu bedanken, ist zwar höflich und angemessen, aber in der Kundenreise bringt es weder den Kunden noch den Anbieter voran.

Stattdessen hat das Unternehmen einen Podcast mit dem Gründer und Chef des Unternehmens aufgenommen, der auf die Geschichte des Unternehmens und seine besondere Innovationskraft anhand unterhaltsamer Geschichten einging. Fortan wurde also statt der Dankes-E-Mail eine neue E-Mail mit einem direkten Link zum Podcast versendet – und zwar zu einer Uhrzeit, während der sich vermutlich viele der Messebesucher auf dem Weg zu ihrem Fahrzeug oder anderweitig auf ihrem Heimweg befanden.

Das Handy vibrierte, ein interessanter Betreff in der E-Mail erschien und gab den Hinweis, dass man sich während der Heimfahrt unterhaltsam mit ein paar Fragen beschäftigen könne – für die man unter den vielen Eindrücken der Messe vielleicht gar nicht den Kopf gehabt hätte –, und zwar anhand eines kurzweiligen und mit interessanten Geschichten gespickten Podcasts.

Für potenzielle Kunden gilt es, ihnen daraufhin weitere vertrauensbildende Kontakte zum Unternehmen zu bieten. Ihnen muss hier ferner die Möglichkeit eingeräumt werden, dass sie ihre eigenen Zweifel und Vorbehalte umwandeln in Vertrauen und in die klare Überzeugung, dass sie hier ihr spezifisches Problem gelöst bekommen. Selbstverständlich stellt das ein Problem dar, das nicht nur mittelständische Unternehmen mit Messeständen haben, sondern vielmehr ein Problem, mit dem sich jeder Experte konfrontiert sieht, der seine Dienstleistung an seinen Kunden bringen möchte.

So konnte dies der Podcast fürs geschilderte Unternehmen in idealer Weise lösen. Angenehm unterschwellig wurden hier im Gespräch zwischen einem Moderator und dem Firmengründer exakt die spezifischen Einwände der Kunden entkräftet, die diese in den Verkaufsgesprächen auch am Messestand immer wieder vorgebracht hatten. Nur wurden diese subtilen Einwandsbehandlungen beim Anhören des Podcasts häufig besser akzeptiert, als wenn sie auf Werbetafeln an einem Messestand thematisiert geworden wären.

Während der Rückreise im Auto traf der Podcast beim potenziellen Kunden noch erleichternd auf eine Situation mit geringer Konkurrenz und ausgiebiger Aufmerksamkeit. Die Gesprächssituation zwischen dem Moderator und dem Firmengründer gab den lauschenden Kunden die Möglichkeit, gut in die Argumente des Firmengründers hineinzufinden und sich ablenkungsfrei ein eigenes ausführliches Bild machen zu können. Wo hat man diese Situation schon einmal auf einer Messe oder innerhalb sonstiger initiativer Kundenkontakte?

Es macht einen entscheidenden Unterschied, ob jemand in seinem Auto der Stimme des Podcasts lauscht oder ob er zwischen Dutzenden und Hunderten von Messeständen das für ihn und seine Herausforderungen gerade relevanteste Angebot herauszufiltern versucht. Im ersten Setting konnte der Podcast seine besondere Kraft, dass er in der Regel linear und lange gehört wird, noch dazu völlig ohne Konkurrenz ausspielen. Zudem gelang es im Anschluss und verglichen zu allen Mitbewerbern, einen schnelleren und relevanteren Zugang zu den potenziellen Kunden direkt nach der Messe zu knüpfen. Dies zu einem Zeitpunkt, als diese weniger Einflüssen ausgesetzt und trotzdem thematisch noch nah genug an der Messe und deren inspirierenden Eindrücken dran gewesen waren.

Diesen hoffentlich interessanten Input galt es dann nur noch in weiteren E-Mails mit weiteren Informationen und Angeboten später in ein vertrauensvolles Geschäft umzuwandeln. So kann das Digital-Personal-Asset »Podcast« durch eine Neu-Kontextualisierung in dieser Form der wertvollen Kundenansprache zu einem wirkungsvollen Instrument der Kundengewinnung werden.

Testimonials

Testimonials sind Kundenmeinungen, zum Beispiel schriftlich verfasst oder auf Video aufgenommen. Sie können zu einem der wertvollsten Personal Assets werden.

Wenn es Ihnen gelingt, eine gute, hochwertige Sammlung authentischer Kundentestimonials aufzubauen, sind diese ein wesentliches Qualitätssignal darauf, dass das eigene Wirken und die eigene Expertise funktionieren und die Kunden zufrieden sind. Das ist für den Experten selbst eine nicht zu unterschätzende Botschaft und Motivation – und für einen Interessenten stellt sich das ganz identisch dar! Kunden versuchen, Fehler zu vermeiden. Deshalb werden sie mit einer gewissen Wahrscheinlichkeit das Auto kaufen, mit dem der Nachbar zufrieden ist. Sie werden sich für den Brotaufstrich entscheiden, den die gute Freundin so liebt. Und sie werden lieber zu einem solchen Experten gehen, der ihnen von anderen Kunden empfohlen wurde.

Websites, auf denen Testimonials eingebunden sind, erzielen messbar höhere Kauf- und Buchungsquoten – bezogen auf das auf der Website verfolgte Ziel. Sei es die Gewinnung von Interessenten und Kontaktdaten oder direkt der Verkauf von Produkten, Websites mit Testimonialvideos und anderen Kundenstatements können alle anderen Formen der inhaltlichen Argumentation schlagen.

So werden gut gemachte Testimonialvideos, die von Interessenten als authentische, persönliche Meinungen dieser anderen Kunden betrachtet werden, gegenüber reinen Marketingaussagen des Unternehmens als wesentlich wertvollere Informationsquelle bewertet. Menschen gehen davon aus, dass wenn sie einem anderen Kunden in einem Testimonialvideo in die Augen sehen können, dieser authentisch über seine Erfahrungen berichtet.

Mund-zu-Mund-Propaganda ist auch heute noch eines der wertvollsten Marketinginstrumente. Etablierte Experten können durchaus darauf vertrauen, dass viele Kunden durch Weiterempfehlungen zu ihnen gelangen. Es ist sinnvoll, Kundenstatements zu digitalisieren, und damit mit einem Hebel auszustatten. Denn wer als Experte gute Arbeit geleistet hat, ist gut beraten, seine Kunden aktiv anzusprechen und sie aufzufordern, doch ein positives Testimonial einzusprechen. Dann motivieren zufriedene Kunden neue Kunden – ein angenehmer Zinseszinseffekt!

Die Gruppe der zufriedenen Kunden sollte sich nach Möglichkeit durch eine gewisse Heterogenität auszeichnen, damit sie für Kunden direkt anschlussfähig wird. Insbesondere, wenn der eigene Kundenkreis aus Männern, Frauen, älteren und jüngeren Menschen oder aus zu verschiedenen Berufsgruppen und Gesellschaftsschichten Zugehörigen besteht, sollten sich diese auch möglichst in der Gruppe der Testimonials gut verteilt wiederfinden.

Sie sollten zudem davon ausgehen, dass die Kunden nicht von sich aus die Initiative ergreifen werden, Ihnen ein solches Testimonial abzugeben. Viele sind dankbar für Ihre gute Beratung und fragen auch manchmal, ob sie denn dieser Dankbarkeit irgendwie Ausdruck verleihen könnten. Dennoch: Testimonials werden sie selten eigeninitiativ anbieten.

Der Moment besonderer Dankbarkeit durch den Kunden ist aber der beste denkbare Zeitpunkt, nach einem solchen Video zu fragen. Seien Sie hierbei direkt, und sagen Sie so etwas wie: »Schenken Sie mir lieber keine Schachtel Pralinen oder keine gute Flasche Wein, schenken Sie mir Ihre Wertschätzung in Form eines Testimonials!«

Hierzu sind in aller Regel erstaunlich viele Kunden bereit, je nach eigener Einstellung zu einer solchen »Kamerapräsenz«. Oft sind zufriedene Kunden zwar bereit, ein solches Statement abzugeben, scheitern dann aber an der präzisen Formulierung. Hier können Sie gut Hilfestellung leisten und darüber beiden Seiten einen Dienst erweisen. Eine vorformulierte Kundenmeinung, die dann vom Kunden frei in die Kamera gesprochen wird, sofern er voll und ganz hinter dieser stehen kann, hilft ungemein, die richtigen Worte zu finden und zu formulieren.

Fragen Sie sich: Was war das explizite Problem, für das Ihre Expertise bestens gegriffen hat? Welche besondere Herangehensweise haben Sie gewählt, die für Ihren Kunden eine Abkürzung auf seiner persönlichen Problemlösungsreise bedeutet hat? Und inwiefern steht dieser Kunde mit seinem Problem und dem Weg, den Sie gemeinsam gegangen sind, exemplarisch für hochwertige neue Kunden, die Sie mit diesem Testimonialvideo inspirieren können?

Die eigene Website: Nur mit kommunikativer Tiefe

Ihre eigene Website ist das »Mutterschiff« Ihrer eigenen Personal Brand, zumindest bezogen auf Ihre digitale Sichtbarkeit. Damit wir das besser einordnen können, muss zunächst festgehalten werden, dass digitale Prozesse zur Kundengewinnung heute in den allermeisten Fällen unverzichtbar und alternativlos geworden sind. In gewisser Weise geht die Kommunikation mit den eigenen potenziellen Kunden heute frühzeitig und schnell in digitale Prozesse über oder startet gleich direkt dort; dafür lassen sich diese Prozesse aber auch so leicht wie nie zuvor einrichten.

Das hat zunächst etwas damit zu tun, dass digitale Kommunikation durch ihre Vorteile in Bezug auf Geschwindigkeit, Informationsvielfalt und Zugänglichkeit das Mittel der Information für fast jedes Thema seitens der Interessenten und Kunden ist. Die Abwanderung von Kommunikation, Information und Sichtbarkeit ins Digitale hat immense Vorteile, weil sie damit automatisiert und skaliert werden können. Ein Experte kann nur einmal im Branchentelefonbuch auftauchen (und wird dort heutzutage, das ist die bittere Realität, kaum gesucht) – aber er kann Hunderte Male mit hochwertigen Digital-Personal-Assets im Internet gefunden werden.

Es ist leicht, eine große digitale Sichtbarkeit zu erreichen. Damit einher geht jedoch: Es ist oft zu leicht, gute digitale Sichtbarkeit zu erreichen, sodass dies vielen Anbietern und Inhalten gelingt. Aber was nützt ein großer Wikipedia-Artikel über einen Experten, wenn dort eben nicht steht, wie ein interessierter Neukunde ihn erreichen kann?

Die Vielfalt und die Möglichkeiten breiter Sichtbarkeit gilt es daher, als Experte zu lenken und auf einen Referenzpunkt zu beziehen. Denn breite Sichtbarkeit allein ist wenig wertvoll. Lassen Sie daher die Sichtbarkeit Ihrer Personal Brand nicht unbeaufsichtigt! Bleiben Sie Prozesseigner Ihrer eigenen Markenbildung, und schaffen Sie Fixpunkte dieser Sichtbarkeit, um die Kommunikation mit potenziellen Kunden zu lenken.

Es wäre unter Umständen sogar toxisch, wenn die eigene Sichtbarkeit zwar reichlich und umfassend, aber nur wenig zielgerichtet wäre. Reine Sichtbarkeit, die den eigenen Expertenstatus nicht stützt oder von diesem sogar ablenkt, schadet! Wer als Experte alles anbietet und für alles sichtbar ist, wird selbst von den interessiertesten Kunden kaum mit hohen Honoraren für deren sehr spezifische Fragen beauftragt werden. Die Interessenten müssen den Experten nicht nur finden, sondern auch erkennen.

Der notwendige Referenzpunkt der klaren Positionierung ist die eigene Website. Hier läuft die gesamte Kommunikation der unterschiedlichen Kanäle letztlich zusammen.

Die Kundenreise benötigt Tiefe und Energie

Nähern wir uns dem Begriff der Tiefe dieser Kommunikation, und zwar über die Abgrenzung zu ihrem Gegenpol. Wie schon beschrieben ist eine zu große Breite in der Sichtbarkeit – vielleicht sogar für etliche Themen, Schwerpunkte und Kunden – der eigenen Expertenpositionierung eher abträglich. In einer Kommunikation müssen vielmehr Vertrauen, Wiedererkennbarkeit und eine glasklare Profilierung in der Tiefe erreicht werden.

Dabei verabschiedet man sich am besten gleich von der Idee, dass Quantität in der Sichtbarkeit der Schlüssel zum Erfolg sei – und dann auch noch von der Idee, dass das ohne eine starke Stütze im Digitalen ginge. Machen Sie einen Selbsttest: Wie finden Sie ein gutes Restaurant in einer fremden Stadt? Direkt über die Suche bei den einschlägigen Bewertungsportalen? Oder fragen Sie lieber jemanden, ganz klassisch und analog? Und googeln Sie dann eventuell nicht doch die Adresse des empfohlenen Restaurants am Handy, weil die Person mit der netten Empfehlung die Adresse nicht mehr genau wusste? Und schon wechselt der eigentlich so analoge Prozess ins Digitale.

Selbstverständlich gibt es sichtbare Insignien einer Personal Brand und Möglichkeiten, neue Kunden kennen zu lernen, die zunächst völlig offline funktionieren: Wie wird jemand auf einer Bühne vom Moderator der Veranstaltung als Experte angekündigt, wie gibt er sich im persönlichen Umgang mit Kunden und anderen Personen, was berichtet die Mund-zu-Mund-Propaganda über ihn? In welchen Fachzeitschriften wird er zitiert oder veröffentlicht? Und hat er vielleicht beim netten Erstkontakt besonders hochwertige Visitenkarten? Das alles ist die analoge Sichtbarkeit.

Schon die letztgenannte Möglichkeit, mit Kunden in einen ersten Kontakt zu treten, zeigt jedoch, dass auch viele offline genutzte Sichtbarkeitsmechanismen schnell auf digitale Prozesse einzahlen können und häufig auch müssen, um ihre ganze Wirksamkeit zu entfalten. Die Visitenkarte (oder der Flyer, das Plakat beziehungsweise der Kugelschreiber mit Firmenaufdruck) erfordert eben weitere Aktionen, damit eine vertiefende Kommunikation entsteht, die dann oft aber nicht mehr offline sein wird. Den Telefonanruf einmal ausgeklammert, sind alle anderen Informations- und Kommunikationskanäle, die so klassisch auf einer Visitenkarte abgedruckt sind, sofort digital:

- Der Kunde möchte eine Nachricht an die E-Mail-Adresse des Experten schreiben? Diese sollte idealerweise an eine aussagekräftige Internetdomain gebunden sein, zu der eine professionelle Website existiert.
- Der Kunde möchte sich weiter über den Experten informieren, der ihm nach einem inspirierenden Gespräch die Visitenkarte überreicht hat? Das geht gut mit einem Besuch der Website, deren Adresse auf der Visitenkarte aufgedruckt ist.
- Der Kunde hatte um weiterführende Informationen gebeten, und diese sollen ihm nun im Nachgang zur Verfügung gestellt werden? Das geht gut über eine spezielle Unterseite der eigenen Website, die sich an Interessenten richtet, vielleicht sogar themenspezifisch. Oder versenden Sie noch Prospekte? Selbst die großen Autobauer wie Audi oder BMW haben heute ausschließlich Online-Prospekte.
- Der Kunde fragt nach Referenzen oder anderen Kundenmeinungen? Diese können auf einer Unterseite der eigenen Website repräsentiert werden, vielleicht in Videos, die gut und angenehm angesehen werden können.
- Der Kunde hat Gutes über Sie gehört und möchte sich Ihnen als Experte nun annähern und sich weiter informieren. Das erreicht er mit Google und wenig später landet er auf Ihrer Website.

Heute ist es oft die Website, die den Prozess der Kundenakquise weiterführen soll. Die digitalen Möglichkeiten ziehen heute auch die analogen Offline-Medien zunehmend in die Online-Medien hinein, und den digitalen Erstkontakt übernimmt oft die Website.

Da ist die Visitenkarte nur ein paradigmatisches Beispiel, denn auch bei Fachzeitschriften, Büchern, Fernsehauftritten, Podcasts und Mund-zu-Mund-Empfehlungen muss man auf die weitere Initiative des Kunden hoffen. Er muss den Kontakt suchen oder weiter vorantreiben. Genau hier bedeutet eine breite Sichtbarkeit eine Vervielfältigung des Problems; denn wenn es nicht gelingt, die Kommunikation mit dem Interessenten in der Tiefe fortzuentwickeln, dann nützt es wenig, wenn man ihm mit Visitenkarten, Flyern, Plakaten, Google-Ads und Social-Media-Beiträgen in großer Breite zwar immer wieder Kontakte anbietet, dies aber völlig ohne kommunikative Weiterentwicklung.

Plakativ gesprochen: Ein Experte kann viele Kugelschreiber mit seinem Firmennamen erstellen lassen und verschenken, ein Werbebudget von Tausenden Euro in Instagram investieren oder der gefragteste Gastautor bei der wichtigsten Fachzeitschrift seines Bereichs sein – wenn der Kunde ihn danach nicht im Internet sucht und findet, wenn ihm dort nicht seine Fragen beantwortet werden und er kein zunehmendes Vertrauen in die ordnende Hand des Experten gewinnen kann, dann ist der Erstkontakt wertlos, da ihm kein Umsatz folgt.

Eine Visitenkarte steht paradigmatisch für das dahinterstehende Problem der Aufrechterhaltung der Energie, die die Customer Journey vorantreibt. Visitenarten funktionieren in der Regel immer noch so: Ein potenzieller Kunde unterhält sich auf einem Kongress, im Rahmen einer Rednerveranstaltung oder bei einem sonstigen Businesstermin mit einem interessanten Menschen. Dieses interessante Gegenüber bietet eine Dienstleistung oder ein Produkt, das dem eigenen Geschäft des potenziellen Kunden nützlich sein könnte beziehungsweise erscheint ganz ebenso als Experte einer bestimmten Nische mit wertvollem Wissen. Ein guter Beginn. Vielleicht ist es sogar so: Dieser interessante Mensch löst – zumindest dem ersten positiven Eindruck nach – ein Problem, das der potenzielle Kunde im eigenen täglichen Leben oder im täglichen Geschäft immer wieder mal wahrnimmt. Also nimmt er sich gern die Kontaktdaten mit: »Das sollten wir nächste Woche noch einmal besprechen, ich melde mich!«

Die Gedankenstütze für weitere Informationen und die Kontaktaufnahme ist ganz klassisch die Visitenkarte. Und doch sind viele dieser analogen oder digitalen Erstkontakte mit Hoffnung auf weiteren Austausch flüchtig. Nach dem Kongress am Wochenende ist der Interessent dann wieder im eigenen Büro und mit dem Tagesgeschäft konfrontiert. Die Visitenkarte steckt noch im Sakko, und er holt sie zunächst nicht heraus, weil der Montag nach einem Kongress-Wochenende genauso funktioniert wie jeder andere Montag: Es hat sich einiges angesammelt, was dringlich abgearbeitet werden muss.

Der Interessent arbeitet sofort wieder *im System* und verschiebt die eigentlich als wichtig analysierte, aber nicht so dringliche Arbeit *am System* auf später. Am Wochenende auf dem Kongress war dieses Thema noch so inspirierend, aber jetzt wird es erst einmal vom Tagesgeschäft überholt.

Zunächst einmal liegt es am Medienbruch, der an dieser Stelle eine besondere Energie seitens des Interessenten erfordern würde. Diesen müsste er überwinden und eigeninitiativ motiviert die weitere Kommunikation vorantreiben. Schnell entsteht jedoch ein Punkt, der den Abbruch der Kommunikation mit sich bringt – der Kontakt »erkaltet« sehr schnell und ist nach kurzer Zeit vergessen.

Manchmal laufen solche Gespräche auf Kongressen oder anderen Veranstaltungen auch so, dass sich ein Interessent zwar grundsätzlich vorstellen kann, dass der dortige Experte etwas Bereicherndes zu berichten hätte und vielleicht auch das eigene Geschäft voranbringen könnte. Aber es wurde noch nicht genug Vertrauen aufgebaut. Deshalb will sich der Interessent stattdessen erst einmal umhören, wie der Experte denn so arbeite. Er nimmt die Visitenkarte oder den Flyer mit, aber er möchte noch genauer schauen, ob die Lösungen dieses Experten denn auch die eigenen Probleme aufgreifen würden. Diese Energie muss nun wiederum der Interessent aufbringen und allein deshalb birgt das schon wieder Risiken!

Es bräuchte schon eine erhebliche Relevanz, die sich in einem solchen ersten Gespräch direkt herausstellen müsste, damit sich ein Interessent in der Folgewoche auch sicher und aus eigenem Antrieb bei dem Experten meldet oder eigeninitiativ auf dessen Website vorbeischaut, um den ersten guten Eindruck zu erhärten. Auch hier ist die Kommunikation abbruchgefährdet. Das Momentum kann sich verlieren und damit hat der Experte die Aufrechterhaltung des Kommunikationsprozesses mit seiner Visitenkarte aus der Hand gegeben.

Es kommt erschwerend hinzu, dass gute Experten nicht immer ein solches Thema für ihre Kunden haben, das bei diesen narrensicher und sofort zünden würde und für das die Kunden dann – aus der hohen Bedeutung des Themas heraus – motiviert und entflammt einem schnellen Kaufimpuls folgend hohe Honorare zahlen wollen.

Manche Probleme, aber manche Dienstleistungen und Expertisen gleichermaßen, sind erklärungsbedürftig und benötigen daher eine hohe kommunikative Tiefe. Einem Kunden, der sein eigenes Problem gar nicht präzise beschreiben kann, dann noch die passende Lösung auf die Schnelle zu verkaufen, die dieser gar nicht wirklich durchdrungen hat, benötigt Zeit, Energie und Tiefe.

Das Problem mit dem Medienbruch und der Hoffnung auf einen fortlaufenden Kundenakquiseprozess lässt sich jedoch recht gut lösen, wenn bekannte Muster aufgebrochen werden. Die Lösung kann dabei genauso exemplarisch für andere Wege stehen, um Kundenkommunikation aus initialen Begegnungen als digitalen Prozess mit eigenem Antrieb zu gestalten, der Abbrüche der Kundenkommunikation deutlich unwahrscheinlicher macht. Das Problem, nicht selbst die treibende Kraft der weiteren Kundenkommunikation zu sein und damit das Momentum ersten Interesses zu gefährden, ist struktureller Natur für jegliches Expertenbusiness. Es lässt sich lösen, indem man die Initiative zu sich holt und den Kunden auf eigenes Terrain bittet.

Digitalisieren Sie so aktiv wie möglich!

Es gibt heute Visitenkarten, die dem eindeutigen Medienbruch vom Papier zur digitalen Website oder zur E-Mail des Interessenten mit dem Wunsch der weiteren Kontaktpflege Rechnung tragen und die diesen für den Interessenten überwinden.

Eine gute Möglichkeit, all diesen Herausforderungen zu begegnen, bestünde darin, das analoge Medium Visitenkarte sofort über einen automatisierten Mediensprung in einen digitalen Prozess zu überführen. Das geht mit einer nur kleinen Änderung.

Dem Interessenten überreichen Sie hierfür nicht lediglich Ihre reguläre Visitenkarte, sondern Sie statten diese zuvor mit einem QR-Code aus. Dann fordern Sie den Interessenten sofort, beim Überreichen Ihrer Visitenkarte, aktiv dazu auf, den QR-Code mit seinem Mobiltelefon zu scannen, damit sich auf der Stelle ein Kontakt im Telefon Ihres Gegenübers ablegt, dies mit Ihren sämtlichen relevanten Kontaktdaten inklusive Ihrer Website und Ihrer E-Mail-Adresse.

Das wirkt einerseits professionell und kann bei bestimmten Themen ferner die eigene technische Versiertheit noch einmal subtil unterstreichen. Es bringt aber natürlich auch die eigenen Kontaktdaten an eine privilegiertere Position gegenüber der Sakkoinnentasche des potenziellen neuen Kunden. Das ist ein guter erster Schritt, wenngleich er immer noch abbruchgefährdet ist.

Sie nehmen nun im zweiten Schritt auch die Visitenkarte Ihres Gesprächspartners entgegen und digitalisieren diese sofort. Auch das geht mit dem eigenen Mobiltelefon, beispielsweise indem die Visitenkarte abfotografiert und mit spezieller Software in die eigene E-Mail-Verteilerliste aufgenommen wird. Indem die Visitenkarte gescannt wird, wird damit auch schon automatisiert die darauf enthaltene E-Mail-Adresse erkannt.

An diese E-Mail-Adresse wird dann eine vorformulierte E-Mail ausgesendet, die für das gute Gespräch auf dem Event dankt (und nebenbei noch den Datenschutz für diese Verwendung regelt) und dem Kunden eine kurze Zusammenfassung übermittelt.

Durch diese kleine Änderung entsteht eine völlig veränderte Dynamik: So ist einerseits der geforderte Mediensprung gemeistert. Andererseits wurde die passive Hoffnung auf den eigenen Antrieb des Kunden, sich doch wieder zu melden, in die Möglichkeit gewandelt, selbst Prozesseigner der Entwicklung dieses wertvollen Kontaktes zu sein.

Nach besagter Dankes-E-Mail gehen jedem Kunden, der auf diese Art und Weise gewonnen werden konnte, entweder direkt formulierte E-Mails des Experten zu, falls dieser die weitere Kontaktaufnahme eines beispielsweise besonders interessierten und aussichtsreichen Neukunden höchstpersönlich in die Hand nehmen möchte. Oder es kann auch eine automatisierte E-Mail-Folge programmiert sein, die solche und andere Interessenten über eine Kaskade interessanter Inhalte und relevanter Mehrwerte in Kunden konvertiert.

Damit lässt sich das Bedürfnis des Kunden nach mehr Information, mehr Vertrauen und mehr Orientierung bedienen, das ihn ja noch bis eben gerade vom Impulskauf abgehalten hatte. Und auf diese Weise haben wir die Grundlage der zukünftigen Zusammenarbeit gelegt. Denn die erklärungsbedürftigen Dienstleistungen des Experten können dadurch ebenso vermittelt werden wie Testimonials als E-Mail-Anhang verfügbar gemacht werden können. Innerhalb derer kann sich unser Interessent dann tatsächlich über den Experten informieren.

Ganz gleich, wie der erste Kontakt zustande kam, ob per Visitenkartenaustausch, Eintragung der E-Mail-Adresse des Interessenten auf Ihr Website-Kontaktformular, eingehendem Anruf in Ihrem Büro oder durch die Empfehlung eines anderen Kunden – geben Sie die Verantwortung für die weitere Kommunikation nicht mehr aus der Hand!

Die im weiteren Verlauf sorgfältig ausgewählten Informationsangebote des Experten motivieren den potenziellen Kunden, Ihr Thema eben nicht im Tagesgeschäft oder in der Sakkoinnentasche untergehen zu lassen. Dies gilt ebenso und umso mehr über mehrere Kundenkontakte hinweg. Nun entsteht die geforderte Tiefe in der Kundenkommunikation, die jede breite (aber dafür verschwommene) Sichtbarkeit um Längen schlägt.

Diese kommunikative Tiefe ist technisch und inhaltlich in besonderem Maße an die eigene Website gebunden.

Die ideale Website begegnet dem Kunden immer wieder

Damit muss auch die über allem anderen stehende Bedeutung der eigenen Website für solche tiefen Kommunikationsprozesse mit Interessenten und Kunden besonders herausgestellt werden.

Alle Prozesse, die sich in einer derartigen kommunikativen Tiefe aufbauen lassen, landen früher oder später auf der Website des Experten oder auf speziellen Landingpages. Die Website als Digital-Personal-Asset erfüllt folgende Funktionen:

- Die Website bietet allgemeine Informationen und spezifische Unterseiten mit weiteren Informationen; sie beheimatet Testimonials und Referenzen ebenso wie eine Übersicht hinsichtlich Aufgabenschwerpunkten, Auszeichnungen und Preisen des Experten, die dem Kunden dienen als Orientierung und Entscheidungshilfe. Der zufällige Interessent findet diese ebenso wie der potenzielle Kunde, der den Experten nur noch etwas genauer prüfen will.
- Die Website bietet eine Anmeldung für den eigenen Newsletter und automatisiertes E-Mail-Marketing, das eine besonders effektive tiefe Kundenkommunikation erlaubt.
- Die Website bettet Videos ein, die Informationen bündeln.
- Die Website bietet auf eigenen Landeseiten Kalendertools für ein Erstgespräch sowie Kontaktformulare und Chatfunktionen an.
- Die Website bietet allgemeine Kontaktinformationen und ist damit bei Google und in anderen Suchmaschinen auffindbar. Eine gute Website wird damit zum »Suchmaschinen-Magneten« und bringt Ihnen neue

Interessenten. Dazu muss sie für Suchmaschinen zum Reservoir an relevanten Informationen werden, das diese auswerten und geeigneten Kunden dann idealerweise auf Seite 1 der Suchergebnisseiten zur Verfügung stellen.
- Die Website kann Bewertungen generieren und sammeln.
- Die Domain der Website ist aussagekräftig und dient als Anker für professionelle E-Mail-Adressen.
- Die Website hat spezialisierte Landeseiten, auf die mit Werbeanzeigen in Facebook, Instagram, Youtube, Google und so weiter verlinkt wird, auf denen der Kunde dann einen klaren Call-to-Action findet, dem er folgen kann.
- Die Website hat Downloadbereiche, auf denen der Interessent sich kostenfreie oder günstige Informationen beschaffen und somit Vertrauen aufbauen kann, um sich vielleicht dem eigenen Problem besser nähern zu können. Und der Experte kann diese Probleme mit den genannten Informationen besser benennen als der Interessent selbst und gewinnt damit an Autorität und Relevanz.

Nach dieser Art kann die Website immer wieder mit den anderen Instrumenten der Sichtbarkeit und zur Aufwertung der Personal Brand sinnvoll verknüpft und verwoben werden. Sie ist das »Mutterschiff« der Kommunikation mit Interessenten und Kunden. Allen Instrumenten der eigenen Sichtbarkeit dient sie als Referenzpunkt.

Die Website als Funnel-Endpunkt

Die Visitenkarte als erster Anknüpfungspunkt führt den Kunden vielleicht in einen sogenannten »Funnel« von E-Mails. Es folgen weitere Kundenkontakte, die der Experte nun steuert und ausspielt: Whatsapp-Nachrichten, Webinareinladungen, E-Mails mit wertvollen Informationen und inhaltlichem Mehrwert.

Stringent aufgebaute Landeseiten laden dabei jeweils mit klaren Handlungsaufforderungen dazu ein, sich für lukrative Angebote zu entscheiden oder sich dem Experten und seinen Angeboten weiter zu nähern. Die Webinaranmeldung und das Webinar finden auf der Website statt, Landeseiten zum Kauf der Produkte und zum Download von Informationen befinden sich ebenso dort. Das heißt: Interessenten und

Kunden kreuzen immer wieder die Wege der Website auf ihrer Kundenreise, wenn diese gut integriert wurde in die Prozesse der Kundengewinnung und die eigene Personal Brand zu diesem Zweck trägt.

Die Metapher des Funnels, zu Deutsch also des Trichters, beschreibt den Prozess, möglichst viele Kundenkontakte zu sammeln – was rein digital besser funktioniert als durch das händische Einsammeln von Visitenkarten – und diese dann über verschiedene digitale Kontaktpunkte immer weiter davon zu überzeugen, aus einem initialen Interesse heraus zu einem Kunden zu werden.

Dafür benötigt es in der Folge immer wieder digitale Referenzpunkte, auf die der Kunde in der Tiefe der Kommunikationsprozesse trifft. Der Kunde gelangt zur Website, wenn er einen »Mehr erfahren«-Button oder einen »Jetzt unverbindliches Gespräch vereinbaren«-Button in einer der E-Mails anklickt, weil jetzt für ihn der Zeitpunkt gekommen ist, dass er sein Tagesgeschäft doch einmal beiseiteschiebt zugunsten der Arbeit mit dem Experten. Von selbst wäre er vermutlich gerade gar nicht darauf gekommen, sich wieder zu melden, denn die Visitenkarte schlummert im Sakko. Aber die heutige E-Mail des Experten hat ihn mal wieder an einem guten Punkt erwischt, so wie seinerzeit auf der Podiumsveranstaltung, bei der der Experte gesprochen hatte.

Die Metapher des »Mutterschiffs« für die Website funktioniert auch so, dass alle anderen Bemühungen, den Kunden gegenüber sichtbar zu werden und Relevanz zu erzeugen, immer wieder zur Website zurückkehren, wie kleine Shuttles. Der Experte stellt Videos bei Youtube ein und verweist auf die eigene Website. Er schaltet Werbung bei Google, und der Link führt auf die eigenen Landeseiten. Der Experte tritt als Redner vor ein großes Publikum – und wird danach gegoogelt. Vielleicht zeigt er auch eine Folie mit einem QR-Code, den die Zuhörer abfotografieren, nur um gleich auf die Website zu gelangen.

Die Website gehört dem Experten, sie ist sein wichtigstes Vehikel zu den Kunden. Und Kunden, die sich auf ihr bewegen, können privilegiert und ohne Konkurrenz adressiert werden. Denn während der Experte als Werbekunde bei Facebook und Instagram stets hoffen muss, dass er in der Masse der Anbieter gesehen wird und dass Facebook die eigenen

Richtlinien nicht ändert, gehören Kontaktadressen, die auf der eigenen Website (beispielsweise in einem Newslettertool) gesammelt wurden, als digitale Werte einzig und allein dem Experten. Und die Aufmerksamkeit von Kunden, die auf seiner Website surfen, gehört mindestens für diese Zeit auch ganz allein ihm. Es ist folgerichtig, Sichtbarkeit auf die eigene Website zu lenken und dort zu nutzen.

Die Website ist Ihr 24/7-Verkäufer

Der Button »Hier mehr erfahren« führt auf eine Landeseite, auf der sich der Kunde mittels eines Kalendertools direkt ein unverbindliches Erstgespräch mit dem Experten buchen kann. Dieses Kalendertool ist als digitaler Sekretär 24 Stunden am Tag erreichbar und übernimmt die Buchung der möglichen Erstgespräche beim Experten oder einem seiner Mitarbeiter.

Die Schritte, die dorthin führen, können auch deutlich einfacher gedacht werden als mit einer aufwendig produzierten Staffel von E-Mails, die einen ersten Interessenten aus einer Digitalwerbung langsam, aber sicher zu einem Interessenten und später zu einem Kunden machen würde. Letzteres ist die höhere Kunst der digitalen Kundengewinnung, die man jedoch auch leicht ausprobieren und entwickeln kann. Einfacher wird es, wenn die gleiche Landeseite (vielleicht auch eine leicht angepasste Version) die letzte Folie der eigenen Präsentation auf einer Bühne darstellt.

Niemals ohne Call-to-Action auf die Bühne

Wer als Experte auf einer Bühne auftritt und dort oder auch an einem anderen Ort ein interessiertes Publikum hat, und seinen begeisterten Zuhörern dann keine Handlungsaufforderung unterbreitet, als Interessent seine Kontaktdaten zu hinterlassen, sich interessante weitere Informationen herunterzuladen oder auch einmal mit dem Experten in ein erstes Gespräch für eine mögliche Zusammenarbeit zu kommen, der hat ganz klar eine Chance verschenkt!

Dann leistet der Experte auf der Bühne das, was er am besten kann. Er stellt seine Expertise unter Beweis und gewinnt Interessenten. Mit der finalen Folie zum Download weiterer Informationen übergibt er die Interessenten dann an seine Website. Wenn die Website einmal gut aufgebaut wurde, sodass die Interessenten dann die PDFs herunterladen können und dafür ihre E-Mail-Adresse hinterlassen, dann haben Vertrieb und Marketing hier skalierbar und immer erreichbar ihre Arbeitsplätze bezogen.

Was dann zusätzlich zu diesen Informationen noch an weiteren E-Mails herausgeht, bleibt wiederum der Fantasie des um Neukunden bemühten Experten überlassen. Nach Präsentation dieser Folie verfügt er jedenfalls, wenn es gut läuft, über Kontaktdaten von potenziellen neuen Kunden, die ihm gerade ihre ungeteilte Aufmerksamkeit als Experte geschenkt haben, und er kann diese individuell oder automatisiert bedienen.

Es braucht aber wieder eine Website beziehungsweise in diesem Fall eine spezialisierte Landeseite derselben, um genau diese Prozesse abzubilden. Und genauso benötigt der Experte in den anderen Fällen, die zu Beginn dieses Kapitels als typische Offlineprozesse beschrieben wurden, eine eigene Website.

Selbst wenn die Mund-zu-Mund-Werbung einem Experten ein gutes Urteil ausstellt und zufriedene Kunden neue Interessenten werben, dann werden Letztere auf der Suche nach dem Experten doch in aller Regel vom Wunsch getragen nach der Vertiefung ihres Vertrauens in seine Dienstleistung mit hoher Wahrscheinlichkeit wieder als Erstes nach ihm im Internet suchen. Neben allen anderen Digital-Personal-Assets, die in der Google-Suche seine Expertise repräsentieren, wird es immer auch die Website des Experten sein, die dort privilegiert auftaucht.

Startseiten funktionieren anders als Landeseiten

Daran lässt sich noch eine wichtige Unterscheidung anknüpfen, indem für die Zwecke einer optimalen Strukturierung der eigenen Website eine Aufteilung erfolgt in die Startseite, in die thematisch vertiefenden Unterseiten sowie in die zur Kundenlenkung gedachten Landeseiten.

Landeseiten verfolgen in einem Funnel ein klares Ziel und können etliche Kontakte mit dem Interessenten auf eigenem digitalem Grund mit hoher Gestaltungsfreiheit abbilden. Im Idealfall ist vorbestimmt, welche speziellen Kunden mit welchen Fragen und Interessen aus welchen Kanälen auf diese Landeseiten gelangen – und was sie dort als nächsten Schritt hoffentlich tun werden. Daher haben Landeseiten meistens auch nur wenige Elemente, die dort abgebildet werden, das heißt: einige klare und möglichst überzeugende Informationen und einen klaren Call-to-Action. Links zur weiteren Information und Recherche werden eher nicht angeboten, und oft haben diese Landeseiten sogar selbst kein eigenes Menü, das den Interessenten von diesem Schritt ohnehin nur wegführen könnte. Oft sind sie auch nicht aus dem Menü der Homepage erreichbar. Das klingt zunächst paradox, ist aber dem Umstand geschuldet, dass die Landeseiten tatsächlich sehr spezifisch verwoben sind mit informierenden und werbenden E-Mails, ferner mit digitaler Werbung und Youtube – und somit gar nicht unbedingt von der Website aus erreicht werden sollen. Immerhin könnte ihre klare Handlungsaufforderung den Interessenten ohne Kontextualisierung, der sich gerade in einer tiefen Kommunikation der gesteuerten Kundengewinnung befindet, überrumpeln.

Landeseiten können rein technisch sehr gut als Unterseiten einer Homepage eingerichtet werden, sind aber im Gegensatz zu diesen im Menü erreichbaren Unterseiten inhaltlich und strukturell eher losgelöst zu betrachten.

Landeseiten einer Homepage hingegen sind in der Regel dazu gedacht, spezielle Themen, Fragen und Interessen der Kunden aufzugreifen und breiter darzustellen. Was auf einer Startseite vielleicht nicht genügend Raum findet, kann dem neugierigen und interessierten Besucher der Website eben dort, auf diesen speziellen Unterseiten, in größerem Umfang angeboten werden. Auf der Startseite sind vielleicht zwei oder drei Referenzen und Testimonials aufgeführt. Dort findet sich aber ein Link, dem der interessierte Besucher folgen kann, um sich anhand weiterer wertvoller Kundenstimmen noch ein besseres Bild von der Expertise machen zu können. Die Landeseite zeigt mehr Referenzen und gibt diesen insgesamt womöglich noch mehr Raum. Solche Landeseiten sind für einige Kunden besonders relevant, während sie für andere eher ein Umweg zum Ziel sind.

Eine gute Startseite fungiert hier in Abgrenzung als Willkommenshafen für all jene Kontakte, die vorher nicht genau gelenkt werden konnten. Das ist wichtig und nicht ganz intuitiv, weil Websites üblicherweise als eines der besten Akquisetools für Neukunden verstanden und gedacht werden.

Zufällige Kontakte, wie sie die Mund-zu-Mund-Werbung liefert oder wie sie aus der Leserschaft eines Zeitschriftenartikels entstehen, können hier trotzdem gut und mit einer gewissen Wahrscheinlichkeit landen. Weil die Startseite damit etwas an Trennschärfe verliert, sollte sie kaum das Linkziel von spezifischer Kundenansprache sein – wie etwa von Instagram-Werbung oder Google-Anzeigen –, die ja sehr genau auf bestimmte Zielgruppen und deren Fragestellungen abzielt. Hier würde man von einer genauen »Targetierung« seiner besten Zielgruppen sonst einen Schritt zurück auf eine zu allgemeine Darstellung machen. Digitalwerbung zielt mit ihren Links daher eher auf Landeseiten.

Deswegen ist die Startseite als »Anlaufhafen« eher die zweite Wahl in der Kommunikation mit vorqualifizierten Interessenten. Nur die Interessenten, die man nicht auf anderem Wege besser und gezielter ansprechen konnte oder die vielleicht sogar zufällig auf die digitale Präsenz des Experten aufmerksam wurden, werden hier empfangen.

Dann aber gilt es, diese wiederum zu lenken und eine sich hieran anschließende, tiefe Kommunikation sicherzustellen. Das kann man beispielsweise dadurch erreichen, indem man die Website zunächst nach bestimmten Persönlichkeitstypen strukturiert. Kunden, die sehr zielstrebig und fokussiert sind, werden etwa im obersten Teil der Website schnell und explizit angesprochen und können sofort eine Entscheidung zur weiteren gewünschten Kommunikation und Interaktion treffen. Beispielsweise können sie sich eine wertvolle Infobroschüre mit den zehn besten Tipps für ihr wahrscheinliches Problem herunterladen und dafür ihre E-Mail-Adresse hinterlassen.

Solche lösungsfokussierten und entscheidungsfreudigen Kunden kann man auch gut mit einem Strukturplakat mit grafischen Erklärungen direkt in die Umsetzung bringen. Das Plakat beschert diesen Kunden erste Fortschritte, unterstreicht damit die Expertise des Angebotes und lässt sie wieder ihre E-Mail-Adresse hinterlassen. Oder sie können sich gleich für ein unverbindliches Gespräch mit dem Experten eintragen.

Kunden, die mehr Informationen suchen und sich in ihrer Entscheidungsfindung schwerer tun, können auf nachgelagerten Teilen der Website weitere Informationen finden und für sich einordnen. Diese Kunden sind auch eher damit vertraut, sich die Unterseiten anzuschauen und dort weitere Referenzen durchzulesen oder Testimonialvideos anzuschauen. Solche gut strukturierten Kunden schätzen es auch, wenn man ihnen etwa den Ablauf einer typischen Zusammenarbeit schematisch darstellt und ihnen schon einmal wichtige Eckpunkte der gemeinsamen Zielerreichung skizziert. Diese Kunden sind Listentypen.

Andere Kunden hingegen haben eher eine kreative Ader und machen sich nicht allzu viel aus Leistungsbeschreibungen. Sie wollen erst einmal inspiriert werden. Diese Kunden lieben Videos, die den Experten zeigen. So holt eine gute Website mit ihrer Startseite auch diese Kunden mittels kreativer Inspiration ab.

Und letztlich gibt es noch diejenigen Kunden, die besonders auf die menschliche Komponente achten. Das sind Beziehungstypen, die gern hören, dass andere Kunden vor ihnen bereits sehr zufrieden gewesen sind und ihre Ziele in einem angenehmen Miteinander mit dem Experten erreicht haben. Diese Kunden lieben, und das ist nun wenig überraschend, Testimonials!

Wie Sie in diesem kurzen Abriss skizziert sehen, sollten unterschiedliche Persönlichkeitstypen auf Ihrer Startseite unterschiedliche Anknüpfungspunkte finden. Denn die Startseite ist die digitale Präsenz, bei der am wenigsten klar ist, was die Kunden darauf suchen und wer überhaupt diese Startseite aufsucht. Mit der unterschiedlichen Ansprache beginnt man, auch diese Kunden auf speziell zugeschnittene Unterseiten zu lenken, um im Folgenden mit ihnen angemessen in der Tiefe kommunizieren zu können. Was Ihre Struktur anbelangt, so müssen Sie diese noch einmal anpassen in Bezug auf das jeweilige Durchhaltevermögen und die Aufmerksamkeitsspanne der verschiedenen, bereits vorgestellten Kundentypen. Das machen Sie in der nachfolgend aufgeführten Reihenfolge, die sich auf die Priorität der Anordnung Ihrer Inhalte bezieht:

- **Der lösungsorientierte Typ** muss sofort, ganz oben auf der Website, als Erster abgeholt werden. Er ist ungeduldig und will lieber nicht scrollen und/oder klicken, sondern direkt den nächsten Schritt gehen.
- **Der kreative Typ** langweilt sich schnell, deswegen wird ihm als Nächstem Content angeboten, und zwar in kreativer und inspirierender Art.
- **Der Beziehungstyp** hält all das eine Weile durch und schaut sich die bereits gesetzten Inhalte auch gern an. Er ist geduldig und wird nun mit den Testimonials ideal angesprochen. Die anderen, bisherigen Inhalte dürfen ihn bis hierher lediglich nicht verwirrt haben.

- **Der strukturierte Typ** liest sich all diese nun schon vorhandenen Inhalte ohnehin durch, ist aber vollkommen einverstanden damit, zu diesem Zeitpunkt noch keine Entscheidung zu treffen. Er wird sich die gesamte Website durchlesen und sich ebenso alle Unterseiten anschauen. Ein besonderes Augenmerk wird er auf all jene Inhalte legen, die ihm eine klare und verlässliche Struktur vorgeben, wie eine Zusammenarbeit denn funktionieren könnte.

Zu unterschiedlichen Zeitpunkten und nach einem unterschiedlichen Aufwand werden diese Persönlichkeitstypen sich vermutlich entschließen, eine Handlung auf der Website vorzunehmen. Je mehr Erfahrung man in der Gestaltung einer solchen Website hat, desto eher kann man diese Handlungen sogar an den Persönlichkeitstypen spezifisch ausrichten. So kann der kreative Typ zum Ende eines auf der Website eingebetteten Videos darauf angesprochen werden, ob er jetzt bereit ist, den nächsten Schritt zur Lösung zu gehen. Dem strukturierten Typen kann die Website eine Arbeitshilfe zum Download zur Verfügung stellen, mit der er sich beispielsweise schon einmal bestens strukturiert auf ein mögliches Erstgespräch vorbereiten kann, damit beide für dieses Gespräch schon als verbindliches Pflichtenheft die genaue Struktur und Orientierung für diesen Kunden festlegen können. So etwas ist Musik in den Ohren des strukturierten Interessenten und kann auf einer eigenen, kleinen Landeseite, die dann wieder über den Button »Jetzt dein Erstgespräch planen« aufzurufen wäre, klar aufgegriffen werden. Der kreative Typ sucht vielleicht ein an Farben angelehntes Plakat, während der Beziehungstyp einen Podcast oder einen Kurzvideokurs bevorzugt.

Schaffen Sie Prozesse und Systeme

Inhalte sind bei Experten immer Chefsache. Wenn man sich jedoch die Struktur von Unternehmen anschaut, wie sie an Hochschulen gelehrt und grafisch dargestellt wird, dann sind dort in der Regel Management, Vertrieb und Marketing stets getrennt. In einem sauber strukturierten Unternehmen kümmert sich das Management darum, einen guten Vertrieb und eine gute Marketingabteilung zu haben, redet diesen danach aber wenig rein und vertraut ihnen weitgehend. So ähnlich machen das auch gute Experten mit ihrem Marketing und Vertrieb auf der eigenen Website.

So zu denken, drängt sich für Experten, die ihre eigene Expertise als Freiberufler oder Soloselbstständige anbieten, als Konzept gleichwohl nicht auf. Es steckt aber viel Lehrreiches in dieser modellhaften Beschreibung größerer Unternehmensstrukturen. Unsere vorangegangenen Betrachtungen, wie eine Website denn mit ihren Unter- und Landeseiten viele Prozesse der Kundengewinnung automatisiert und für sämtliche Anfragen skalierbar abbilden kann, haben uns erste deutliche Impulse gegeben, wie sich diese Trennung von Expertise und Vertrieb technisch umsetzen lässt. Eben indem man die Website mit all ihren Elementen einmal richtig erstellt, dabei natürlich verschiedene Herangehensweisen testet und überdies beobachtet, wie die Kunden mit diesen interagieren, ergo wie erfolgreich sie funktionieren. Zugegeben, hier wird die ein oder andere Anpassung nötig sein und das wird sich etwas einspielen müssen. Sind die Prozesse aber erst einmal aufgestellt, dann arbeiten sie durchgehend und automatisiert für den Experten.

Experten, die eigene digitale Kundengewinnung erfolgreich betreiben wollen, sollten ganz grundlegend so denken: Der eigene Vertrieb und das eigene Marketing sollten einmal fundiert aufgestellt werden, und dabei sollten nach Möglichkeit Systeme eingestellt werden, solange noch keine Mitarbeiter dafür eingestellt werden können.

Die benötigten Systeme sind heute sehr gut auch für Laien nutzbar und bedürfen keiner erweiterten Programmierkenntnisse mehr. Es gibt inzwischen Lösungen für alle notwendigen Teilbereiche von Vertriebs- und Marketingfunktionen, exakt wie ein Expertenbusiness sie benötigt. Diese Systeme sind in der Regel auch darauf eingestellt, mit einfachen Schnittstellen hervorragend untereinander zu interagieren und Prozesse auch in der Tiefe effektiv zu gestalten.

In dieser Art vollkommen fertig entwickelt sind beispielsweise Systeme, die einen Kunden von der digitalen Visitenkarte über die E-Mail-Autosequenz bis hin zur perfekten Landingpage oder zum Kalendertool seine individuelle Customer Journey gehen lassen. Alles rankt sich dabei um die Website, die immer wieder inhaltlicher Referenzpunkt und Basis aller technischen Prozesse ist.

Es gibt professionelle Systeme für E-Mail-Marketing sowie für die Erstellung hochwertiger Fotos, Videos und Grafiken. Die Erzeugung von Sichtbarkeit für eigene Werbeanzeigen ist heute im »Duoversum« von

Meta (Facebook, Instagram und Whatsapp) und Alphabet (Google, Youtube) mit Rückgriff auf die Fotos und Videos sowie Grafiken auch für technisch wenig versierte Nutzer leicht umzusetzen. So lässt sich all das leicht vernetzen und aufbauen.

Die eigene Website als Zieladresse eines wertvollen Link-Klicks in der Instagram-Werbeanzeige ist dabei ebenso leicht umzusetzen. Gelangen Kunden von den Landingpages der Website in den eigenen digitalen Funnel, so erweitert das die Möglichkeiten des Experten, sich dort frei und ungestört bestmöglich zu präsentieren. Im positiven Sinne kann er einen »Zaun um seine Kunden ziehen«, indem deren Kontaktdaten eingesammelt werden, beispielsweise durch E-Mail-Marketing.

Heute scheitert es vermutlich weniger häufig an der Technik als an der Bereitschaft, diese Prozesse einmal vernünftig aufzubauen, sowie am Selbstvertrauen, sich auf diese Prozesse einzulassen, nebst der einmaligen Strategieentwicklung für die eigene Personal Brand mit wirksamen Kundenkontaktpunkten und digitalen Personal Assets. Tatsächlich lässt sich sagen, dass es noch nie so einfach gewesen ist wie heute, alle notwendigen digitalen Prozesse eines eigenen Expertenbusiness selbst aufzusetzen und zu betreiben.

Digital-Personal-Assets umkreisen Ihre Website wie Satelliten

Ihre eigene Website sollte also zusammengefasst als Zentrum all Ihrer Kommunikationsprozesse gedacht werden, weil die Kunden in aller Regel früher oder später auf Ihre Website oder deren Unterseiten gelangen und dort entscheidende Handlungen in der Annäherung an Sie als Experten und Ihre Dienstleistungen vollziehen.

Schauen wir uns das näher an. Ein möglicher Kunde bekommt beispielsweise eine Visitenkarte oder eine E-Mail und wird darüber auf den Experten aufmerksam. Der Interessent entdeckt vielleicht ein Youtube-Video oder den Wikipedia-Eintrag des Experten, von dem ihm ein Bekannter viel Gutes berichtet hat. Er liest einen Fachartikel dieses Experten und bekommt dadurch den Eindruck, dass dieser für ihn wirklich Probleme lösen könnte.

Die Satelliten können allesamt als erste Kontaktpunkte eines Interessenten mit dem Angebot des Experten funktionieren. Sie können aber auch explizit verstanden werden als Summe von Elementen der Sichtbarkeit, die genau in dieser verdichteten Relevanz besonders gut wirken. Also vielleicht wird ein Interessent erstmalig aufmerksam, googelt den Experten zunächst und kann sich aber erst dann dazu entschließen, auf dessen Website nach Kontaktmöglichkeiten zu schauen, wenn er durch eine vertrauenerweckende Vielzahl hochwertiger Digital-Personal-Assets dessen Expertise und Erfahrung untermauert sieht. Wenn vom Experten nun sein eigenes Buch als Suchergebnis auftaucht und er beispielsweise noch bei Wikipedia genannt wird und er darüber hinaus womöglich noch einen eigenen Youtube-Channel hat oder er in Podcasts auftritt, dann wäre solch eine Untermauerung gegeben. Damit ist der Interessent vielleicht eher gewillt, auf der Website nach Kontaktmöglichkeiten zu schauen.

Exakt so funktionieren die Satelliten rund um das »Mutterschiff« Website. Dennoch gilt es, diese Sichtbarkeit zu planen, weil dann schneller eigene Ziele erreicht werden. Priorisieren Sie somit solche Digital-Personal-Assets, mit denen Sie gut auf Ihre eigene Webpräsenz verweisen können.

Achten und bestehen Sie bei Veröffentlichungen darauf, dass ein Verweis auf Ihre eigenen digitalen Angebote mit platziert werden kann. Und seien Sie in all Ihren Veröffentlichungen immer möglichst kohärent, sodass die Adressaten Sie schnell im Internet suchen und genauso schnell wiedererkennen können, falls ein Mediensprung vorgenommen werden muss.

Besonders wertvoll sind zudem stets Elemente der »reziproken Expertise«, ein Effekt, den sich Experten sehr gut zunutze machen können, um neue Kunden zu gewinnen. Im nachstehenden Beispiel wird klar, was damit gemeint ist.

Sie kennen das von der Käsetheke im Supermarkt. Der Kunde, der daran vorübergeht, bekommt oftmals eine kleine Kostprobe. Sagen wir einmal, ihm wird ein Stückchen des neuen Schweizer Käses mit besonderem Feigenaroma zur Verkostung angeboten. Er nimmt dieses Stückchen Käse entgegen, das er kostenfrei im Supermarkt konsumieren darf. Und es schmeckt ihm. Dann bietet ihm die freundliche Dame an der Käsetheke an, ein Stück von diesem Käse mit nach Hause zu nehmen, sprich gegen Bezahlung zu erwerben.

Nun entsteht beim Kunden so etwas wie eine leichte psychologische Grundschuld, sodass er nach dem geschenkten Stückchen Käse sich doch leicht unter Druck gesetzt fühlt, diese nette Geste wieder auszugleichen: Das ist Reziprozität! Die Person an der Käsetheke ist unverdächtig, hier Druck auszuüben, weil sie ja gerade ein freundliches Geschenk gemacht hat. Aber unterschwellig ist der Druck spürbar. Menschen wollen gemeinhin nicht allzu gern in der Schuld eines anderen sein. Genau aus diesem Grund werden seit jeher mehr Käse, Wurst oder andere Produkte verkauft, wenn dazu vorher kostenlose Produktproben verteilt wurden und getestet werden durften.

Die eigene Expertise können Sie selbstverständlich auch als »Probe« herausgeben, die den Konsumenten vielleicht gut gefallen wird. Das kann ein Fachartikel in einer Zeitschrift sein. Oder ein Vortrag auf einer Veranstaltung inklusive aller Vortragsfolien zum späteren Download (»Sie müssen nichts mitschreiben, ich schenke Ihnen alle Folien!«). Es kann auch ein interessantes PDF-Dokument sein, das sich der Kunde im Internet herunterladen und mit dem er dank wertvoller Informationen an seinem dringlichsten Problem schon einmal selbst erste Fortschritte erkennen kann. All diese Interaktionen – etwa das Herunterladen von Downloads – finden auf der Website des Experten statt!

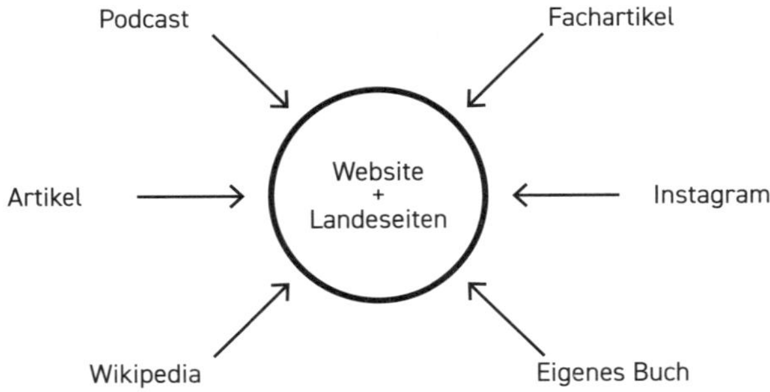

Die unterschiedlichen Digital-Personal-Assets umkreisen die Website und deren Landeseiten und verweisen auf diese, wann immer es geht. Damit wird die Website zu einem Zentralgestirn, auf dem sämtliche Kommunikation aufläuft.

Quelle: Eigene Darstellung.

Google Knowledge Panel: Digital-Personal-Assets verdichten sich zu einem Bild

Ihre Digital-Personal-Assets verdichten sich insbesondere zu einem Google-Suchergebnis, denn Ihre Interessenten und Kunden werden vor allem durch diesen Suchmaschinengiganten auf Sie aufmerksam.

Die Beschreibung, dass man von *einem* Google-Suchergebnis ausgeht, ist streng betrachtet unzutreffend. Denn Google ist zunehmend bestrebt, den Nutzern hochgradig individuelle und möglichst relevante Suchergebnisse zu präsentieren. Abhängig von verschiedenen Parametern, die den Nutzer, sein technisches Equipment, sein Suchverhalten und seine Lokalisation sowie viele weitere Parameter berücksichtigen, werden die klassischen Suchergebnisseiten von früher heute zu regelrechten »Sucherlebnissen« aufsummiert. Diese sollen auch ein grafisch und inhaltlich ansprechendes Bild vermitteln und viel mehr sein als das Ergebnis eines Algorithmus, der nur stumpf Websites auswirft, in denen das Schlagwort der Sucheingabe häufiger oder seltener vorkommt.

Google kann mittlerweile sehr gut erkennen, ob ein Nutzer beispielsweise eine konkrete Frage an Google hat oder ob er ganz klassisch Inspirationen sucht. Es macht also einen Unterschied, ob jemand tippt »Wer ist der beste Anwalt in Freiburg?« oder ob jemand »Fachanwalt für Steuerrecht Freiburg« eingibt.

Speziellere Fragen etwa kann man heute auch sehr treffsicher in die Google-Suchmaske eingeben: »Was ist fünf mal sieben?« oder »Wie heißt der amerikanische Präsident?« oder »Was hat Ranga Yogeshwar studiert?« – Google wird antworten!

Auch Google muss seinen – zugegeben privilegierten – Platz in der heutigen Onlinewelt verteidigen und den Nutzern ein Online-Erlebnis bieten.

Schon an diesem einfachen Beispiel wird es deutlich: Die Antwort sieht häufig anders aus, hat eine andere Schriftart als die anderen Ergebnisse, die außerdem präsentiert werden. Wo Google früher Suchergebnisseiten zeigte, auf denen oben vielleicht noch zwei oder drei »gesponserte Inhalte« auftauchten, ansonsten aber wesentlich die sogenannten »Snippets«, also kleine Textausschnitte aus relevanten Websites, aufgelistet wurden, da strukturiert Google heute zusammenfassende Präsentationen von Wissen.

Es erscheinen zwar noch die klassischen Ergebnisse; sie werden aber beispielsweise durch Bilder und Videos ergänzt und in der Listendarstellung aufgebrochen, angereichert mit Schlagzeilen und News – ferner ergänzt durch Social-Media-Beiträge, Vorschläge für »Ähnliche Fragen« sowie Job-Listings. Es gibt auch »Medizinboxen«, die sich speziell derartigen Themen zuwenden und sie aufbereiten. Es gibt Google-Shopping-Anzeigen und die mittlerweile gut etablierten »Google my Business«-Boxen.

Bei der zuvor als Beispiel genannten Rechenaufgabe wird Google Ihnen neben dem Rechenergebnis wahrscheinlich noch einen Taschenrechner präsentieren, mit dem Sie direkt nachrechnen können.

Diese Ergebnisseiten sind ausdifferenziert und variabel und werden das in Zukunft auch immer mehr sein. Umso wichtiger ist es, die eigene Präsentation dort mit möglichst relevanten und abwechslungsreichen, durchaus ebenso beeindruckenden Digital-Personal-Assets auszustatten. Google kann viel und lernt immerfort dazu.

Um eine Vorstellung von der zunehmenden Ausweitung dieser Möglichkeiten zu erreichen, genügt es, eine deutsche Großstadt zu googeln. Wenn Sie beispielsweise »Hamburg« in die Google-Suche eingeben, wird – je nach Bewertung Ihres bisherigen Suchverhaltens und etlicher anderer Parameter, die Google Ihnen zuordnet – eine umfangreich aufbereitete Suchergebnisseite erscheinen, die Ihnen viele verschiedene Anknüpfungspunkte zum Thema »Hamburg« liefert.

Diese Ergebnisseite ist dann keine bloße Linkliste mehr mit kleinen Textauszügen, sondern sieht fast aus wie ein Moodboard oder ein Flipchart, wie es in vielen kreativen Prozessen angefertigt wird (beispielsweise bei Modedesignern, Grafikern und Kreativ-Agenturen), mit verschiedensten Informationen, Bildern, Verweisen und aufbereiteten Inhalten. Statt einer Liste mit reinen Suchergebnissen, auf die Sie einfach klicken können, wie Sie das früher von Google kannten, wird die Seite nun in mehrere Sektionen eingeteilt. Städte wie »Hamburg«, spezielle Themen mit breiten Inhalten wie »Dinosaurier« oder »Positionierung« sind ideale Beispiele, weil sie sehr viele der Zugänge zeigen, die Google zu verschiedenen Themen aufbereitet.

Vermutlich werden Sie ziemlich weit oben ein Suchergebnis erhalten, dessen Domain präzise mit Ihrem Suchergebnis übereinstimmt; diese Übereinstimmung ist ein klassisches, traditionelles Qualitätssignal, an das sich Google bis heute anlehnt. Bei der Suche nach »Hamburg« wird beispielsweise www.hamburg.de als die offizielle Seite der Stadt weit oben angeordnet. Noch bis vor einigen Jahren wäre das sicher das erste Suchergebnis gewesen, weil die »Domainautorität« noch stärker als Kriterium für Ergebnisrelevanz angelegt wurde. Heute wird Ihnen vielleicht noch davor der Wikipedia-Eintrag angezeigt, der sich mit der Stadt Hamburg auseinandersetzt, weil dieser ein mit vielen Informationen verarbeiteter Eintrag ist, von dem Google weiß, dass ihn viele Menschen nach der Suche gern ansteuern.

Bei den ersten Suchergebnissen werden vermutlich auch noch einige weitere starke Seiten auftauchen, die sich im weiteren Sinne mit dem Thema Hamburg beschäftigen, die vor allem aber auch von vielen Internetnutzern aufgesucht werden und schon allein deswegen hohe Relevanz haben. Das sind beispielsweise Reiseportale, Tourismusseiten und Restaurantvergleiche.

Außerdem wird Google vermutlich Bilder zur Stadt Hamburg zeigen. Als beliebtes Touristenziel ist die Stadt schließlich oft fotografiert worden, und es werden zahlreiche Bilder von ihr veröffentlicht – in Social-Media-Kanälen ebenso wie auf unzähligen Websites. Darüber hinaus wird Google Ihnen Schlagzeilen zeigen, in denen aktuelle Zeitungs- und Zeitschriftenberichte über und aus der Stadt Hamburg auftauchen.

Googles Knowledge Panel ist ein Autoritätsausweis

Google wird aber auch selbst Informationen aufbereiten und beispielsweise im sogenannten »Google Knowledge Panel« auf der rechten Seite der Suchergebnisseite die wichtigsten Fakten zur Stadt Hamburg für seine Nutzer aufbereiten. Wie groß ist die Bevölkerungszahl der Stadt, was ist ihre Fläche, und wie ist das Wetter dort gerade? Wie lautet die telefonische Vorwahl? Google wird weitere Bilder zeigen und einen direkten Google-Maps-Verweis einblenden, damit man sich direkt nach Hamburg navigieren kann. Google wertet die Durchschnittspreise verschiedener Hotels aus und gibt einen Verweis auf anstehende Ereignisse von regionaler und überregionaler Bedeutung wie Stadtfeste oder den Weihnachtsmarkt.

Jetzt erfolgt der Brückenschlag zurück zu uns. Denn jeder Experte kann so dargestellt sein wie die Stadt Hamburg. Zu vielen Personen wird Google digitale Momente ihrer Sichtbarkeit und Inhalte finden. Nicht immer wird Google jedoch so eine detaillierte, abwechslungsreiche und aussagekräftige Ergebnisseite erstellen wie bei der Stadt Hamburg. Die Ergebnisseite wird beispielsweise auch nur bei hinreichend interessanten und umfangreichen Informationen in Spalten geteilt sein, um rechts ein Google Knowledge Panel zu füllen. Ausschlaggebend ist vor allem die Menge an Informationen, die Google in seinem sogenannten »Knowledge Graph« findet. Das ist eine Datenbank mit laut Google »Milliarden Fakten über Personen, Orte und Dinge«[6]. Google nutzt diese Datenbank und bereichert daraus die Suchergebnisliste mit weiteren interessanten Informationen. Hieraus speisen sich in aller Regel auch die Antworten auf konkrete Fragen und Sucheingaben durch die Nutzer von Google.

Ein solches Google Knowledge Panel richtet Google aber erst dann ein, wenn viele hochwertige Informationen und damit Digital-Personal-Assets vorliegen. Damit wird das Google Knowledge Panel nicht nur zu einem Autoritätssignal, sondern spielt Ihnen durch Direktlinks der Social-Media-Profile auch in erheblichem Maße Neukunden zu, wofür Sie ansonsten herkömmlich, über die Google-Ads-Werbung, teuer hätten bezahlen müssen.

Google möchte die verfügbaren Informationen außerdem möglichst interessant darbieten. Wer also wie die Stadt Hamburg viele Referenzen hat, vielleicht von Kunden bewertet wurde, eine eigene Domain hat und einen Wikipedia-Eintrag erreichen konnte, wer in Fachzeitschriften genannt wird und auf Internetseiten von Anbietern als renommierter Speaker angekündigt wird – der bekommt eine schillernde und beeindruckende Google-Ergebnisseite. Wer mit Videos sichtbar wird und Bewertungen von Kunden hat, wer in verschiedensten Quellen genannt wird und über wen digital gesprochen wird, der bereichert letztlich auch die Datenbasis von Google. Letztere bereitet das alles wiederum gern bestmöglich auf für interessierte Personen.

Diese Knowledge Panels werden bei Google automatisch generiert und sollen einen schnellen Überblick über Informationen zu einem Thema bieten. Hierunter fallen nicht nur Personen, sondern auch Orte, Organisationen oder sonstige Dinge. Die präsentierten Informationen stammen dabei aus der Datenbank von Google, gespeist aus verschiedensten Quellen im Web. Knowledge Panels generieren sich also zu einem guten Teil aus den weiteren Digital-Personal-Assets. Und weil Google sie eben nur ab einer bestimmten Schwelle an vielfältigen Referenzen erstellt, zeichnen sie Experten aus, die ihre digitale Präsenz schon sehr gut aufgestellt haben. Google Knowledge Panels sind ein Digital-Personal-Asset auf einer übergeordneten Metaebene.

»Knowledge Panels« werden automatisch aktualisiert, wenn die Informationen im Web geändert werden, auf die sie sich beziehen. Die enthaltenen Informationen beziehen sich auf Wikipedia-Artikel und ähnliche Quellen, berücksichtigen Bilder, andere Websites und durchaus auch persönliche Informationen. Es wird ebenso das Feedback von Nutzern berücksichtigt. Aber beispielsweise auch Bewertungen aus Google selbst oder Bewertungsplattformen wie »Trust Pilot« oder »Proven Expert« werden hier aufgenommen. Damit sind Google Knowledge Panels für Personen verwandt mit den bekannteren »Google my Business«-Unternehmensprofilen.

Die Google Knowledge Panels und eine reichhaltige Google-Suchergebnisseite mit vielen relevanten Inhalten zeigen paradigmatisch, wie sich die verschiedenen Digital-Personal-Assets zu einem Bild eines Experten verdichten. Google arbeitet hier alle verfügbaren Informationen zu einer Person auf und präsentiert sie. Letztendlich soll sich aber jedem Nutzer ein bestimmtes möglichst einheitliches Bild eines Experten zeigen, wenn er diesen googelt oder in anderen Suchmaschinen sucht.

Googles EEAT-Algorithmus: Große Chance für Personal Brands

Klar ist: Wer nicht auf der ersten Seite der Google-Ergebnisse auftaucht und hier noch im besten Fall sogar unter den Top 5, findet aus Kundensicht kaum mehr statt.

Nennungen in idealerweise gleich mehreren seriösen Nachrichtenquellen, ein bestehender Wikipedia-Eintrag, Links von trafficstarken und vor allem namhaften Websites – all das sind Qualitätsmerkmale, die Google anerkennt und mit vorderen Ergebnisplätzen belohnt.

Googles Geschäftsmodell steht – wie das vieler anderer Informationsanbieter, zu denen auch andere Tech-Giganten wie Microsoft (mit seiner Suchmaschine Bing) sowie indirekt auch Amazon gehören – vor großen Herausforderungen.

Wichtigster Bestandteil von Google war es bislang, hochwertige Inhalte voranzustellen und daraus Relevanz für den Endkunden herzustellen. Nur Wissen, das bei einer Suchanfrage besonders thematisch passend und damit relevant ist und noch dazu von hoher Qualität, wurde bisher auf den vorderen Seiten ausgeliefert. Es gibt zahlreiche weitere Rankingfaktoren, die bestimmen, welche Websites mit welchen Suchanfragen in besonderer Verbindung stehen und auf den vorderen Ergebnisplätzen landen. So spielen auch technische Kriterien wie die Ladezeit oder die Mobilgerätetauglichkeit eine Rolle. Ferner werden zeitlich aktuelle Inhalte bei bestimmten Themen bevorzugt.

Google hat erst im Jahr 2022 sein Suchschema angepasst und damit einen Paradigmenwechsel eingeleitet: Es heißt nunmehr Google EEAT. Änderungen im Suchalgorithmus stellt Google, sofern sie von wesentlicher Bedeutung sind, für Interessierte in der sogenannten Google Search Central zur Verfügung.[7]

Google weist ausdrücklich darauf hin, dass das EEAT-Suchschema nicht direkten Einfluss auf das Ranking einer Seite habe. Vielmehr gebe es einen Katalog zahlreicher Einzelfaktoren, aus denen sich das Ergebnis für das Ranking einer Website zusammensetzt.

Google veröffentlicht von Zeit zu Zeit »Evaluator's Guidelines«; in der letzten Version sind auf eng gefassten 176 Seiten zahlreiche, oft sehr technische Umsetzungen des Rankingalgorithmus nachzulesen.[8] Diese Kriterien folgen aber dem übergeordneten EEAT-System und entsprechen daher dessen algorithmischer Umsetzung.

Vor allem Inhalte aus der Feder der künstlichen Intelligenz, aber auch von oft günstig eingekauften, aber fachlich häufig zweifelhaft versierten Schreibkräften erzeugen Daten und Informationen in großer Zahl. Als vertrauenswürdige Quellen jedoch kommen diese Texte, Videos und Audios kaum infrage.

In der Einleitung dieses Buches war bereits von dem damit einhergehenden Paradigmenwechsel Googles die Rede: Brands (und damit auch Personal Brands) sind nunmehr aus der Sicht von Google die Lösung, denn sie haben ein großes Eigeninteresse an hochwertigen Inhalten, und damit stehen sie auf der Seite Googles, indem gute von schlechten Informationen aussortiert werden.

Stellen wir uns einen namhaften, überregional bekannten Steuerexperten vor, der in mehreren anerkannten Journalen veröffentlicht. Er würde sein eigenes Renommee erheblich beschädigen, wenn er unter seinem Namen fehlerhafte Beiträge veröffentlicht.

In Zukunft wird Google deshalb solche Personal-Brand-generierten Inhalte bevorzugt ausspielen, selbst wenn sie in Bezug auf andere Kriterien nicht dem neuesten Stand entsprechen sollten. Zwar mag eine Website, die mobilgerätetauglich aufgebaut ist und dazu eine kurze Ladezeit hat, technisch versierter sein – es ist aber mehr als wahrscheinlich, dass diese Kriterien bei der Beurteilung einer Website ein Auslaufmodell sein werden.

Schon heute zieht Googles EEAT-Algorithmus folgende Kriterien heran:

- **Expertise:** Seit dem Beginn der Suchmaschinen wurden Inhalte nach mehreren Kriterien ausgewertet – dies nicht nur von Google, auch von den Pionieren, die ihren Betrieb längst eingestellt oder die heute kaum Marktanteile haben, etwa Yahoo, Paperball oder Altavista. Die Expertise eines Textes – basierend auf Ihren Inhalten – ist auch heute noch das Standardkriterium, wenn eben auch nur eines von insgesamt vier Kriterien.
- **Experience (Erfahrung):** Inhalte werden im EEAT-Modell bevorzugt, wenn derjenige, der sie verfasst hat, ausreichend Erfahrung in der Anwendung hat. Somit genügt ein großes Maß an rein theoretischem Wissen ohne ausreichende Erfahrung nicht mehr! Googles Search Central erklärt diese erhebliche Veränderung an einem Beispiel. Wörtlich: »Es gibt Situationen, in denen euch Inhalte am wichtigsten sind, die von jemandem zusammengestellt wurden, der selbst Erfah-

rung mit dem jeweiligen Thema hat. Wenn ihr beispielsweise Informationen zum richtigen Ausfüllen eurer Steuererklärung sucht, möchtet ihr wahrscheinlich Inhalte sehen, die von einem Experten für Buchhaltung erstellt wurden.«[9]

- **Authority (Autorität):** Stammen die Texte einer Website von Autoritäten ihres Fachgebiets? Wie im vorangegangenen Beispiel vorhin erkennbar, wird ein Nachrichten-, Fach- oder Journalartikel, verfasst durch einen Steueranwalt oder -experten, mit einem hohen Autoritätsscoring bewertet. Automatisch generierte Texte, zum Beispiel durch die künstliche Intelligenz oder Artikel von Redakteuren oder durchaus auch Fachleuten, allerdings ohne große Autoritätsbelege, werden dagegen abgestraft.
- **Trust (Vertrauen):** Besonders vertrauensvolle Inhalte werden von anderen Websites verlinkt oder zumindest zitiert. Wird eine Website beispielsweise in mehreren Wikipedia-Artikeln genannt, in den Medien des öffentlichen Rechts oder in Qualitätsredaktionen großer Medien, gilt dies als Vertrauensmerkmal. Auffällig hingegen aus der Sicht von Google wäre, wenn ein hochwertig recherchierter und verfasster Artikel eines Experten mit großer Autorität, der also das Authority-Kriterium durchaus erfüllt, unbeachtet und ohne Links Dritter bliebe.

Beim Aufbau Ihrer Digital-Personal-Assets entstehen alle vier Bewertungskriterien automatisch als Nebenrendite. Zwar ist deren Wirkung auf Ihre Suchmaschinenposition eher langfristig wirksam, sie wird Ihnen mit der Zeit aber einen besonders guten, hochwertigen Besucherstrom als Ernte einfahren. Und dieser ist – im Gegensatz zu teurem Pay-per-Click-Traffic – obendrein noch kostenlos.

Der eigene Wikipedia-Eintrag: Ausweis höchster Kredibilität

Ein eigener Wikipedia-Eintrag kann als der »Goldstandard« der Digital-Personal-Assets bezeichnet werden. Er ist wie kaum ein anderes Instrument digitaler Sichtbarkeit ein Wertgegenstand, weil er außergewöhnlich positiv auf die Wahrnehmung eines Experten in Bezug auf seine Autorität und Relevanz für bestimmte Fragestellungen und eine unabhängige Prüfung seiner Expertise wirkt. Ein heutiger Wikipedia-Eintrag lässt sich mit einem Eintrag in der damaligen Brockhaus-Enzyklopädie vergleichen.

Die hohe Wertwahrnehmung ist ausdrücklich von der Tatsache losgelöst, dass Wikipedia beispielsweise in akademischen Kontexten bis heute als kaum zitierbare Quelle gilt.

Wer an einer Hochschule eine schriftliche Arbeit nur auf Basis von Wikipedia-Einträgen aufbaut, der bekommt im universitären Umfeld dafür keine besonders hohen Weihen verliehen. Das liegt nicht zuletzt daran, dass Wikipedia zwar als Online-Lexikon gilt, aber in Bezug auf die Generierung der Wissensbestände als Open-Source-Plattform angelegt ist.

Bei Wikipedia befinden sich die Inhalte in Bewegung, weil jeder Wikipedia-Leser die Inhalte ergänzen kann. Diese werden zwar durch einen Supervisor überprüft und durchlaufen damit eine Qualitätssicherung, aber es gilt dennoch, dass Wikipedia-Einträge von einer Schwarmintelligenz profitieren.

Neu veröffentlichte Inhalte werden zunächst unter Vorbehalt gestellt und nach einer Zeitspanne durch die Supervisoren geprüft, verändert oder gegebenenfalls wieder entfernt. Wikipedia stellt die redaktionelle Prüfung seiner Inhalte damit also auch »Open Source« dar.[10] Im wissenschaftlichen Umfeld gelten dagegen andere Review-Formen als Standard, zum Beispiel durch gleichrangige Fachleute mit nachgewiesener Expertise (»Peer-Review«).

Die große Breite des Wissens bei Wikipedia, die Open-Source-Charakteristik seiner Inhaltssammlung und die hohe Dynamik der Inhaltsgenese sind für die Nutzer von Wikipedia aber auch ein großer Vorteil. Sie schätzen Wikipedia als Quelle ein, die in der Summe doch wertvolle und reichhaltige, aktuelle Informationen liefert. Nutzer, die einen Experten suchen und diesen bei Wikipedia mit einem ausführlichen Artikel finden, gehen zunächst unkritisch davon aus, dass die Informationen dort stimmig und geprüft sind. Daher sollten Experten auch hier dafür sorgen, dass die Informationen zutreffend und seriös sind, alles andere strahlt sonst schließlich irgendwann ungünstig auf ihren Expertenstatus ab. Wikipedia-Nutzer schätzen die Aktualität sowie die leichte, kostenfreie Zugänglichkeit der online gestellten Inhalte.

Wikipedia hat Kriterien, welche Inhalte für die Enzyklopädie relevant sind. Zwar werden bestimmte Anforderungen an das öffentliche Interesse gestellt, das zu bestimmten Personen, Themen, Unternehmen und Theorien bestehen sollte. Allerdings erhebt Wikipedia auch den Anspruch, relevante Informationen in größerer Breite als jedes gedruckte Lexikon – und im Grunde auch als jede universitäre Bibliothek – darzustellen. Wikipedia möchte das Wissen der Welt digital zur Verfügung stellen. Ein Experte, der sich mit seinem Wissen einen Namen gemacht hat, kann durchaus einen Eintrag bei Wikipedia erreichen.

In der Schnittmenge der guten Zugänglichkeit, in Wikipedia aufgeführt zu werden, und der hohen Wertwahrnehmung seitens seiner Nutzer, dass dort doch Inhalte mit hoher Relevanz ausgewählt würden, ergibt sich für Experten ein ideales Digital-Personal-Asset.

Das kann in dieser Form kaum eine andere digitale Bibliothek leisten. Und damit ist auch die Tatsache erklärt, dass nicht zuletzt Google eine außerordentlich hohe Affinität zu solchen Inhalten hat, die bei Wikipedia die dortigen Relevanzkriterien erfüllen. Weil Wikipedia hohe Zugriffszahlen von Nutzern und gleichzeitig die Relevanz hat und weil dort nicht von künstlicher Intelligenz und Algorithmen, sondern von einer hohen Zahl ambitionierter Nutzer eingeordnet, bewertet und gesichert wird, zeigt Google Wikipedia-Einträge oft als eines der ersten Suchergebnisse.

Diese hohe Relevanz in der Google-Suche vererbt sich auch auf die anderen Ergebnisse der Recherche: Google geht davon aus, dass Experten, die in Wikipedia dargestellt sind, für potenzielle Nutzer der Google-Plattform relevanter sind als Experten, die dort nicht auftauchen. Daher zeigt Google auch andere Suchergebnisse mit höherer Wahrscheinlichkeit und privilegiert den Inhaber eines Wikipedia-Eintrags gegenüber weniger gut aufgestellten Wettbewerbern.

Die vererbte Autorität eines Wikipedia-Eintrags erstreckt sich sowohl auf die eigene Website, die bevorzugt behandelt wird, als auch auf die Sichtbarkeit des Experten in den Themenbereichen und Wissensnischen, die Google mit ihm assoziieren kann. So wird beispielsweise ein Experte, der sich mit Steuerrecht befasst und einen Wikipedia-Eintrag hat, bei der gleichen Suchanfrage gegenüber einem Wettbewerber, der keinen Wikipedia-Eintrag hat, bevorzugt. Dass der bei Wikipedia geführte Experte präferiert wird, kann sogar dann der Fall sein, wenn es um ein nochmals spezielleres Thema der eigenen Expertise geht, beispielsweise Unternehmenssteuerrecht, das zwar gar nicht im Wikipedia-Eintrag erwähnt wird, aber von Google aufgrund der Analyse beider Experten-Websites als doch relevant vermutet wird.

Die Kriterien, nach denen die Relevanz eines Experten für einen Wikipedia-Eintrag schließlich ausgewählt werden, sind klar umrissen und werden bei Wikipedia veröffentlicht.

Bei Einträgen zu Personen legt Wikipedia jedoch recht hohe Hürden an und beschreibt sich selbst ausdrücklich nicht als allgemeines Personenverzeichnis.

Für Personal Brands sind es vor allem biografische Gegebenheiten, dann die berufliche Qualifikation (zum Beispiel prominente Köche, bedeutende Architekten, bekannte Sportler und erfolgreiche Autoren) sowie Auszeichnungen, die die notwendige Relevanz für einen eigenen Wikipedia-Eintrag verleihen. Sie können unter dem Wikipedia-Kürzel WP:RK#P (kurz für: Relevanzkriterien Personen) abgerufen werden. Das Kürzel kann direkt in das Wikipedia-Suchfeld eingegeben werden.

Wikipedia kennt 14 Personenkategorien und spannt damit einen Bogen zwischen Adel, Politik, Autoren und anderen Menschen der Zeitgeschichte. Für Experten sind insbesondere die folgenden Kriterien am ehesten greifbar, es sei denn, sie sind bereits ausgesprochen prominent:

- Wer einen renommierten Preis gewonnen hat oder von einem Fachmagazin in eine Experten-Bestenliste gewählt wurde, hat gute Chancen, in Wikipedia genannt zu werden. Dazu zählen die Berufsgruppen Architekten, bildende Künstler, Journalisten, Köche, Musiker, Politiker, Sportler und einige weitere mehr.
- Falls Sie als Wissenschaftler anerkannt sind und sich hier hervorgetan haben, steigen Ihre Chancen. Auch hier ebnet Ihnen ein wissenschaftlicher Preis den Weg zum eigenen Eintrag. »Zumeist« (so wörtlich die Leitlinien) werden Sie auch als Professor einer anerkannten Hochschule, jedoch nicht als Juniorprofessor, mit einem eigenen Wikipedia-Eintrag ausgezeichnet.
- Wer als Sachbuchautor wenigstens ein Standardwerk verfasst hat, das durch »externe reputable Quellen« als solches anerkannt ist, wird

ebenfalls aufgenommen. Dieser Teil ist recht schwammig von Wikipedia definiert, und damit wenig planbar; daher sind die beiden folgenden Hinweise greifbarer.

- Wer als Sachbuchautor mindestens vier Bücher in einem renommierten Verlag veröffentlicht hat, der ist für Wikipedia relevant. Gleiches gilt, wenn Sie zwei Nichtsachbücher (beispielsweise Romane) veröffentlicht haben. Wichtig ist jeweils, dass Sie Hauptautor im bibliografischen Sinne sind. Ihre Bücher müssen in »regulären Verlagen« veröffentlicht sein. Wikipedia schließt »Selbst-, Pseudo- oder Druckkostenzuschuss-Verlage« ausdrücklich aus.
- Wenn Sie Ihre Bücher im Selbstverlag publiziert haben, gibt es dennoch ein ausdrücklich genanntes Schlupfloch: Wenn Ihre Bücher »in besonderer Weise öffentlich wahrgenommen werden (beispielsweise Rezensionen in überregionalen Zeitungen)«, dann sind auch diese Bücher relevant. Dieser Punkt ist insbesondere interessant und ein vergleichsweise niedrigschwelliger Zugang zum eigenen Eintrag – immer vorausgesetzt, Sie haben überhaupt eigene Schriftwerke veröffentlicht. Als Experte kommen Sie aber früher oder später kaum um ein eigenes Buch herum (siehe dazu das separate Kapitel in diesem Buch). Gute Presseagenturen können eine gute, hochwertige Platzierung auch eines selbstverlegten Buches in überregionalen Zeitungen mit überschaubarem Aufwand umsetzen. Und selbstverständlich können Sie ebenso selbst Redaktionen ansprechen, indem Sie beispielsweise eine Gegenleistung wie die Anfertigung eines hochwertigen Fachartikels anbieten. Ein solcher Fachartikel wäre sogar ein doppeltes Personal Asset für Sie: Er ist erstens ein eigener Wertgegenstand und dies zumeist nicht nur gedruckt, sondern auch in den Online-Ausgaben der Zeitung enthalten – und damit über längere Zeit greifbar; und zweitens entspricht er dem geforderten Kriterium, welches Sie Ihrem eigenen Wikipedia-Eintrag näherbringt.

Erfüllen Sie eines der obigen Kriterien, können Sie einen eigenen Wikipedia-Eintrag selbst anlegen. Das genaue Vorgehen beschreibt die Enzyklopädie und stellt auch ein Musterdokument bereit. Zwar sind spezielle technische Fähigkeiten nicht unbedingt erforderlich; es gibt aber auch die Alternative, eine Agentur mit der Abwicklung zu beauftragen. Eine gute Agentur kann Ihnen Referenzen nennen von erfolgreicher Arbeit. Eine Herausforderung besteht darin, dass Ihr Eintrag auch bei Vorliegen großer Relevanz aufgrund handwerklicher Fehler abgelehnt werden kann.

Insbesondere scheitern Einträge daran, dass sie deutlich zu werbend sind; Wikipedia aber achtet auf ein hohes Maß an Neutralität. Eine gute Agentur schreibt im lexikalischen Stil, und somit deutlich zurückhaltend.

Vorsicht jedoch vor schwarzen Schafen, die Ihnen einen schnellen Eintrag bei Wikipedia gegen Geld versprechen! Eine Agentur kann zwar die Abwicklung übernehmen und einen guten Artikeltext verfassen; auf die Einhaltung der Relevanzkriterien jedoch hat auch die Agentur keinen Einfluss.

Gelingt Ihnen ein eigener Eintrag, dann gilt für Wikipedia in besonderer Form, was für alle Digital-Personal-Assets reklamiert werden kann: Diese besonderen digitalen, persönlichen Wertgegenstände müssen nur ein einziges Mal erstellt werden und haben danach eine große und andauernde Auswirkung auf die Wahrnehmung eines Experten gegenüber potenziellen und tatsächlichen Kunden des jeweiligen Experten. Das liegt daran, dass diese Digital-Personal-Assets Interessenten zur Kontaktaufnahme mit dem Experten ermutigen, dessen Autorität unterstreichen und ihn nicht zuletzt dadurch leichter höhere Honorare in einem vielleicht sogar hoch kompetitiven Marktumfeld durchsetzen lassen.

Jede Branche hat einen Leit-Award

Der eigene Wikipedia-Eintrag ist der zentrale digitale Prominenzausweis – branchenübergreifend, aber ausschließlich digital.

Zusätzlich dazu hat jede Branche gleich mehrere Awards, also Auszeichnungen. So ringen beispielsweise Sportler um vordere Plätze, und sie bekommen – je nach Leistung – etwa Bronze-, Silber- oder Goldmedaillen oder Urkunden, auf denen der von ihnen belegte Platz vermerkt ist.

Dabei gibt es erkennbare Hierarchien innerhalb dieser Auszeichnungen: Ein 5. Platz des Marathonlaufs einer mittelgroßen deutschen Stadt ist höchstwahrscheinlich weniger wert als ein sensationell errungener 15. Platz beim New-York-Marathon. In beiden Fällen ist die exakt gleiche Strecke von 42,2 Kilometern zurückzulegen gewesen – der läuferische Anspruch also exakt identisch. Die von außen angelegten Maßstäbe von Menschen urteilen jedoch anders: Sie vermuten zu Recht, dass am New-York-Marathon sehr viel mehr Läufer teilnehmen, sodass die vorderen Plätze viel stärker umkämpft sind.

Viel mehr passiert aber noch im Kopf: Das große Prestige des wohl bekanntesten Marathonlaufs der Welt vererbt sich auch an die Läufer. Schließlich ist das der Grund, warum gerade der New-York-Marathon so überaus begehrt ist – rund 50 000 Teilnehmer zählt der Marathon und ist für viele Menschen das große läuferische Ereignis ihres Lebens.

Ein Award oder eine Teilnahme hat also ein besonderes Prestige. Es wertet den Teilnehmer sogleich auf und zahlt in die Personal Brand ein. Eine Marathonteilnahme – idealerweise am New-York-Marathon – wird damit zur Leitauszeichnung für Läufer. Und viele, die sich dem Laufsport verschrieben haben, erklären einen Marathon als Lebensziel – egal übrigens, in welcher Finish-Zeit er absolviert wird.

Die Aufnahme in den Marathon-Läuferclub ist vergleichsweise wenig exklusiv – denn Laufveranstaltungen sind heute in jeder Stadt anzutreffen.

Branchenintern oder branchenüberragend?

Das Beispiel von eben illustriert: Jede Branche hat eine Auszeichnung, deren Prestige auf den Inhaber ausstrahlt und begünstigend auf ihn abfärbt. Weit über die digitalen Medien hinaus gibt es für jede Branche solche individuellen Leit-Awards, deren Bekanntheit, Strahlkraft und Ruhm weit über die eigene Branche hinausgehen.

Brancheninterne Auszeichnungen hingegen gibt es in der Regel in zahlreicher Menge – sie sind aber meist nur Brancheninsidern überhaupt bekannt. Daher wirken sie in ihrer Strahlkraft nur nach innen auf eine Personal Brand ein. Von außen betrachtet rufen die meisten solcher Auszeichnungen nur ein Achselzucken hervor – nicht mangels Respekts vor der Leistung des Trägers, sondern schlicht weil Branchenoutsider sie überhaupt nicht kennen.

In der Welt der Belletristik beispielsweise gibt es zahllose Literaturpreise. Hier ein paar willkürlich ausgewählte Awards für den deutschen Sprachraum:

- Franz-Kafka-Literaturpreis,
- Hubert-Burda-Preis für junge Lyrik,
- International Thriller Award,
- Preis der Literaturhäuser,
- Würth-Preis für Europäische Literatur,
- Preis des Europäischen Buches,
- Lambda Literary Award.

Wenn Sie nicht gerade selbst Literat oder Brancheninsider sind, kennen Sie mit großer Wahrscheinlichkeit keinen davon. Vermutlich haben Sie die Namen Kafka und Würth schon gehört; dass sich dahinter aber ebenso Literaturpreise verbergen, ahnten Sie bislang nicht.

Es gibt in der Branche der Literatur aber zwei Leit-Awards, die eine derart große Strahlkraft haben, dass sie weit außerhalb ihrer Branche nicht nur bekannt sind, sondern auch als das Nummer-eins-Kriterium schlechthin gelten. Wer sie erreicht, dessen Personal Brand wird auch von außen erkennbar sogleich aufgewertet.

Der Literatur-Nobelpreis ist zweifelsohne die mit weitem Abstand wichtigste Leit-Auszeichnung. Wer ihn gewinnt, ist ab dem Zeitpunkt der Verleihung internationaler Superstar der Literaturbranche. Der Wert der Personal Brand eines Literatur-Nobelpreisträgers explodiert; seine Verkaufszahlen schießen in die Höhe, und er wird ganz erhebliche Tagessätze am Markt für Lesungen durchsetzen können. Es ist jedoch höchst unwahrscheinlich, dass die Arbeit eines Autors mit dem Nobelpreis ausgezeichnet wird.

Doch es gibt eine weitere Leit-Auszeichnung im Literaturbetrieb, die eine derart große Strahlkraft und branchenüberragende Prominenz mit sich bringt, dass sie eine große, verbreitete Markenbekanntheit im deutschsprachigen Raum erfährt und sofort auf Ihre Personal Brand einzahlt, wenn Sie Schriftsteller sind: die *Spiegel*-Bestsellerliste. Im Gegensatz zum Literatur-Nobelpreis hat sie sogar einen Vorteil: Sie ist für Autoren ein durchaus realistisches Ziel.

Ein Romanautor, der sich *Spiegel*-Bestsellerautor nennen kann, verkauft sehr viel mehr Bücher als zuvor; er schafft sich einen »Sichtbarkeits-Engelskreis«. Hohe Verkaufszahlen werden sein Werk auf die Bestsellerliste führen. Und diese Platzierung macht das Buch danach erst recht zum Verkaufshit. Davon halten die großen Buchhandelsketten in den besten Lagen ihrer Buchhandlungen oft stapelweise Bücher bereit und haben dafür sogar die Bestsellerwände eingerichtet, die sie besonders auffällig präsentieren.

Betreffend der *Spiegel*-Bestsellerliste genügt bereits eine einzige Nennung, und der Romanautor darf lebenslang nicht nur das verkaufsfördernde orangefarbene Bestsellerlabel auf seinem Buch aufbringen, sondern sich fortan lebenslang »*Spiegel*-Bestsellerautor« nennen.

Diese Auszeichnung muss also nur ein einziges Mal errungen werden, zahlt aber umgehend und erheblich auf Ihre Personal Brand ein.

Es lässt sich recht leicht erkennen, ob ein Award einer Branche zum Leit-Award taugt: Sofern er über die eigene Branche hinaus zum allgemein bekannten Schlagwort geworden ist, stellen Veranstalter, Medien und allgemein Dritte diese Auszeichnung in ihrer eigenen Werbung als Alleinstellungsmerkmal voran. In ihrer PR und Werbung gehen sie davon aus, dass ein Romanautor, den sie als »*Spiegel*-Bestsellerautor« ankündigen, als besonders herausragend positioniert werden kann, und damit die Veranstaltung sogar aufwertet.

Die *Spiegel*-Bestsellerliste wurde erstmals 1961 erhoben und ist daher seit Generationen das Nummer-eins-Leitkriterium, wenn es um Buchbestseller geht. Vermutlich jeder kennt das orangefarbene *Spiegel*-Label auf Büchern; selbst diejenigen Buchleser, die eher selten Bücher kaufen. Nebenmärkte wie beispielsweise Tankstellen, Lebensmittelmärke oder Drogerien bestücken ihre Regale mit den meistverkauften Büchern, schon allein deshalb, weil sie ein enges und kleines Buchsortiment führen. Bei diesen Buchofferten wird der Gelegenheitsleser also besonders häufig auf das *Spiegel*-Bestsellerlogo treffen. Die Kombination aus hoher Sichtbarkeitsfrequenz einerseits und dem langen Bestehen der Bestsellerliste andererseits führt dazu, dass der *Spiegel*-Bestseller als Leitauszeichnung wahrgenommen wird.

Übrigens unterscheidet der Kunde nicht zwischen inhaltlicher Qualität und bloßem Verkaufserfolg: Der Literatur-Nobelpreis wird nach Kriterien überragender inhaltlicher Qualität verliehen. Hingegen genügen für das Erreichen des Bestsellerstatus ausreichend hohe Verkaufszahlen, unabhängig von der Qualität des Buches.

Halten Sie daher Ihre Augen offen für den Topleit-Award, der Sie umgehend an die Spitze Ihrer Branche befördern könnte. Denn diese Auszeichnung würde massiv auf Ihre Personal Brand einzahlen und unveräußerlich mit Ihrem Namen verbunden bleiben – lebenslang!

Leit-Awards werden stets Ihrem Namen vorangestellt

Es gibt hier ein leicht erkennbares Kriterium: Ist ein Award nicht nur innerhalb Ihrer Branche bekannt, sondern auch darüber hinaus? Nur dann stellen branchenfremde Medien Ihrem Namen die Leitauszeichnung voran. Einige Beispiele für Leit-Awards zur Inspiration:

- **Olympia-Teilnahme:** Ein Medaillenrang ist gar nicht nötige Voraussetzung für diesen Leichtathletik-Leit-Award: die bloße Teilnahme genügt. Die Strahlkraft Olympias ist groß genug!
- **Pulitzer-Preis:** Für einen Journalisten ist ein Pulitzer-Preis die vermutlich höchste Auszeichnung; sie werden damit fortan vorgestellt als »Pulitzer-Preisträger«. Diese Auszeichnung ist über die Branche hinaus bekannt – obwohl es eine unüberschaubar große Zahl anderer Journalismus-Awards gibt, so etwa den Nannen-Preis, den Liberty Award oder den Hildegard-von-Bingen-Preis für Publizistik.
- **Sternekoch:** Selbst ein einziger Stern genügt zum Aufstieg in die Königsklasse. Auch dieser Leit-Award wird Ihrem Namen vorangestellt: Der Sternekoch Daniel Raub beispielsweise kocht im Landhaus Biewald und hat sein Restaurant damit über die Region hinaus bekannt gemacht.
- **Deutscher Meister:** Meisterschaften gibt es in den meisten sportlichen Disziplinen – nicht nur dem Fußball. Wer Deutscher Meister ist, wird selbstverständlich als Nummer eins seiner Disziplin wahrgenommen. Oft genügt schon – analog zu Olympia – die Teilnahme an der deutschen Meisterschaft.

Die große Strahlkraft eines Leit-Awards schlägt übrigens alle anderen brancheninternen Awards und blendet diese dann in der Wahrnehmung aus. Wenn Sie beispielsweise an Olympia teilgenommen haben, wird sich die Berichterstattung über Sie und Ihre Personal Brand in Zukunft hierauf konzentrieren. Eine Olympia-Teilnahme verdrängt zumindest in der Wahrnehmung, dass Sie auf dem Weg dahin zahlreiche andere Siege errungen haben und viele andere Auszeichnungen, Ehrungen, Medaillen und Urkunden besitzen.

5. One-Trick-Pony: Hohe Honorare am Markt erzielen

Die Positionierung Ihrer eigenen Personal Brand hebt Sie und Ihr Wissen aus der Masse völlig vergleichbaren und damit für Ihren Kunden auch nicht unterscheidbaren Wissens heraus.

Gut positionierte Profis sind wie ein Leuchtturm an einem von orientierungslosen Schiffen umgebenen Meer. Jedes der Schiffe, das in dieser Metapher jeweils einen Kunden repräsentiert, hat eine eigene Positionsleuchte und sucht doch selbst nach Orientierung. Untereinander können die Schiffe diese Orientierung aber nicht finden, weil sie durch Wind und Wellengang ständig die eigene Position zueinander verändern – so wie Laien sich mit allzu vielen und immer neuen Wissensbeständen ohne Filterfunktion und Ordnungsfunktion keine sinnvolle Meinung verschaffen können.

Der Austausch mit anderen Laien ist daher wenig hilfreich – sogar eher störend und verwirrend. Wer als Neuling Geld anlegen möchte und vielleicht enge Freunde statt eines Vermögensexperten fragt, bekommt sicher gut gemeinte Anlagetipps. Aber diese werden eben unstrukturiert und vielleicht sogar gefährlich sein, weil die Risiken- und Chancenbewertung mehr nach Bauchgefühl und nicht nach Sachkriterien stattgefunden hat.

Gesundheitstipps oder rechtliche Beurteilungen einer Sachlage, die Laien untereinander austauschen, können ebenso gefährlich sein, wenn sie nicht von einem Arzt oder einem Anwalt mit ausreichend reflektiertem, solidem Wissen eingeordnet werden.

Das ist übrigens ausdrücklich nicht darin begründet, dass Laien zwingend über zu *wenig* Wissen verfügen würden. Ganz im Gegenteil! Zu *viel* Wissen, das jedoch ungefiltert und nicht in den Kontext eingeordnet zur Verfügung steht, ist manchmal sogar das eigentliche Problem.

Das kann man sich gut veranschaulichen am Begriff der Cyberchondrie. Bei diesem Phänomen informieren sich Personen, die eine gesteigerte Krankheitsangst oder Sorge vor bestimmten Bedrohungen haben, vermehrt im Internet. Fällt beispielsweise aufgrund gesteigerter Selbstbeobachtung eine Veränderung am eigenen Körper auf, dann muss man bei Google nicht lange auf einen Termin warten, sondern kann binnen Minuten die eigenen Symptome erforschen. Dort aber gehen die richtigen Hinweise in einer Masse von sehr unterschiedlich fundierten und für die Symptomatik sehr unterschiedlich zutreffenden Informationen unter.

Allerdings: »Die unkomplizierte Online-Recherche birgt auch Gefahren: Denn Dr. Google geht nicht gerade zimperlich mit Diagnosen um. Schnell wird aus einem eingetippten Wehwehchen eine unheilbare Krankheit und viele fühlen sich nach dem Googeln kränker als vorher« – so informiert die Techniker Krankenkasse im Internet zu diesem Phänomen.[1]

Ganz ähnlich kann man sich das auch für andere Wissensbestände und Expertisen vorstellen, bei denen es vielleicht nicht gleich um Leib und Leben geht, die aber auch eine Wichtigkeit mit sich bringen. Die ordnende Hand des Experten ist hier ein wirksames Antidot gegen die toxische Wirkung von zu vielen Informationen.

Nur der klar positionierte Experte mit hohem, fundiertem Fachwissen kann dem Kunden als Orientierungspunkt helfen, sicher durch seine Probleme zu navigieren. Damit wird er für seine Kunden zum Leuchtturm, der seine Position auf Land gründet und diese auch bei heftigem Sturm beibehält. Er ist verlässlich. Und dabei haben eben jene Experten, die sich nicht klar positioniert haben, mit Blick auf die Metapher des Leuchtturms und die beweglichen Schiffe mit ihren Positionsleuchten nicht die orientierende Funktion, die die Kunden suchen.

Experten werden für ihre Zielgruppe nur dann zu einem wertvollen Orientierungspunkt, wenn sie aus der Masse an Informationen und möglichen Deutungsrichtungen einen festen Bezugspunkt für Transformationen des Kunden setzen. Jeder Leuchtturm funktioniert so, dass er an der gleichen Stelle steht und darüber hinaus ein dauerhaft erkennbares Zeichen gibt. Zweimal grün – drei Sekunden Pause – einmal weiß – vier Sekunden Pause – das ist das Lichtsignal eines spezifischen Leuchtturms. So wiedererkennbar, in ihrer Nische standorttreu und durch klare Inhalte und relevante Problemlösungen unterscheidbar sollten sich Experten positionieren.

Wofür steht Usain Bolt? Er ist einer der schnellsten Menschen der Welt und Olympiasieger. Woran ist er erkennbar? An seiner berühmten Geste.

Wenn er sich als TV-Experte zeigt, kann er als Leuchtturm seiner Branche beispielsweise den nächsten olympischen 100-Meter-Lauf mit Autorität kommentieren. Sein Urteil werden die Zuschauer kaum anzweifeln.

Weniger Wissen bringt höhere Honorare

Ihre Kunden werden Sie als Experten zu einem guten Teil auch dafür bezahlen, dass Sie Informationen für sie eliminieren. Das klingt paradox, insbesondere weil viele Experten darum bemüht sind, die eigene Expertise noch zu verfeinern und ihren Kunden ein möglichst breites Bild der Sachlage und möglicher Lösungen anzubieten.

> **Das Inhaltsparadoxon**
> Je mehr Wissensbestände Sie für Ihre Kunden weglassen, desto besser werden Sie bezahlt!

Das Hochstapler-Syndrom ist ein regelmäßiger Begleiter sehr vieler Experten: Die eigene Expertise wird unterschätzt. Insbesondere wenn man in seiner Wissensnische noch nicht höchste Würdigung erfahren hat und vielleicht am Anfang seiner Expertentätigkeit steht – häufig auch, wenn einfach die notwendige Erfahrung fehlt –, dann sorgt man sich manchmal vor neuen Kunden, vor neuen Fragen und neuen Kontexten. Hoffentlich wird man dem Kunden gerecht, hoffentlich bringt er nicht besonders schwierige Fragen oder eine eigene, alternative Expertise mit. Was, wenn der Kunde allzu kritisch ist? Was, wenn man für sein Problem gar keine adäquate Lösung in petto hat?

Als Reaktion auf das Hochstapler-Syndrom wird dann versucht, neues Wissen zu akquirieren und die eigene Expertise immer weiter auszubauen. Den Kunden wird möglichst umfängliches Wissen präsentiert, und mancher Experte versucht sogar, einem Kunden verschiedene Lösungen für seine Probleme zur freien Auswahl zu stellen. Das ist legitim und im Grunde genommen ein richtiger Impuls.

Bauen Sie dieses eigene Wissen auf und aus! Und schauen Sie über den Tellerrand und werden der wissensreichste Experte Ihrer Nische!

Aber »belästigen« oder verwirren Sie Ihre Kunden nicht mit dem ganzen Bild! Diese können Ihr ganzes Wissen zu einer Frage womöglich gar nicht einordnen oder nutzen – und wollen das oft auch gar nicht.

Ein guter Experte findet in der Zusammenarbeit mit seinen Kunden Wege, ihnen die für sie beste Lösung darzustellen und von den Alternativen kaum oder gar nicht zu sprechen. So wird ein guter Experte in der Kommunikation mit seinem Kunden eher darum bemüht sein, seine spezifischen Lösungen für diesen einen Kunden in bessere Bilder, überzeugendere Modelle und anschlussfähigere Geschichten zu verpacken, als dass er seine Darstellung durch mehr und immer noch mehr Informationen anreichern würde.

Manchmal ist ein großartiger Impuls oder gar ein Merksatz für den Kunden mehr wert als ein 250 Seiten langes Fachbuch.

Fachbuch- oder Sachbuch-Experte?

Sie kennen das von sich selbst: Vermutlich lesen Sie lieber Sachbücher als Fachbücher. Die Unterscheidung zwischen diesen beiden Genres ist gar nicht so klar zu fassen, aber wir können uns eine Unterscheidung anschauen, die auch für unser eigenes Expertenbusiness lehrreich ist:

In einem Sachbuch würde ein Experte seinen Lesern wahrscheinlich seine Modelle zu bestimmten Themen vorschlagen und ihnen gute Argumente an die Hand geben, dieser Einschätzung zu folgen. Er ist nicht ideologisch voreingenommen in diesen Fragen, sondern arbeitet durchaus wissenschaftlich mit These, Antithese und Synthese, stellt also eine fundierte Beschreibung von Diskursen auf.

Gleichsam belegt er aber nicht jede These mit einer umfangreichen statistischen Reihe, er vermeidet nachgelagerte Argumente und Gegenargumente, die zwar dem ganzen Bild des Sachverhalts zuträglich wären, für das Ziel des Lesers aber nicht nützlich sind. Wissenschaftliche Diskurse werden dagegen tendenziell eher in Fachbüchern geführt.

Ein Sachbuch will inspirieren und bietet Informationen zur Transformation des Lesers an. Dem gegenüber ist ein Fachbuch darum bemüht, möglichst viele Informationen zusammenzutragen, die alle Eventualitäten und Ausnahmen eines Sachverhalts mindestens auch mit anführen. Das Fachbuch wendet sich somit an ein Fachpublikum.

Sachbücher werden vor allem gelesen, weil sie den Lesern Angebote machen, nicht zuletzt zur Transformation. Fachbücher legen einen Schwerpunkt auf umfassende Information und lassen die Leser mit diesen möglichst vollständigen Informationen allein.

Diese Analogie zu Sachbüchern und Fachbüchern beschreibt gut, warum ein guter Experte oftmals auch einfach Wissen weglassen darf.

In einem Sachbuch würde beispielsweise folgender Tipp stehen: »Halten Sie ihre Hunde von Alligatoren fern; sie könnten gefressen werden.«

In einem Fachbuch würde hingegen zu lesen sein: »Alligatoren sind wechselwarme Reptilien mit einem breiten Verbreitungsgebiet, unter anderem in den südöstlichen Staaten der USA wie Mississippi, Louisiana, Texas und Florida. Sie fressen Säugetiere, Fische, andere Reptilien und Vögel, die sie überwältigen können. Eine Gefährdung ist auch für Haustiere wie Hunde aufgrund des Beuteschemas der großen Krokodile gegeben. Natürlich ist dabei zu berücksichtigen, dass insbesondere kleinere Alligatoren in der Regel nicht in der Lage sind, größere Hunde anzugreifen. Ein Einzelfall ist für die Wissenschaft bis heute nicht sicher einzuordnen: In den 1960er Jahren lebte in Florida ein Dackel über zehn Jahre lang in enger Nachbarschaft mit einem großen Alligator, der sein Jagdrevier auf dem Grundstück einer Ranch hatte. Ein Angriff des Alligators auf den Dackel ist trotz regelmäßiger Begegnungen nicht überliefert, die Gründe für die Passivität der Echse konnten nie abschließend geklärt werden.«

Es lohnt sich wirklich, wenn wir uns einmal selbst überlegen, mit welchem der beiden inhaltlichen Hinweise wir uns als Experte (für Krokodile oder Hunde) in der Handlungsempfehlung für Hundebesitzer wohlfühlen würden. Natürlich ist es gut und richtig, möglichst umfängliche und breite Informationen zu dieser Herausforderung abzugeben. Aber vielleicht ist es auch so, dass man als Experte sehr gut damit leben könnte, seine möglichen Expertise-Interessenten mit der Information leben zu lassen, ihren kleinen treuen Begleiter in Florida einfach immer von größeren Gewässern fernzuhalten.

Der Kunde wird sich bei den Informationen, die ihm ein Experte zur Verfügung stellt, immer fragen: »Was steckt für mich in den Informationen?« »Welche Handlungsempfehlungen kann ich für meine Ziele und meine Sicherheit möglichst klar ableiten?«

Informationen sind nicht der klassische Wert, für den der Kunde bereit wäre, seine Aufmerksamkeit einzusetzen – und damit erst recht nicht der Wert, für den er hohe Honorare zu leisten bereit wäre. Die ordnende Funktion innerhalb der breiten Wissensbestände, die Herausstellung relevanten Wissens und die Strukturierung zu einem funktionalen Modell, dem der Kunde folgen kann, machen aus Informationen ein Wissensprodukt. Häufig zahlt der Kunde auch besonders gern für die entfernten Informationen.

Die Positionierungspyramide

Die notwendige Veredelung des Wissens zur Personal Brand lässt sich in einer Pyramide visualisieren. Insbesondere aufbauend auf den zuvor beschriebenen Sachverhalten, dass besonders honorable Experten auch viel Wissen weglassen, lässt sich anhand dieser Pyramide auch eine erkennbare Reduktion von Wissen im Zuge zunehmender Auswahl, Strukturierung und Modellierung desselben feststellen. Von der Basis zur Spitze der Pyramide sich fortbewegend, werden die Experten immer mehr geschätzt, die Honorare werden immer höher, aber das vermittelte Wissen wird immer weniger:

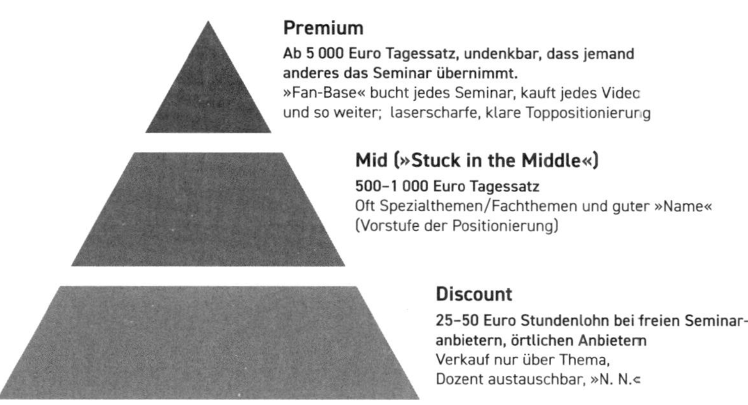

Tagessätze von Wissensanbietern in drei Stufen: Erst mit klarer Premiumpositionierung lassen sich hohe Tagessätze durchsetzen.

Quelle: Eigene Darstellung.

Beliebig austauschbare Experten: Die »Nomen-nominandum«-Falle

Die Basis der Pyramide bildet die amorphe, ungefilterte, wertlose Information in größter Fülle. Dieses Buch hat bereits gezeigt, dass die große Wissensvielfalt das Problem und nicht etwa die Lösung ist. Kunden suchen nicht nach Informationen, sondern nach bewertetem Wissen, das ein Problem für sie löst.

Die wenigsten Probleme lösen Experten als Anbieter von Wissen, wenn sie nicht als Experte bekannt sind. Dann wären das »No-Name-Experten«, eine Einordnung, die der ambitionierte Experte scheuen sollte!

An der örtlichen Institution der Erwachsenenbildung wird beispielsweise ein Kurs für Businessenglisch angeboten. Es ist klar, dass hier die Wissensbestände der Kursteilnehmer im Bereich englischer Businessvokabeln erweitert werden sollen. Damit ist das Feld der Inhalte und so der Problemlösungskreis klar abgesteckt, und es kann auch eine Relevanz für eine bestimmte Zielgruppe deutlich gemacht werden. Der Dozent dieser Veranstaltung wird im zugehörigen Begleitheft der Veranstaltung allerdings nicht genannt. Statt eines Dozentennamens ist »N. N.« (*nomen nominandum* – »Der Name ist noch zu nennen«) vermerkt. Diese lateinische Phrase beschreibt, dass der Name des Dozenten oder der Dozentin hier noch nicht eingetragen werden konnte. Deutlich wird aber auch: Der Name spielt für die Veranstaltung keine Rolle – letztlich ist es unerheblich, wer hier unterrichten wird.

Diese Institution begegnet vielleicht tatsächlich der Herausforderung, dass der Dozent des Kurses noch nicht bekannt ist, weil die Stelle derzeit womöglich noch ausgeschrieben ist oder noch nicht klar ist, welcher der zur Verfügung stehenden Dozenten diese Aufgabe übernehmen kann.

Nachteilig für die Rolle des Dozenten ist jedoch, dass – davon unabhängig – die Veranstaltung bereits beworben wird. Sie ist nur sehr lose an die Funktion des Experten und seine Fähigkeiten geknüpft, und auch die Interessenten werden die Veranstaltung völlig unabhängig davon buchen, wer später unterrichten wird.

Womöglich wissen die Kursteilnehmer, dass sie die Vokabeln für ihr Businessenglisch auch mit einem Buch, einem Youtube-Kurs oder einer Lern-App gut lernen könnten. Sie gehen wohl durchaus davon aus, dass der Kursleiter sie an der einen oder anderen Stelle unterstützen oder verbessern könnte; aber ihre Kursteilnahme und das Interesse an den Wissensbeständen machen sie nicht an seinem Namen fest.

Die Interessenten des Kurses buchen den Kurs dennoch bereitwillig und nehmen die Motivation des wöchentlich wiederkehrenden Kurses zum gern genommenen Anlass, um auch unter der Woche mit ein wenig äußerem, angenehmem Druck fortan Fortschritte beim Vokabellernen zu forcieren.

Sie schätzen die Gruppendynamik, die auch eine motivierende Funktion ausüben kann. Das Wissen, das sie akquirieren wollen, ist breit zugänglich; eine ordnende und sortierende Funktion ist ihnen weniger wichtig. Wenn der Dozent dann noch freundlich und umgänglich ist, umso besser. Sie gehen davon aus, dass an dieser Institution, an der sie für einen niedrigen dreistelligen Eurobetrag nun einige Wochen lang »Wissen einkaufen«, verlässliche Inhalte geliefert werden.

Denn: Eine gut positionierte Institution hat ja einen Namen – nur eben die dort unterrichtenden Dozenten nicht.

Das liegt nicht etwa an einer geringen Wertschätzung der Teilnehmer gegenüber dem möglichen Dozenten. Das liegt einfach daran, dass Businessenglischkurse einen sehr austauschbareren Wissensbestand darstellen, dem bezüglich der Rolle des Dozenten kaum eine sinnvolle Funktion der Sortierung oder Filterung zugeordnet wird.

Die Einschätzung gegenüber den Fähigkeiten des Dozenten durch die Teilnehmer ist damit neutral. Natürlich kann ein guter Dozent mit anschaulichen Beispielen, muttersprachlichen Kenntnissen, eindrücklichen Dialogen und einer einnehmenden Persönlichkeit den Lernerfolg an dieser Stelle unterstützen – aber er wird immer nur auf einen unsortierten Fundus an Wissensbeständen zurückgreifen.

Die weltweit stärksten Personal Brands dagegen können abenteuerliche Preise durchsetzen, die zwar Wissen als selbstverständlich voraussetzen, deren Honorare aber ausschließlich von ihrer Personal Brand getragen werden.

Ein Businesskurs bei Sir Richard Branson, einem der erfolgreichsten Serien-Unternehmensgründer der Welt und Milliardär, dürfte einen fünfstelligen Betrag kosten – wenn er angeboten würde. Der Inhalt träte gegenüber der Person Branson in den Hintergrund. Ein Mittagessen mit der Investment-Legende Warren Buffett wurde sogar für 19 Millionen

Dollar versteigert, berichtete die *Frankfurter Allgemeine Zeitung*[2] – einschließlich des einen oder anderen Aktientipps vermutlich.

An der Basis der Positionierungspyramide werden diese Beträge *nicht* gezahlt.

Fachexperten ohne eigene Personal Brand verdienen gute, aber keine hohen Honorare

Fachleute auf der nächsten Wissensstufe können zwar gute, aber eben auch noch keine sehr hohen Honorare durchsetzen; und sie schauen oft nach oben, weil sie mit ihrem Status quo unzufrieden sind.

Es lohnt ein Blick auf Fachleute, die zwar mit oft großem Wissen arbeiten, aber als reine Wissensarbeiter wie etwa Berater oder Anwälte wahrgenommen werden.

Ein Fliesenleger beispielsweise hat in einer mehrjährigen Ausbildung sein Handwerk gelernt und über Jahre darin Wissen und Erfahrung erlangt. Seine Kunden beauftragen ihn aufgrund seines Wissens, seines guten Rufs und wegen seiner jahrelangen Erfahrung in der Anwendung dieses Wissens. Andererseits könnte jeder halbwegs handwerklich begabte Mensch Fliesen selbst legen – dazu gibt es ja Baumärkte.

Ein Kunde rechnet oft pragmatisch: Er würde für eine Arbeitsstunde eines Fliesenlegers, der mit all seiner Expertise in drei Stunden zwei Räume fliesen kann, pro Stunde vermutlich mehr zahlen als für einen Kurs an der Abendschule, bei dem er selbst die Grundlagen des Fliesenlegens erlernt. Selbst wenn den Teilnehmern eines solchen Kurses klar wäre, dass sie in einigen Dutzend Stunden das ganze Wissen präsentiert bekämen, das sie brauchen, um zukünftig Fliesen legen zu können, so wüssten sie, dass ihnen das reine Wissen an dieser Stelle nur unzureichend weiterhelfen würde.

Unter Umständen sehen potenzielle Interessenten eines solchen Kurses sogar, dass sie die große Menge verfügbaren Wissens über das Fliesenlegen gar nicht benötigen. Und dass sie all das gar nicht wissen wollen! Verlegt man Fliesen über einer Fußbodenheizung anders als an Orten, an denen eine solche nicht vorhanden ist? Vermutlich haben die Interessenten nur eines der beiden Szenarien bei sich zu Hause. Das Wissen über den alternativen Fall ist für sie vollkommen uninteressant und sogar störend. Ein Kurs allerdings, der auf alle Eventualitäten mit reichlichen Wissensbeständen vorbereiten wollte, müsste aber sehr wohl beide Fälle abhandeln.

Deutlich wird: Relevantes, anwendbare Wissen schlägt breites, aber unnützes Wissen! Und die Kunden verlangen mit zunehmender Komplexität der Aufgaben nach weniger Informationen.

Das Fliesenleger-Theorem: Kunden überschauen gar nicht, welche Baustellen bei einer Problemlösung seitab entstehen können

Vielleicht erkennen Sie sich im folgenden Beispiel wieder, im »Fliesenleger-Theorem«, das sich weit über dieses Beispiel hinaus in so ziemlich jedes Fachgebiet übersetzen lässt. Sie können es für Ihr eigenes Wissensbusiness verwenden, um Ihrem Kunden Ihre Wertschöpfung und Problemlösungskompetenz darzulegen und zu verkaufen.

Ein Handwerker gibt ein Angebot ab für das Fliesenlegen in zwei Räumen. Er sagt, dass das 1000 Euro kosten würde, zuzüglich des Materials. Der Kunde entschließt sich, dieses Geld sparen zu wollen und schlägt vor, die Tätigkeit selbst zu übernehmen.

Der Fliesenleger fragt den Kunden nun, ob er denn wisse, wie er die Fugen gleichmäßig einsetzt, schließlich bestimme das wesentlich über die Optik des Endergebnisses. Es sind die Fugen und nicht die Fliesen, die hinterher dafür sorgen würden, dass alles gerade und professionell aussieht; fast schon sei er, der Fliesenleger, gar kein Fliesenleger, sondern eher ein Fugenleger. Das wisse nur kaum jemand, der nicht selbst Experte sei oder es schon einmal selbst probiert habe. Weiter erklärt er, dass das Details seien, die man als Laie geneigt wäre, zu vernachlässigen.

Nein, das wisse er nicht, entgegnet der Kunde.

Kein Problem, sagt der Handwerker, und fügt freundlich hinzu, dass er dem Kunden das gern beibringen würde. Er würde ihm das fünf Stunden lang zeigen und ihm dafür 80 Euro pro Stunde aufschreiben – er sei schließlich Meister. Seine besten Lehrlinge hätten in der Vergangenheit in dieser Zeit einigermaßen gelernt, wie man halbwegs schöne Fugen hinbekommt. Der Kunde freut sich, dass er immer noch so eine deutliche Einsparung gegenüber dem Kostenvoranschlag aus dem Angebot des Handwerkers erzielen würde.

Nun fragt der Experte, ob der Kunde sich denn schon für einen Fliesenkleber entschieden hätte. Im Baumarkt gäbe es mindestens zehn verschiedene Produkte, und er müsste ja auch einen haben, der das Versprechen, auch über der vorhandenen Fußbodenheizung genügend dehnbar zu sein, tatsächlich im schweren Alltag des Handwerks unter Beweis stellt. Der Kunde soll sich hier nicht von Produktversprechen täuschen lassen, denn er habe ja nun einmal nicht die notwendige Erfahrung.

Das verunsichert den Kunden jetzt allerdings.

Daraufhin fragt der Handwerker, ob der Kunde denn einen hydraulischen Fliesenschneider, eine Laseroptik zur Ausrichtung und eine Kelle hätte. Zudem bräuchte er noch Fliesenkreuze, um die Abstände gut hinzubekommen, und weiteres Kleinmaterial.

Das könne der Handwerker ihm gern verleihen; und weil er davon ausgeht, dass der Kunde aufgrund mangelnder Erfahrung und einiger lehrreicher Fehler länger für das Projekt brauchen würde als er selbst, würde er 200 Euro pro Tag für insgesamt fünf Tage für den Verleih veranschlagen.

Nein, das sei zu teuer, sagt der Kunde, schließlich würde das ja bereits den Rahmen des Kostenvoranschlags des Handwerkers übersteigen.

Der Handwerker bleibt ungerührt und fragt den Kunden, ob er sich denn schon um die Fliesen als solche gekümmert habe. In seinem Kostenvoranschlag habe er die Fliesen natürlich mit seinem Großabnehmerpreis beim Großhändler kalkuliert. Einzelabnehmer müssten mit ungefähr 30 Prozent höheren Preisen für die exakt gleiche Fliese rechnen.

Der Handwerker fügt jedoch hinzu, dass der Kunde sich auch Gedanken darüber machen solle, dass er beim Entfernen der alten Fliesen gegebenenfalls etwas beschädigen könnte.

Er fragt, ob der Kunde denn gegen einen solchen Fall versichert sei. Und er, der Kunde, solle dazu besser bei seiner Versicherung nachfragen.

Das Fliesenleger-Theorem zeigt: Kunden zahlen bei Fachleuten nicht nur für das reine Wissen und für Information, in diesem Beispiel also für das Verlegen von Fliesen. Sie zahlen auch für bestimmte Instrumente und Werkzeuge, die die Experten nutzen. Sie bezahlen für die vertieften

Fachkenntnisse der Experten, genauso wie für das Wissen, wie sich bestimmte Prozesse effizient und zielorientiert abbilden lassen.

Sie zahlen auch für die »Versicherung« (wörtlich und als Bild zu verstehen), dass die Experten bestimmte Herausforderungen und Gefahren kennen und ihre Kunden dagegen absichern können. Sie zahlen ferner dafür, dass die Experten wissen, welche Handgriffe und welche Werkzeuge an welcher Stelle eines Prozesses zur Anwendung kommen sollten, und dass sie eine gute Übersicht haben, in welcher Reihenfolge ein Prozess durchgeführt werden muss. Sie zahlen für Effizienz in der Zielerreichung und letztlich auch für Fehler, die der Experte in der Vergangenheit bereits selbst gemacht oder bei anderen gesehen hat.

Und sie zahlen für Wissen, das weggelassen wird!

In Ihrem Wissensverkaufsprozess sollten Sie Ihren Kunden das unbedingt kundtun – weil das Ihrem jeweiligen Kunden sonst unklar bleibt.

Kunden beauftragen Fachleute damit für einen Prozess, den sie eventuell sogar mit viel Zeit, Recherche und großer Bereitschaft zu eigenen Fehlern günstiger hinbekommen könnten. Aber Fachleute bieten Abkürzungen, Sicherheit und am Ende eben vor allem eine fertige Problemlösung – hier in unserem Beispiel komplett verlegte Fliesen.

Höchster Wertzuwachs bei den Personal Brands

Fachleute können für Dienstleistungen in der Regel deutlich höhere Honorare als No-Name-Experten verlangen. Das liegt daran, weil sie eben bereits einiges in die Waagschale werfen können, und damit durchaus erfolgreich einen höheren Preis ihrer Arbeit rechtfertigen.

Allerdings sind auch solche Fachleute oft austauschbar wie ein Fliesenlegermeister; zwar nicht mehr gegenüber dem einfachen Laien oder einer großen Zahl an Mitbewerbern, aber sehr wohl noch durch eine recht große Zahl ähnlich qualifizierter Experten. Im Bereich der Wissensexperten können solche Facharbeiter dennoch Honorare zwischen 1000 Euro und in einigen Fällen (zum Beispiel als hochbezahlte Interims-Geschäftsführer) 5000 Euro als Tagessatz abbilden.

Sehr viel höhere Tagessätze werden erst durch die oberste Ebene der Pyramide erreicht. Hier tritt zu den Inhalten eine starke Personal Brand hinzu.

Auch Experten, die nicht selbst Hand anlegen, sondern eher mit ihrer reinen Expertise in bestimmten Bereichen glänzen können, müssen sich die Frage stellen: Bin ich als Experte vor allem relevant, weil ich gegenüber dem Laien und etlichen andere Menschen einen Wissensvorsprung habe und über ein Alleinstellungsmerkmal (englisch »USP« für *Unique Selling Proposition*) im Bereich des anwendbaren Wissens verfüge – oder kann ich durch andere Fachleute recht gut ersetzt werden, die beispielsweise die gleiche Ausbildung und die gleiche Erfahrung haben wie ich? Oder, fast am bedrohlichsten, kann ich wirklich mehr als der Wettbewerb, habe ich Alleinstellungsmerkmale und löse Probleme am besten – aber kein Kunde erfährt es?

Der reine Status des Fachmanns oder der Fachfrau ist schließlich nur die mittlere Stufe der Pyramide und als solche in ihrer Außenwirkung auf die Möglichkeit, hohe Honorare durchzusetzen, deutlich im Nachteil gegenüber jenen Experten, die ihren eigenen Expertenstatus und alle auszeichnenden Funktionen so sehr weiter ausgebildet haben, dass sie für Interessenten und Kunden erkennbar die höchste Stufe der Pyramide darstellen.

Tim Mälzer ist ein bekannter Fernsehkoch. Die Qualität seiner Arbeit zeigt sich erkennbar in seiner Kunst, gut kochen zu können. Gleichzeitig kokettiert Mälzer beispielsweise in seinen Fernsehsendungen gern damit, dass er es keineswegs mit allem Wissen und der spezifischen Expertise von Sterneköchen aufnehmen könne. Mälzer selbst ist kein Sternekoch, was in seiner Branche eine hochgradig anerkannte Auszeichnung und damit ein Qualitätssignal wäre. Er weiß manches nicht, kann manches nicht und – am wichtigsten (!) – tut manches nicht!

Rein inhaltlich betrachtet muss man feststellen, dass Mälzer den besonderen Status, den er in der öffentlichen Wahrnehmung als Star hat, nicht dadurch rechtfertigen kann, wesentlich besser kochen oder viel besser unternehmerisch tätig sein zu können als viele seiner Fachkollegen.

Und dennoch muss man sich als Kunde, um bei ihm in einem seiner Restaurants einen Platz zu bekommen, mit langen Wartezeiten arrangieren. Offensichtlich hat es einen ganz eigenen Wert, in einem jener Restaurants essen zu gehen, die von dem bekannten Fernsehkoch mit starker Marke geführt werden.

Und das, obwohl davon ausgegangen werden kann, dass die Rezepte dort höchstens von ihm inspiriert sind, aber selten von ihm persönlich gekocht werden. Offenkundig ist seinen Gästen, mal mehr und mal weniger, auch die Geschichte etwas wert, in einem Restaurant von Tim Mälzer essen gegangen zu sein und davon berichten zu können. Schließlich strahlt die starke Marke des bekannten Fernsehkochs nicht nur auf seine Restaurants und seine Angestellten, sondern auch auf seine Kunden ab. Mälzer ist durch seine mediale Präsenz und seine schillernde Persönlichkeit so einzigartig, dass selbst ein Sternekoch mit mehr Fähigkeiten und einer anerkannten Auszeichnung seiner Kochkunst Mälzer nicht ersetzen kann.

Das Beispiel Tim Mälzer zeigt: Die starke Marke schlägt *selbst* hohe inhaltliche Kompetenz. Letztere setzt ein Kunde als Selbstverständlichkeit eher voraus, als dass er sie zum ausschlaggebenden Kriterium erheben würde.

Einigen Persönlichkeiten gelingt es offenbar besser als anderen, dass ihr Name eindeutig mit höchster Expertise und dieser besonderen Strahlkraft in ihrer Nische assoziiert wird.

Stefanie Stahl ist ausgebildete Psychologin – so wie sehr viele andere ebenfalls. Sie hat jedoch mit ihrem großen Buchbestseller *Das Kind in dir muss Heimat finden* einen solch starken Markenwert im Zentrum ihrer eigenen Personenmarke platziert, dass sie damit unauflöslich als eine der größten Expertinnen für bestimmte Herausforderungen ihrer Nische steht. Ihr überragender Erfolg des mehrere Millionen Male verkauften Nummer-eins-Bestsellers begründet ihre höhere Positionierung gegenüber den reinen Fachleuten ihrer beruflichen Nische. Und diese Expertenpositionierung muss nicht einmal an einen Fachbereich geknüpft sein – vermutlich ist das reine Wissen, das Stefanie Stahl vermittelt, auch von anderen Psychologen zu erfahren.

So ist Titus Dittmann einer der bekanntesten deutschen Skateboardfahrer – kein klassischer akademischer Beruf – und zugleich erfolgreicher Unternehmer. Dadurch ist Titus Dittmann weit über seinen Themenbereich hinaus eine Personenmarke geworden.

Dittmann hat seine frühere Liebe für den Skateboardsport, die er als Lehrer in einer Skateboard-AG zum ersten Mal mit anderen Menschen teilte, in ein Business überführt. Ende der siebziger Jahre war er »Early Adopter« der Skateboardbewegung, die aus den USA herüberzuschwappen begann, und beschaffte für eine neue Zielgruppe als einer der Ersten in Europa das notwendige Equipment. Er flog dafür regelmäßig nach Kalifornien und besorgte von dort Skateboards und weiteres Zubehör.

Im Jahr 1980 öffnete Dittmann den ersten deutschen Outdoor-Skatepark und gründete ein Skateboard-Showteam, das erste in Europa. Danach organisierte er Halfpipe-Contests und andere Veranstaltungen, die er zu großen und gut besuchten Veranstaltungen machte.

Das dahinterstehende Unternehmen führte er zu großem Erfolg, auch wenn ein Abebben der Skatebordbegeisterung in den Neunzigern ihn unternehmerisch vor Herausforderungen stellte. Neben seiner über Jahrzehnte andauernden Präsenz und seiner unternehmerischen Qualität war es vor allem auch die Tatsache, dass Dittmann internationale humanitäre Kinder- und Jugendprojekte förderte und dieses Engagement mit dem Skateboardsport unter medialer Aufmerksamkeit verband. Daneben waren es einige Fernsehauftritte in Infotainment- und Talkshowformaten, die seine Personenmarke weiter stützten.

Dittmann ist interessant, weil er dem typischen Unternehmerklischee so gar nicht entspricht. Er ist – ähnlich wie Richard Branson – eine unangepasste und damit auch charismatische Marke, gründete in seiner Schaffenszeit knapp 100 Unternehmen und gilt heute als Vater der deutschen Skateboardszene.

Nie trug er allerdings Anzug, sondern stattdessen Baggy Pants und Caps. Für sein Schaffen als Unternehmer erhielt Titus Dittmann 2013 den Sonderpreis des Gründerpreises in Deutschland. Die Preisverleihung wurde im ZDF übertragen. Und 2021 konnte das Bundesverdienstkreuz am Bande sein bisheriges vielfältiges Engagement krönen.

Vielleicht würde sich Dittmann – an reinen Unternehmenskennzahlen gemessen – unter einer Vielzahl deutscher Mittelständler wiederfinden, die ähnlich erfolgreich ein Unternehmen aufbauen konnten. Aber seine besondere Personenmarke, die der Skateboardszene weit entwachsen ist, öffnet ihm heute andere Türen und schafft eine andere Aufmerksamkeit für sein unternehmerisches Tun und seine Person. Dittmann ist inhaltlich gut – aber vermutlich nicht der beste Unternehmer oder Weltmeister im Skateboardfahren, aber er ist eine schillernde Persönlichkeit.

Das Phänomen, dass eine Personenmarke das eigentliche Wirken überstrahlt und das dort enthaltene Wissen hebeln kann, ist auch in anderen Kontexten weit verbreitet. Ein neuer Film mit Brad Pitt beispielsweise gilt in Hollywood als Garant hervorragender Besucherzahlen in den Kinos. Gleiches schafft eine neue Regiearbeit von Quentin Tarantino, der als Person und Künstler so viele Fans hat, dass ein neuer Tarantino-Film ein sicherer Erfolg wird. Wo der Schauspieler oder Regisseur eigentlich hinter seiner Rolle und Funktion völlig verschwinden sollte, weil das die Kunstform des Filmes so erfordert, wird hier die Personenmarke zum wichtigsten Erfolgsfaktor.

Tarantino ist Regisseur, so wie viele andere auch in Hollywood, wo es sicher mehr arbeitssuchende Regisseure und Schauspieler gibt als Stars ihrer Branche. Aber Tarantino hat klare Markenzeichen wie etwa besondere Drehbücher, gekonnt ausgewählte Filmmusik, abstruse Szenen, wahrlich nicht jugendfreie Dialoge und nicht zuletzt eine Vorliebe für die Darstellung besonderer Brutalität in epischer Länge – und das lieben seine Fans und wissen, dass sie es bei ihm sicher finden. Einen Tarantino-Film erkennt ein Fan auch ohne Vorspann.

Billig oder exklusiv – dazwischen ist es hart!

Das vorgestellte Modell der Pyramide lässt die Schlussfolgerung zu, dass es mit einem Aufstieg in der Pyramide leichter würde, mehr Umsatz zu erwirtschaften. Das ist im Hinblick auf höhere Honorare durchaus richtig.

Allerdings ist die Annahme, dass es in Märkten in den unteren Stufen automatisch weniger lukrativ sei, um dort als Anbieter tätig zu sein, aus allgemeiner wirtschaftswissenschaftlicher Sicht so nicht zu halten. Mit sehr günstigen Angeboten erfolgreich zu sein, kann eine Alternative zum Streben nach hohen Honoraren sein. Das ist zunächst theoretisch korrekt, im Bereich der Experten und Wissensarbeiter jedoch an Bedingungen geknüpft, die Sie als Experte kaum erbringen können oder wollen. Weil immer wieder Anbieter dazu verleitet sind, dennoch auch in den unteren Stufen der Pyramide ihr Glück zu suchen, lohnt ein Blick auf die Zusammenhänge der dortigen Marktchancen.

Preisleitfunktionen für Wissensanbieter

Unser Beispiel des Englisch-Dozenten an einer Institution der Erwachsenenbildung zeigt: Die geringe Verknüpfung der Veranstaltung mit seiner expliziten Expertise wird dafür sorgen, dass er sich im Preisduell mit anderen Dozenten befindet. Ein billigerer Wissensanbieter hat gute Chancen, bei gleichen Inhalten und gleicher Qualifikation den Zuschlag zu bekommen. Der Preis ist hier wesentliches Kriterium der Marktchance für den günstigen Dienstleister, weil das Wissen vorhanden und im leichten Zugriff ist und wenig davon geordnet und weggelassen werden muss.

Dieses Phänomen ist in der Wirtschaft weit verbreitet. In den allermeisten Märkten, in denen viele Anbieter um die Gunst der Kunden werben, gibt es teure, mittelpreisige und günstige Produkte. Ein Blick in den Supermarkt unseres Vertrauens schärft sofort den Blick für Beispiele: Brot, Butter, Milch, Speiseöl und Mehl sind Produkte mit einer erkennbaren Preisleitfunktion – Kunden haben zu diesen Produkten jeweils eine gute Vorstellung, was sie kosten dürfen. Und diesen Preis haben ebenso Aldi, Lidl sowie auch die mitunter als höherwertig positioniert geltenden Supermarktketten wie Rewe oder Edeka mit ihren Hausmarken im Blick. Der Kunde orientiert sich an diesen Produkten und schätzt anhand derer ein, ob der Supermarkt als eher teuer oder eher günstig wahrgenommen wird.

Andere Produkte haben diese Preisleitfunktion nicht. Wissen Sie, was 100 Zahnstocher oder eine Box mit Gummibändern im Supermarkt kosten? Und hätten Sie sofort ein Gefühl, was man dafür bei der jeweiligen Konkurrenz ausgeben müsste?

Die eben genannten Basisprodukte mit Preisleitfunktion sind vor allem eines – sie sind vergleichbar. Kunden erwerben diese Produkte regelmäßig, weil sie in vielen Haushalten zu den Grundnahrungsmitteln zählen und zu vielen weiteren Produkten in der Küche weiterverarbeitet werden. Daher kaufen die Kunden immer wieder diese Produkte und können Preise mit bisherigen Einkäufen und solchen in anderen Geschäften schnell vergleichen. So haben sie eine Preisintuition für Milch und Brot entwickelt, aber eben nicht für Zahnstocher und Gummibänder.

Das *Handelsblatt* hat darüber berichtet. Dort wurde festgehalten, dass in vielen Märkten zwei Produkte besonders gut funktionierten: No-Name-Nudeln sowie bekannte, hochpreisige Marken wie Barilla. Alle Produkte, die sich zwischen diesen beiden einordnen mussten, also eigentlich die goldene Mitte darstellen könnten, wurden laut Branchenauswertungen wenig gekauft.[3]

Insbesondere die Eigenmarken der Supermarktketten und bestimmte andere günstige Nudelsorten boomten und brachten ihren Herstellern auch in schwierigen inflationsgezeichneten Märkten saftige Gewinne. Damit lässt sich auch die These entkräften, dass im Bereich der niedrigen Preisangebote kein guter Gewinn zu machen sei. Hierfür müssen Sie aber extrem skalenfähig sein, um in diesem Bereich überleben zu können. Denn Sie müssen, weil sie pro Produkt wenig Gewinn erzielen, eben sehr große Mengen davon verkaufen!

Das hilft Ihnen als Wissensanbieter jedoch nicht – denn Ihr Stundenlohn ist nun einmal nicht skalenfähig, wenn Sie an der Abendschule unabhängig davon bezahlt werden, wie viele lernwillige Interessenten an Ihrem Businessenglischkurs teilnehmen.

Vorsicht, Falle: Das Porter-U

Eine Lösung liegt in der Digitalisierung und anschließenden Skalierung Ihres Wissens, zum Beispiel in Form einer Masterclass.

Es wird aber auch klar: Sich als bekannter und gut gebuchter Anbieter der mittelpreisigen Angebote der eigenen Expertennische etablieren zu wollen, weil man nicht der billigste, aber auch nicht der exklusive Anbieter sein kann oder will, muss zumindest aus wirtschaftswissenschaftlicher Sicht als problematisch angesehen werden.

Hinter dieser Beschreibung von verschiedenen Angeboten in Märkten steht eine Theorie, deren grundlegendes Modell als sogenanntes Porter-U verbreitet ist.[4] In Porters Modell werden zwei Sorten von Angeboten beschrieben, die besonders erfolgreich sind: hochpreisige, exklusive Produkte (»Spezialisten«) und solche, die besonders günstig sind, aber dadurch eben auch in besonders großen Mengen ihre Produkte im Markt absetzen (»Generalisten«).

Die Theorie vom Porter-U zeigt dabei eine Gruppe von Verlierern in solchen Märkten: die Anbieter, die sich weder besonders günstig und dafür in großen Skalen verkaufen, noch für besonders hochwertige und dadurch mit besonders guter Umsatzrendite verbundene Produkte entscheiden wollen.

Diese Falle, die Porter als »Stuck in the Middle«, also gefangen in der Mitte, bezeichnet, sollten Sie vermeiden. Es ist erkennbar, dass Experten, die weder besonders hochwertige Beratungsdienstleistungen ihren Kunden gegenüber attraktiv machen können, noch solche, die durch den besten Preis infrage kommen, es schwierig haben werden, von den Kunden in Betracht gezogen zu werden.

Günstige Produkte können aus ihren Grundprodukten in großen Mengen hergestellt werden. Dabei lassen sich im Einkauf und in der Produktion deutliche Kostenvorteile schaffen. Mit einer immer größer werdenden Menge an Produkten, die verkauft werden, wird auch der Preis des einzelnen Produktes in der Produktion bis zu einer bestimmten Grenze gedrückt. Auch wenn an einer Tüte Nudeln auf dem Weg bis zum Endverbraucher vielleicht nur ein Cent oder weniger an Gewinn übrigbleibt, ist das für den Nudelhersteller bei Millionen Tonnen von Nudeln im Jahr noch ein lukratives Geschäft.

Leider kann der Dozent an der Abendschule in der Regel nicht auf solche Effekte bauen. Eine Reduktion des Preises ermöglicht ihm zwar vielleicht sogar einen ebenfalls besseren Zugang zum Markt; er kann vielleicht den Auftrag als Kursleiter für Businessenglisch tatsächlich ergattern. Aber er wird für seinen Unterricht auch nur einen geringen Stundenlohn verlangen können. Und weil die Erbringung dieser Dienstleistung an seine Person gebunden ist, ist sie nicht gut skalierbar, ohne dass der Englischlehrer den eigenen Burn-out riskieren müsste.

Für Experten steht im Porter-U letztlich weder der Mittelbereich des durchschnittlichen Preises noch der Bereich der Dumpingpreise als Option offen.

Niedrige Honorare schaden Ihrer Personal Brand

Dennoch ist es immer wieder zu beobachten, dass insbesondere Dienstleister, die als Freiberufler tätig oder auf Honorarbasis beschäftigt sind, sich der Einschätzung ergeben, dass sie sich mit anderen Anbietern in einen Preiskampf begeben müssten. Sie denken, dass sie mit gewissen Optimierungen und Effizienzvorteilen den eigenen Gewinn zwar nicht bei den Preisverhandlungen, aber wenigstens dann bei der Leistungserbringung steigern könnten, und dass sie damit irgendwie über die Runden kämen und trotzdem ihren eigenen Weg zu einem angesehenen Expertenstatus ebnen könnten.

Sie versuchen zunächst einen Fuß in die Tür zu bekommen. Sie sind vielleicht besonders fleißig und optimieren die Inhalte ihrer Dienstleistungen, machen viele 08/15-Inhalte zu ihrem Geschäftsmodell und damit auch Abstriche bei der eigenen Qualität, um dafür mehr Stunden anbieten zu können.

Damit segeln Wissensanbieter hart an der Grenze zur Unzufriedenheit ihrer Kunden – und weil sie ihren eigenen Qualitätsansprüchen hinterherhinken, sinkt auch ihre eigene Zufriedenheit.

Anbieter, die mit der Zeit feststellen, dass das nicht der richtige Weg für sie ist, versuchen die Preise zu erhöhen, legen dabei aber zu wenig Augenmerk auf die Herausforderung, die eigene Exklusivität des Angebots auch hinreichend zu betonen und die eigene Personenmarke entsprechend zu entwickeln, dass die Kunden auch Exklusivität erkennen.

Sie werden also teurer, vergessen dabei aber, die Qualität beziehungsweise die Exklusivität zeitgleich zu erhöhen. Wer so agiert, der hangelt sich aus dem Niedrigpreissektor in die Falle des Stuck-in-the-Middle-Problems.

Da Kunden kulturell erlernt haben, niedrige Preise mit geringer Qualität zu verbinden, schaden Sie Ihrer Personal Brand massiv durch niedrige Preise.

Wissensanbieter können hier von Luxuskleidermarken lernen. Diese fürchten Schnäppchen und Preisreduktionen. Während im unteren und auch mittleren Preissegment Sommer- und Winterschlussverkauf nicht nur üblich sind, sondern von preissensitiven Kunden sogar herbeigesehnt werden, finden Preisnachlässe im Luxussegment nicht statt.

Die Verlockung wäre vermutlich auch hier groß, durch Rabattaktionen einen kurzfristigen Mehrumsatz in den Bilanzen realisieren zu können. Die großen Luxuskleidungsunternehmen wie Kering (mit den Marken Gucci, Balenciaga, Yves Saint Laurent und vielen weiteren) und

LVMH (Louis Vuitton, Dior, Givenchy) sind börsennotierte Unternehmen und unterliegen damit auch dem Shareholder-Value-Grundsatz.

Vor allem die Markenartikler stehen dabei in einem Zielkonflikt: kurzfristige Gewinn contra langfristigem Markenwert. Es wäre zweifelsohne auch für Kering und LVMH verlockend, kurzfristig hohe Gewinne durch Rabatte einzufahren und diese in ihren Bilanzen aufzuführen. Langfristig würde das aber dem Markenimage und damit den Aktionären schaden.

Die Luxusmarkenhersteller entscheiden sich daher regelmäßig für die langfristige Strategie. Nicht nur, dass es keine Preisrabatte gibt; vielmehr werden überschüssige Waren, die nicht mehr zum Normalpreis abverkauft werden können, teuer vernichtet. Die Luxusmarke Burberry beispielsweise verkauft Trenchcoats für etwa 2000 Euro und hat in einem vom ORF für eine Reportage untersuchten Geschäftsjahr rund 32 Millionen Euro für das Vernichten von unverkaufter Ware ausgegeben.[5]

Das Beispiel LVMH zeigt, dass der Fokus auf langfristigen Markenwert sich sehr wohl rechnet. Das Unternehmen war zeitweise das nach Börsenwert teuerste Unternehmen Europas.[6] Viel beeindruckender: Das Unternehmen erzielt aufgrund der Vermarktung seiner Luxusprodukte eine außergewöhnlich hohe Umsatzrendite zwischen 15 und fast 20 Prozent.[7]

Die Luxushersteller können Ihnen hier als Inspiration für Ihre Personal Brand dienen: Lehnen Sie eher einen allzu niedrigen Auftrag ab, als sich weit unter Wert zu verkaufen. Schnelles, aber viel zu günstiges Honorar ist wie ein süßes Gift.

Das »Min-Max-Prinzip«: Preisfallen lauern in zahlreichen Geschäftsfeldern

Der einseitige Blick auf den Preis hat in vielen Geschäftsfeldern tiefe Auswirkungen auf die Angebotsvergabe bekommen.

Im Vergabewesen der öffentlichen Hand werden beispielsweise eine inhaltliche und eine preisliche Komponente bei der Auftragsvergabe herangezogen. Künstler und Anbieter von kreativen Erzeugnissen in der recht großen und immer häufiger im Existenzkampf befindlichen Szene freier Künstler wissen, dass sie regelmäßig Angebote für Ausschreibungen der öffentlichen Hand einreichen müssen.

Sie schicken ein Angebot für einen Workshop oder ein künstlerisches Angebot; und die öffentliche Hand bittet dann um etwas Geduld, weil sie noch zwei Vergleichsangebote einholen muss. Ganz ähnlich wird mit Handwerkern und etlichen weiteren Dienstleistern verfahren, die Leistungen für Behörden erbringen wollen.

Die öffentliche Hand ist ein besonders gutes Beispiel des dahinterstehenden Strebens, sprich dem »Min-Max-Prinzip«, weil hier ein Wunsch aller Kunden institutionalisiert wurde: Maximale Ausbeute an (Dienst-) Leistung für einen minimalen Preis zu bekommen. Auch andere Anbieter kennen das Prinzip natürlich, dass der Kunde zunächst den Markt sondiert.

Gerade bei institutionalisierten Vergabeprozessen gibt es in der Regel jedoch insbesondere bei den Künstlern eine Klausel, die dieses für alle etwas unangenehme Procedere umgeht: Wenn die künstlerische Qualität der Dienstleistung, wie vom Kunden gewünscht, anderswo nicht erbracht wird und einzigartig ist, dann kann das übliche Vergabewesen begründet umgangen werden. Wenn es das künstlerische Angebot oder die Dienstleistung nur bei diesem Anbieter in dieser Form gibt, können natürlich auch keine Vergleichsangebote eingeholt werden, und es darf nach der vernünftigen Einschätzung der Inhalte beauftragt werden.

Kann die Leistung des Künstlers, und im übertragenen Sinne dann auch des Facharbeiters oder Experten, nur durch ihn erbracht werden, so kann im Einzelfall der Faktor des Preises für die Entscheidung ausnahmsweise ausgeklammert werden.

Dieser Effekt gilt selbstverständlich überall am Markt – nicht nur für die öffentliche Hand!

Wenn Sie es somit schaffen, dass der Kunde für das Angebot, das Sie ihm machen, keine einfach zugängliche Referenzgröße kennt, auf die er eine Einschätzung des Preises beziehen könnte, so haben Sie automatisch bessere Möglichkeiten, hohe Honorare zu erzielen. Diese Besonderheit des Angebotes können Sie dadurch schaffen, indem Sie eine besonders enge Nische für Ihre Dienstleistung finden oder erfinden.

Die Besonderheit des Angebotes kann aber auch dadurch entstehen, dass in einem eigentlich vergleichbaren Bereich einige Besonderheiten hinzugefügt werden. Und das kann, neben vielen anderen Faktoren, vor allem auch eine Personal Brand sein, die Sie als Anbieter für sich erschaffen. Diese Personal Brand ist idealerweise einzigartig.

Auch günstige Angebote machen Experten vermögend

Als Experte ein preisgünstiger Anbieter mit großem Erfolg zu sein, ist, wie das Porter-U zeigt, problematisch. Diese Strategie kann dazu führen, dass Sie als Experte für ein konkret verhandeltes Honorar arbeiten und höchstpersönlich Ihre Expertise einbringen, dabei aber nur geringe Honorare durchsetzen können.

Vor allem im Niedriglohnsektor beziehungsweise im Niedrig-Honorar-Sektor wird oft ein Stundensatz vereinbart.

Jedoch: Viele hoch bezahlte Experten setzen statt auf einen Stundenlohn auf ein zeitunabhängiges Fixum.

So gibt es Coaches, die ihren Kunden zu »mehr Selbstvertrauen« oder einer »selbstbewussten Bühnenpräsenz« verhelfen. Oder Therapeuten, die eine »glücklichere Partnerschaft« zum Ziel der Therapie erheben. Dann Fitnesstrainer, die ein »besseres Körpergefühl« versprechen. Wie messen sie das? Wann ist das »fertig«? Aber, und hier machen wir uns das zunutze: Sie können Ihre Dienstleistungen ebenso als fertiges Gesamtpaket anbieten, statt ein Stundenhonorar zugrunde zu legen.

Im Bereich niedriger Honorare wird vielmehr ein Augenmerk darauf gelegt, die Leistung des Experten besonders messbar und vergleichbar zu machen. Wenn der Experte erscheint und sein Pensum erfüllt, kann er am Ende des Monats seinen Stundenzettel abgeben und erhält sein Honorar. Das funktioniert deshalb so gut, weil diese Leistung durch genau solche Parameter präzise messbar gemacht wird, die den Experten in der Bewertung seiner Leistung austauschbar machen. Im Honorarvertrag werden zehn Stunden pro Woche à 50 Euro festgelegt. Es werden eben nicht etwa 20 zufriedene Kursteilnehmer, die den Dozenten loben, egal wie lange es dauert, als Ziel formuliert. Vielmehr gelten Unterrichtseinheiten von 45 Minuten inklusive 15 Minuten Vor- und Nachbereitung als vereinbart.

Vor allem die Zeit wird damit als Kriterium der korrekten Erbringung der Expertenleistung festgelegt. Ob, um in unserem Beispiel mit dem Businessenglisch-Dozenten zu bleiben, in dieser Zeit besonders wenige oder viele Vokabeln vermittelt wurden oder ob die Kunden besonders gut lernen konnten, ist zunächst nachrangig. Das Honorar gestaltet sich dann als Quotient aus Euro durch Stunde. Vergleichbar, messbar – und unerbittlich!

Ein privilegierter Weg, um aus genau diesen Abhängigkeiten herauszukommen oder sie zu vermeiden, besteht in der besseren Positionierung als Experte und der damit verbundenen Möglichkeit, ein Fixum statt eines Stundenhonorars durchzusetzen.

Auf einen Nenner gebracht, liegt dieser wertvolle Schritt vor allem in der Möglichkeit, die eigene Expertise unvergleichlich zu machen. Und daran knüpft sich der Rat, seine Zeit nicht gegen Geld zu verkaufen. Denn der genannte Quotient aus Honorar pro Zeiteinheit macht jeden Experten, unabhängig von allen anderen auszeichnenden Merkmalen seiner Expertise, immer wieder vergleichbar. Fängt ein Experte an, Ergebnisse anstelle von Zeiteinheiten anzubieten, kann das für ihn bereits ein Gamechanger sein. Experten mit hohen Honoraren haben längst aufgehört, ihre Zeit gegen Geld zu verkaufen.

Es gibt aber auch noch eine andere Möglichkeit, aus der Stundenlohnfalle herauszutreten. Dieser Zusammenhang ist vor allem deshalb ein Problem, weil er nicht skalierbar ist. Der Dozent kann donnerstags von 18:00 bis 18:45 Uhr nur in der Gruppe Businessenglisch unterrichten. Er kann aber nicht zur gleichen Zeit an anderer Stelle Vokabelnachhilfe geben.

Die Zeit, die ein Experte für einen vereinbarten Stundenlohn mit einer Aufgabe verbringt, auch wenn er seinen Kunden in dieser Zeit unter Umständen hervorragende Lösungen für deren dringendste Probleme liefert, ist an die eigene Person gebunden.

Gelingt es jedoch, für das eigene Expertenbusiness diese Abhängigkeit von der eigenen Person und von der Erbringung von Leistungen pro Stunde für ein bestimmtes Honorar abzulösen, dann verschieben sich die Möglichkeiten, auch mit niedrigen Preisen sehr lukrativ zu arbeiten. Und dafür muss der Experte noch nicht einmal nach Subunternehmern Ausschau halten oder eigenes Personal einstellen. Selbst wenn man ein eigenes Institut für Erwachsenenbildung gründen würde, schaffte man ja damit das Problem der Stundenlohnfalle nicht ab. Man würde es sogar multiplizieren und vielleicht für zehn Experten deren Leistung zum Stundenlohn verkaufen.

Masterclasses und Memberships

Mit den zunehmenden digitalen Möglichkeiten, die eigene Personal Brand aufzubauen und seine Interessenten und Kunden immer leichter digital anzusprechen und auf eine Kundenreise zu schicken, gehen heute auch interessante digitale Möglichkeiten der Präsentation von Inhalten einher, die sich von Stundenlöhnen lösen.

So ist in den letzten Jahren ein immer noch stärker werdender Trend zu beobachten, Wissen in digitalen Mitgliedermodellen (Memberships) und Masterclasses zu verkaufen. Das sind Videokurse, für die der Kunde einmalig oder gar regelmäßig zahlt und in denen er dann hochwertig produzierte Inhalte von jedem Ort aus weltweit konsumieren kann. Diese Videokurse werden häufig angereichert durch Arbeitsmaterialien und weiterführende Informationen.

Die Kunden schätzen auch hier die Möglichkeiten des Digitalen: Sie können die Inhalte unabhängig von Ort und Zeit anschauen und in ihrem Tempo durcharbeiten. Vielleicht fehlt dort manchmal die motivierende Gruppendynamik der Abendschule, die sich jedoch durch bestimmte Formen von Online-Treffen auch in diesen Konzepten jederzeit wieder herstellen lässt.

Aus der One-to-One-Kommunikation des Experten mit einem Kunden oder einer kleinen Gruppe von Kunden wird damit eine vollkommen frei skalierbare One-to-Many-Kommunikation. Gelingt es hierbei, eine große Zahl von Kunden für ein eigenes Produkt zu gewinnen, so kann der Effekt der niedrigen Preise für die Kundengewinnung genutzt werden. Vermutlich ist für viele Kunden ein Produkt, bei dem beispielsweise für 49 Euro im Monat über eine gewisse Zeit Inhalte präsentiert werden, mindestens so interessant wie ein Wochenendseminar für 5000 Euro mit einem Experten im One-to-One. Und sie sind auch durchaus bereit, dafür Einschränkungen in Kauf zu nehmen. Vielleicht können sie den Experten nicht zwölf Stunden lang zu all ihren Fragen interviewen – aber dafür zahlen sie auch 4951 Euro weniger!

Diese Einschränkungen müssen sich für die Kunden dabei keineswegs als Qualitätseinschränkungen zeigen. Qualität manifestiert sich nicht, wie es vielfach angenommen wird, zwingend in einer möglichst umfassenden und in höchster Präzision ausgeführten Dienstleistung einem Kunden gegenüber oder in der Erbringung höchstmöglicher technischer und inhaltlicher Finesse in einem Produkt.

Qualität ist nicht mehr und nicht weniger als die Erfüllung der Anforderungen der Kunden. Wenn eine solche Anforderung darin liegt, für günstige 49 Euro in einer großen, inspirierenden Gruppe einmal wöchentlich Videos eines gut positionierten Experten schauen zu dürfen und dabei das passende Arbeitsmaterial durcharbeiten zu können, wann immer es gerade gut in die eigene Woche passt – dann ist das unter Umständen höchste Qualität.

Durch die digital möglichen Skaleneffekte einer eigenen Membership lässt sich mit niedrigen Preisen ein gutes Business bestreiten: Schon 100 Kunden für 50 Euro im Monat bringen den gleichen Ertrag wie im erdachten Beispiel des Wochenendseminars die Hinwendung gegenüber einem Kunden zum Preis von 5000 Euro. Und das Seminar für die 100 Kunden lässt sich zudem einmal aufzeichnen und immer wieder verkaufen und ausspielen.

Beispielsweise bringt der Fernsehkoch Johann Lafer seinen häufig langjährigen Fans mittlerweile die Grundlagen des Kochens auch in einem Onlinekurs nach Hause. Für rund 40 Euro kann sich jeder durch den Starkoch das Kochen beibringen lassen. Die Kurse sind aufgezeichnet und können an Hunderte und Tausende von Kunden verkauft werden. Johann Lafer hat nur einmal in die Aufzeichnungen Zeit investiert.[8]

Dieses Modell erlöst einen Experten nicht nur von der einfachen Verhältnismäßigkeit aus Euro pro Stunde, sondern entkoppelt ihn sogar von der Notwendigkeit der linearen Erbringung seiner Expertise. Vielleicht lernen die 100 dankbaren und besten Kunden gerade im Videokurs alles, was sie über Personalmanagement erzählen können, während der Experte zeitgleich mit seinem Hund spazieren geht.

Dafür braucht es Kenntnisse, wie sich ein solches digitales Membership-Modell aufbauen lässt. Das ist jedoch dank der heute zur Verfügung stehenden fertigen Systeme gut erlernbar.

Die Crux bleibt bestehen, dass dieser vermeintlich leichte Zugang, nun mit Niedrigpreisangeboten die Kunden vermeintlich leichter gewinnen zu können, das Problem einer sauber aufgebauten Personal Brand nicht auflöst. Auch Kunden, die sich für ein solches digitales und eher günstiges Produkt entscheiden, müssen akquiriert werden. Das wird ganz ebenso dadurch erleichtert, indem man sich als Experte für ein bestimmtes Thema positioniert.

Der Aufbau der eigenen Personal Brand braucht heute auch deswegen so lange, weil viele vermeintliche Experten und Anbieter von Wissen eben dort Abkürzungen vermuten und suchen – und damit zunächst einmal in Konkurrenz um die mögliche grundlegende Sichtbarkeit treten.

Auch Experten, die diese rein digitalen Produkte verkaufen und dann über Skaleneffekte von der Möglichkeit profitieren wollen, vielen Kunden relativ günstige Produkte anzubieten und so profitabel zu werden, müssen diese Kunden also erst einmal überzeugen. Der vermeintliche Vorteil, dieses dann eben auch noch leichter digital tun zu können, führt einen Nachteil mit sich: Der Vertrauensaufbau und die Darstellung der eigenen Personal Brand sind bei solchen Produkten mit digitaler Kundengewinnung mindestens ebenso wichtig wie bei der persönlichen Kommunikation eines potenziellen Kunden mit dem Experten.

Die Tatsache, dass die Kunden sich im digitalen Kundenkontakt schlechter ein Bild vom Experten machen können und durchaus Vorbehalte hegen, erschweren den Vertrauensaufbau und die Kundengewinnung.

Experten, die sich bereits offline als Leuchtturm ihrer Branche positionieren konnten, haben dafür dann besonders leichten Zugang zu den Möglichkeiten, auch solche skalierbaren und von der eigenen Anwesenheit losgelösten Membership-Produkte zu etablieren. Wer seine eigene Personal Brand erst einmal so gestaltet hat, dass auch bei der digitalen Kundengewinnung eine schnelle Wiedererkennbarkeit seitens Interessenten und Kunden besteht, der wird diese auch besser für digitale Produkte begeistern können.

Die heute sehr ausgereifte Technik hinter den Masterclasses ist attraktiv bedienbar und eine gute Möglichkeit, aus dem System der persönlichen Leistungserbringung bei den Kunden herauszutreten. Insbesondere Experten, die nach Alternativen zur ständigen Arbeit mit den Kunden suchen, können von diesen Möglichkeiten gut profitieren.

Die Möglichkeit, das eigene Expertenwissen zu digitalisieren und in skalierbaren Masterclasses anzubieten, sollte für die eigene Personal Brand immer mitgedacht werden.

Gut positionierte Experten sind One-Trick-Ponys

Mit dem Aufstieg in der Positionierungspyramide wird das Renommee des Experten größer und die Honorare steigen. Das Wissen aber, das offeriert wird, weicht gegenüber der Beurteilung und Problemlösungsorientierung der eigenen Expertise.

Der schmale Grat des Wissensoptimums

Umfangreiche Wissensbestände, die alle Eventualitäten und Bedingungen der dargelegten Modelle einer Wissensnische berücksichtigen, treten gegenüber sorgsam ausformulierten, aber auch reduzierten Modellen zurück. Die ordnende Hand des Experten hat selbstverständlich den gleichen Zugriff auf die umfangreichen Informationen wie der Laie oder der weniger gut positionierte Experte, es wird aber eine noch viel sorgsamere Sortierung jener Inhalte entwickelt, die für den Kunden und seine spezifischen Herausforderungen Relevanz entfalten.

Das fällt Experten oft besonders schwer. Es verleiht doch häufig ein Gefühl der Sicherheit und auch Überlegenheit, das eigene Wissen zu einem Bereich, in dem man sich selbst als Experte etablieren möchte oder sieht, immer weiter auszubauen und damit auch immer besser auf die Herausforderungen der eigenen Tätigkeit reagieren zu können. Doch es sind mehr Faktoren, die auch beim Experten die Wissensexplosion vorantreiben.

Es macht Experten oft auch aus einer intrinsischen Motivation heraus Freude, sich immer tiefer mit der eigenen fachlichen Nische zu beschäftigen und Neues zu erfahren. Es ist eine auszeichnende Eigenschaft von Experten, dass sie das eigene Wissen an neuen Inhalten und neu zu erschließenden Zusammenhängen prüfen und erweitern. Gute Experten sind und bleiben neugierig.

All das lässt das Wissen fortwährend wachsen und erschwert es unter Umständen auch dem Experten, den Überblick über das eigene Wissen zu behalten. Diese Herausforderung ist dabei in gewisser Weise der Herausforderung des Kunden entgegengesetzt: Der Kunde weiß zu wenig und braucht den Experten. Der Experte weiß manchmal aber selbst zu viel, um aus diesem umfangreichen Wissen mit leichter Hand Ordnungssysteme zu erschaffen, die dem Kunden nützen.

Ein Experte, der seinen Wissensbereich gut durchdrungen hat und dort seit langer Zeit in allen möglichen Modellen, Theorien und Wissensbeständen bewandert ist, kann sich immer noch auf seinen privilegierten Zugang berufen. Wenn neue Eindrücke oder Ideen im eigenen Wissensbereich auftauchen, können diese schnell eingeordnet werden. Selbst wenn man sich als Experte in seiner Wissensnische einmal unsicher sein sollte, so kann man doch in der Regel gut darauf vertrauen, sich aus dem reichlichen Bestand an vorhandenem Wissen immer wieder schnell und gut neu zu orientieren.

Das aber kann der Kunde in aller Regel nicht leisten. Er ist schnell überfordert, muss stets darum kämpfen, den eigenen Überblick zu bewahren, und wird von neuen Informationen, die den bisherigen Überzeugungen entgegenstehen, sehr schnell verunsichert. Ein Experte kann bei ihm in der Kommunikation viel weniger voraussetzen und muss die Themen häufig gänzlich anders erschließen. So muss der Experte ihn an die Thematik heranführen und ihm das Wissen in solchen Portionen präsentieren, dass der Kunde stets motiviert und mit eigener Übersicht den Anschluss an die Expertise halten kann. Das ist der Hauptgrund, warum Kunden lieber einen Experten wählen, dessen Inhalte sie gut verstehen und der ihnen das Gefühl einer sicheren Ordnung vermittelt, als den Experten, der am meisten weiß und berichtet.

Diese Wissensdestillation ist keineswegs profan. Es klingt in der Theorie zwar wie eine einfache Ausgabe, aus reichlich vorhandenem Wissen für einen Laien die wesentlichen Informationen herauszufiltern und diese für ihn zu ordnen. Tatsächlich ist es in jedem Expertenbusiness die zentrale Aufgabe, die Filterfunktion zu übernehmen und zu schauen, welche Wissensbestände für den Kunden Relevanz haben.

Vermutlich jedem von uns ist schon mal ein Experte begegnet, der beeindruckend fundiert und umfangreich über sein eigenes Wissensgebiet berichten konnte, dabei aber schnell seine Zuhörer verloren hat. Die sprichwörtliche Argumentation aus dem Elfenbeinturm der Wissenschaft, die häufig auch eines jeden Bezuges zur Lebensrealität und den Herausforderungen der Zuhörer entbehrt, steht sinnbildlich dafür.

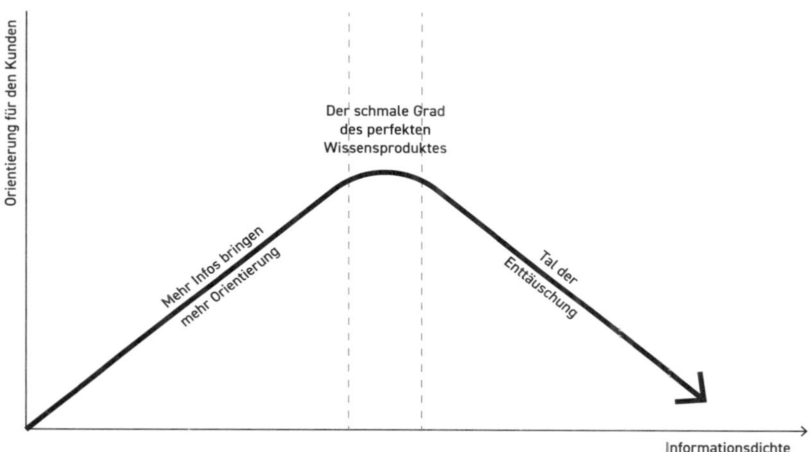

Wissensoptimum: Nur an einem kurzen Punkt ist das Wissen aus Sicht des Kunden bestmöglich geeignet für die konkrete Problemlösung. Zwar benötigt er Ihr Wissen für die Lösung, aber zu viel Information führt zur Überforderung und Frustration.

Quelle: Eigene Darstellung.

Der Zuhörer dieser Wissensbestände durchläuft dabei eine gefährliche Lernkurve. Am Anfang kann er dem Experten vielleicht noch folgen und gewinnt schnell Fortschritte in seiner eigenen Übersicht zum Thema. Dann aber beginnt der Experte – vielleicht aus seinem breiten Wissen und seiner klugen Übersicht aller Zusammenhänge heraus –, alternative Vorstellungen einzuflechten und Dinge legitim zu relativieren. Ein solcher Schritt überfordert den Zuhörer jedoch schnell, und er kann mangels ähnlich guter Übersicht über das Thema alternative Ordnungssysteme dann nicht miteinander in Einklang bringen. Der Experte ist nunmehr Gefangener seiner Expertise und entkoppelt sich gefährlich vom Laien.

Aus einer Begeisterung für die Expertise wird dann schnell eine Enttäuschung, wenn die gefühlt schnelle Durchdringung eines Themas, die am Anfang das Interesse des Kunden weckte, für ihn nun plötzlich zu einer enttäuschenden Verwirrung mutiert. Der Experte »verliert« seinen Kunden inhaltlich und dann auch faktisch. Er frustriert ihn.

Die Lösung dieser Herausforderung liegt für den Experten im Weglassen von weniger oder gar nicht relevanten Informationen, in der Erstellung anschlussfähiger Strukturen und Modelle und vor allem auch in der richtigen Kommunikation.

Das One-Trick-Pony konzentriert sich auf den wichtigsten Punkt der Wissenskommunikation

Doch was sollte entfallen? Diese Frage zu beantworten, ist vermutlich für einen erfolgreichen Experten, der mit der Bereitstellung seines Wissens hohe Honorare erzielen möchte, die wichtigste und häufig auch die schwierigste Aufgabe. Um sich dieser zu nähern, hilft es, ein »One-Trick-Pony« zu werden.

Das One-Trick-Pony
Stellen Sie sich die Metapher zunächst bildlich vor. Ein One-Trick-Pony ist ein Zirkuspferdchen, das regelmäßig auftritt. Es beherrscht dem Namen nach nur einen einzigen Trick. Diesen beherrscht es aber in solcher Perfektion, dass es damit immer wieder auf die Bühne des Zirkus darf. Die Menschen zahlen Eintritt und applaudieren für genau diesen einen Trick, weil dieser so einzigartig ist, dass man ihn nirgendwo sonst erleben kann. Ein One-Trick-Pony springt vielleicht durch einen Feuerreifen und lässt den Zuschauern dabei den Atem stocken.

Gute Filme werden schnell zu One-Trick-Ponys mit immer wieder gleichen Handlungssträngen, erwartbaren Erzählungen und vor allem immer wiederkehrenden Schauspielern als Personal Brands. Die Zuschauer erwarten nur gleiche Filmmuster; sie ersehnen sie sogar. Hier zwei Beispiele:

- Die *James-Bond*-Filmreihe beispielsweise hat sehr ähnliche, stets wiederkehrende Action-lastige Muster und mit dem Protagonisten »James Bond« eine immer gleich starke Personal Brand. Dass der Schauspieler dabei wechselt und es damit mehrere James Bonds gibt, scheint die Zuschauer gar nicht zu stören.
- *Rocky*: Die Filmserie um die Personal Brand »Rocky Balboa« überdauert nunmehr etwa sechs Jahrzehnte seit dem Originalfilm aus dem

Jahr 1976 und besteht bis heute aus neun Filmen. Im Jahr 2023 erschien zuletzt *Creed III – Rocky's Legacy*.

Intuitiv möchte niemand ein One-Trick-Pony sein: Experten streben häufig danach, für ein vielfältiges und umfassendes Wissen bekannt zu sein. Sie wollen sich ihre Wissensnische so weit erschließen, dass sie als anerkannte Koryphäe stets den Überblick bewahren und zu jedem verwandten Thema fundiert und sachlich korrekt berichten können.

Tun Sie das. Aber machen Sie es nicht zum Kern Ihrer Personal Brand, für alle Themen eine Antwort zu haben. Haben Sie lieber alle Antworten für genau *Ihr* Thema. Zumindest in der Art, wie Sie Ihre eigene Positionierung denken und gestalten.

Harald Schmidt ist ein One-Trick-Pony als Personal Brand

Harald Schmidt war über Jahrzehnte einer der beliebtesten Moderatoren Deutschlands. Auch er fand sich stets in Konkurrenz zu vielen Menschen wieder, die diesen Beruf ebenso erlernt haben oder ausüben wollten. Aber Harald Schmidt hat sich seine eigene Nische geschaffen. Harald Schmidt war »Dirty Harry« und hat in all den Jahren seiner TV-Präsenz immer wieder mit seiner zynischen Art Zuschauer begeistert. Sein One-Trick-Pony: zynische Kommentierung des Tagesgeschehens. Er hat Humor präsentiert, war aber kein Witzeerzähler, sondern ein Vertreter des Zynismus. Wie auch immer seine einzelne Sendung hieß und wo auch immer sie ausgestrahlt wurde: Schmidt blieb seinem Konzept treu. Dabei spielten ihm insbesondere zwei Faktoren in die Hände:

- Erstens hat er durch seine spitze Zunge und seinen häufig hart an der Grenze operierenden Humor Menschen stets begeistert oder abgestoßen – dem einen war er zu böse, für den anderen geradezu ein Meister des scharfzüngigen Kommentars. Kaum jemand war ihm gegenüber jedoch neutral, und das zeichnet in gewisser Weise häufig auch erfolgreiche Experten aus: sie polarisieren!
- Zweitens hat Harald Schmidt insbesondere in der Rolle des Late-Night-Talkers immer wieder auch kleine Grenzverschiebungen gepflegt. Er hat sich über die »dicken Kinder von Landau« lustig gemacht und trotz – oder gerade auch wegen – der schnell aufbrandenden Kritik aus der in Deutschland gleich mehrmals namentlich zu findenden Klein-

stadt diese Kolumne lange fortgeführt. Sogar Zeitungen berichteten deutschlandweit, dass Landaus Bürger mit diesen Gags nicht einverstanden waren, und sorgten unbeabsichtigt dafür, dass Schmidt es noch länger und noch erfolgreicher genauso tun konnte.

Diese spitze Positionierung hat er über einen langen Zeitraum gefunden. Schmidt hat Schauspiel studiert und dann bei einer seiner ersten Anstellungen am Düsseldorfer »Kommödchen« sicherlich durch erste Bühnenpräsenz und durch Ausprobieren, durch Erkennen seiner eigenen Neugier und einer zunächst subjektiven Einschätzung seiner Kompetenz, erste Schritte hin zum Kabarett gemacht. Kabarett ist eine besondere Form der Bühnendarstellung, bei der häufig politische oder gesellschaftliche Themen augenzwinkernd, pointiert und manchmal auch mit bösem Witz beleuchtet werden. Das machte ihm vermutlich Freude.

Beim Kabarett steht man in der Regel relativ allein auf einer Bühne und spricht tagesaktuelle, oft zeitgeistige Themen an. Dort zu brillieren und Spaß zu haben, war vielleicht ein früher Impuls für seine spätere TV-Präsenz, die ihn insbesondere eben als Late-Night-Talker mit ähnlichem Konzept unvergesslich machte.

Schmidt hat Dinge präsentiert, für die er gesehen werden wollte, und hat vielleicht als Humorist die große Möglichkeit erkannt, die Nische seiner höchsten Brillanz und der besten Akzeptanz durch sein Publikum zu bemessen – schlicht an deren Lachen.

One-Trick-Pony-Experten

Als Experte können Sie sich ebenso ein Thema herausarbeiten – ein klar definiertes Segment, in dem Sie sich zu Hause fühlen und das Ihr Klient automatisch mit Ihrem Namen verbinden soll.

Dr. Sheila de Liz ist niedergelassene Gynäkologin und betreibt eine eigene Frauenarztpraxis in Wiesbaden. Sie hat sich aber als One-Trick-Pony-Expertin für Wechseljahre einen nationalen Ruf aufgebaut und konzentriert sich auf eben dieses eine, sehr spezielle Segment.

Ihr Buch *Woman on fire: Alles über die fabelhaften Wechseljahre* ist nicht nur Dauergast in den großen Bestsellerlisten Deutschlands, sondern sogar das drittmeistverkaufte Buch in der *Spiegel*-Sachbuchliste.[9]

Der Klappentext des Buches beschreibt nicht nur den Inhalt; er positioniert die Autorin zugleich scharf:

> »Deutschlands beliebteste Gynäkologin weiß: Die Wechseljahre sind cooler, als wir glauben! Hitzewallungen, Gewichtszunahme, Stimmungsschwankungen – kaum eine Frau sieht den Wechseljahren gelassen entgegen. Dabei ist unser Bild von der Perimenopause hoffnungslos veraltet und benötigt dringend ein Makeover. Viele Frauen leiden heute unnötig, und keine ›muss da durch‹. Sind die Beschwerden erst mal identifiziert, können wir viel für unsere Gesundheit und unser Wohlbefinden tun – und uns auch in der zweiten Lebenshälfte noch stark und sexy fühlen.«[10]

De Liz ist seit ihrem Bucherfolg erkennbar die bundesdeutsche Nummer-eins-Expertin für die Wechseljahre. Sie berichtet in Magazinen wie dem *Stern* oder den Frauenzeitschriften *Freundin* und *Brigitte,* außerdem in der *Frankfurter Allgemeine Zeitun*g, der *Welt* und vielen weiteren auflagestarken Printmedien.

Sie ist außerdem regelmäßiger Gast in zahlreichen TV-Sendungen, Podcasts und Youtube-Shows.

Sie hat ihren Personal-Brand-Kern sinnvoll ausgebaut: So gibt es mittlerweile das Buch *On Fire: Mein täglicher Begleiter für die Wechseljahre*[11] mit Checklisten, Tabellen und weiteren Informationen, die sich aber mit dem gleichen Thema auseinandersetzen. Selbst ein Postkartenset ist zu diesem Thema erhältlich.

Auch Jessie Inchauspe hat ihr persönliches One-Trick-Pony nicht nur gefunden, sondern zu einem massiven Businesserfolg ausgebaut. Die gelernte Biochemikerin und Buchautorin hat sich auf den Blutzuckerspiegel konzentriert und erklärt als Expertin, wie gesund man Gewicht verlieren kann, sodass Heißhungerattacken nicht länger auftreten. Dazu müssen zum Beispiel Essgewohnheiten umgestellt werden, damit Blutzuckerspitzen gar nicht erst auftreten. Als Biochemikerin werden ihr ihre Leser mit gutem Recht unterstellen, über das wesentliche Wissen zu ihrem Gebiet qua Ausbildung zu verfügen; aber erst mit der Spezialisierung auf ihr One-Trick-Pony konnte sie sich eine Personal Brand aufbauen.

Ihr Buch *Der Glukose-Trick: Wie man der Achterbahn des Blutzuckerspiegels entkommt*[12] erreichte Platz 1 der *Spiegel*-Bestsellerliste und positionierte Jessie Inchauspe als Nummer-eins-Expertin zu ihrem One-Trick-Thema. Sie hat sich ihren Markennamen als »Glucose Goddess« (Glukose-Göttin) sogar markenrechtlich schützen lassen.

Als One-Trick-Pony hat die Autorin im Anschluss an ihren internationalen Erfolg nur ein verhaltenes Maß an Kreativität für ihr zweites Buch aufgebracht, das ebenfalls ein Bestseller wurde und 100 Rezepte für das Senken des Blutzuckerspiegels aufführt: *Der Glukose-Trick – Das Praxisbuch: Mit dem Vier-Wochen-Programm gegen Heißhunger und Stimmungstiefs für ein Leben voller Energie – Mit 100 super einfachen Rezepten.*[13]

Vorzuwerfen ist ihr das keinesfalls; das Gegenteil ist sogar der Fall: Als One-Trick-Pony ist sie gut damit beraten, sich im Kernbereich ihrer Positionierung aufzuhalten und allenfalls aus der sicheren Mitte heraus neue, möglichst angrenzende Themen anzugehen.

Die Wechseljahr-Expertin Sheila de Liz hat nach ihrem Bestsellererfolg zahlreiche weitere Bücher verfasst, ihren großen Schwerpunkt hierbei aber im Wesentlichen beibehalten.

Ein One-Trick-Pony zu sein, hat verschiedene Vorteile, und man kann sich durchaus von der Vorstellung verabschieden, dass das eintönig oder langweilig sein könnte. Der größte Vorteil des One-Trick-Ponys liegt zunächst darin, dass man damit eine eigene Nische bestimmen muss. Viele Experten tun sich insbesondere deshalb schwer damit, hohe Honorare zu erzielen, weil sie ihre Nische nicht klar genug definieren. Sie versuchen beispielsweise als »Experte für Personalführung« anzutreten, helfen Menschen dabei, ein »glücklicheres Leben« zu führen oder ihre »Ziele zu erreichen«. Sie kümmern sich um »Gesundheitsthemen« oder »Erfolg«.

Jedoch erkennen potenzielle Kunden in dieser sehr breiten Darstellung ihr eigentliches Problem nicht ausreichend. In welchem Bereich bietet der Experte denn Wege zum eigenen Erfolg, im beruflichen oder im privaten? Und welche Instrumente nutzt er dafür, Persönlichkeitsentwicklung oder Karriereplanung? Die Kunden fürchten regelrecht, hier zu viele Informationen aus einem zu schwammigen Informationsbereich zu bekommen und hinterher genauso orientierungslos zu sein wie zuvor. Sie fürchten das Tal der Enttäuschung.

Und vielleicht noch am schwerwiegendsten ist die Frage des Kunden, wie sich denn der Experte in der Menge an Dienstleistern des großen Bereichs Personalführung von anderen unterscheidet. Warum sollte man ihn wählen? Und warum sollte man ihm besonders hohe Honorare zugestehen?

In der Tegernseer Landstraße in München gab es vor einigen Jahren ein Schaufenster, auf dem von außen in großen Lettern geschrieben stand: »Wir erstellen Ihre Website für nur 350 Euro«. Offenbar hatte sich dort in einem Ladengeschäft ein Dienstleister niedergelassen, der Websites anbot. Und er nutzte die zur Verfügung stehende große Scheibe, um darauf große Sichtbarkeit für eine Masse an vorbeifahrenden Autos herzustellen, die jeden Morgen von Süden her über die Tegernseer Landstraße in die Metropole unterwegs waren.

Er hatte sich offenbar auch in diesem Wissensbereich auf ein einziges unterscheidendes Kriterium fokussiert, den niedrigen Preis seiner Dienstleistung. Die Erstellung von Websites war schon damals ein Expertenfeld, in dem sich viele bewegten. Letzten Endes war es häufig gar die Konkurrenz mit mittelmäßig ausgebildeten Dienstleistern oder mit solchen Anbietern, die sich das notwendige Wissen irgendwie selbst erarbeitet hatten, die den starken Preiskampf immer weiter befeuerte. Die Aufschrift auf dem Schaufenster erweckt den Eindruck, dass hier im Grunde jede, einigermaßen übliche Website zu jedem Thema erstellt werden könne – völlig frei in der Wahl und damit völlig austauschbar. Ein reiner Preiskampf also!

Heute hat sich diese Konkurrenz der Anbieter ergänzt um die Möglichkeiten vieler Nutzer, mit einfachen Websitebaukästen auch selbst Websites zu erstellen, zu Ungunsten der Dienstleister mit ihren Möglichkeiten der Preisgestaltung. Besagtes Schaufenster-Angebot war und ist vergleichbar und bot wenig strukturellen und ordnenden Mehrwert.

Eine Website, wie sie in Deutschland nur von wenigen Experten hingegen in dieser Form angeboten wird, ist eine, die die zuvor beschriebene Membership zur Digitalisierung der Wissensbestände echter Experten mit viel Erfahrung umsetzt. Eine solche Website kostet auch heute noch schnell einen fünfstelligen Betrag.

Es gibt einige wenige, spezialisierte Agenturen, die schon viele dieser Websites aufgesetzt haben und dabei ganz andere Bedingungen an die Qualität einer solchen Website stellen. Mit den Experten, die ihr Wissen anbieten und kommerzialisieren wollen, arbeiten sie inhaltlich sehr eng zusammen und stellen deren größte Expertise heraus. Überdies haben sie viel Erfahrung darin, warum Kunden überhaupt und welches Expertenwissen sie kaufen. Sie wissen, wie dieses dafür idealerweise aufbereitet werden muss. Derart hoch spezialisierte Dienstleister führen Kunden an ein solches Expertenbusiness heran und präsentieren die Inhalte des Experten so, dass deren Kunden dort Folgeprodukte der Experten kaufen. Diese Expertise kostet viel Geld – jedenfalls mehr als 350 Euro.

Die Kunst liegt auch hier im Weglassen. Eine für eine Masterclass erstellte Website ist in der Regel technisch weitaus weniger aufwendig als die Website eines Blumenladens in München. Sie ist grafisch reduzierter, weil das den Kunden von wesentlichen Elementen der Website ablenken würde, sprich von den Inhalten des Experten.

Sie gibt weniger flankierende Informationen, weil der Kunde Videos schauen und seine eigene Entwicklung vorantreiben möchte, aber nicht immer wissen muss, wer beispielsweise »Teil des Teams in der Buchhaltung« ist. Eine solche Website hat weniger technische »Spielereien«, weil diese die Ladegeschwindigkeiten der Seite gefährden würden, und ist im Grunde genommen technisch schnell erstellt. Von der reinen Technik der Websiteerstellung her müsste diese Website sogar günstiger als 350 Euro sein.

Eine Masterclass-Website hat dagegen andere Ansprüche. Sie ist nur erfolgreich, wenn man genau weiß, welche Elemente es braucht und in welcher Struktur sie miteinander kombiniert werden müssen. Eine solch spezialisierte Website löst ein Problem, das in dieser Form überhaupt nur wenige Dienstleister glaubhaft zu lösen in der Lage sind: Sie ist ein lukratives Geschäftsmodell für einen Experten und verkauft dessen Expertise online automatisiert und skalierbar.

Masterclass-Websites sind daher One-Trick-Ponys: eine kleine Nische für einen kleinen Markt, dafür aber hoch lukrativ.

Kundenavatare für das One-Trick-Pony

Ein One-Trick-Pony-Angebot kennt einen klar umgrenzten Kundenavatar als gedachte Repräsentanz der besten und aufgeschlossensten möglichen Interessenten, an dem man sich in der Gestaltung seines Businessmodells orientiert.

Dieser Kundenavatar hat ein klar zu beschreibendes Problem: Es gibt viele Experten, die von den Möglichkeiten der digitalen Darstellung ihres Wissens profitieren wollen und nun nach ausgewiesenen Experten suchen, die das für sie gewährleisten können. Manchmal gelangen sie selbst schnell zu der Einschätzung, dass sie dafür eben nicht die Website-Agentur von der Tegernseer Landstraße beauftragen können. Sie erkennen, dass hierfür eine andere Expertise gebraucht wird als die einer reinen technischen Umsetzung des Projekts. Viele Experten haben schon eigene Bemühungen angestellt, um wie der Kunde des Fliesenlegers ein solches Konzept selbst umzusetzen, erkennen aber zunehmend, dass die zahlreichen Möglichkeiten, ein solches Projekt technisch umzusetzen, Fluch und Segen zugleich sind. Wie es zehn verschiedene Fliesenkleber gibt, so gibt es 100 verschiedene Baukastensysteme für Websites, 20 verschiedene Anbieter für E-Mail-Marketing und Dutzende von Online-Bezahl-Anbietern.

Der Anbieter, der allerdings eine solche hochspezialisierte Website konzipieren und aufbauen kann, ist ein One-Trick-Pony. Es ist vollkommen in Ordnung, wenn er nicht die technisch aufwendigsten Websites erstellen kann. Er kann für bestimmte Herausforderungen, die der Kunde benötigt, um seine Inhalte zu erstellen, auf andere Dienstleister verweisen, ohne auch nur im Geringsten seinen eigenen Nimbus zu schwächen – im Gegenteil!

Vielleicht muss ein Kamerateam beauftragt werden, damit der Kunde seine besten Inhalte in Videos digital präsentieren kann. Auch da kann eine Empfehlung dieses Experten fürs digitale Wissensbusiness mehr wert sein als die eigentliche Dienstleistung das Kameramannes. Denn der Experte weiß, welcher Kameramann die notwendigen Anteile des Projektes zuverlässig beisteuern wird, und er kann gegenüber der unendlichen Vielzahl an Kamerateams, die zu günstigen Preisen jederzeit beauftragt werden können, eine Ordnungsfunktion aus eigener Expertise und Erfahrung einnehmen. Er kann seinen Kunden sogar davor bewahren, dass der Kameramann ihm videografische Inhalte empfiehlt, die dem übergeordneten Projekt eines digitalen Geschäftsmodells nicht zuträglich wären.

In dieser Art der Ausgestaltung des One-Trick-Pony-Konzeptes liegt dann wieder eine große Fülle an Möglichkeiten, um dem eigenen Wissen Ausdruck und Resonanz zu verschaffen. So bildet sich auch für jeden Experten eine klare Richtschnur heraus, wie denn der Weg zu hohen Honoraren in Bezug auf die eigene Personal Brand nun ausgestaltet werden muss.

Eine pointiert formulierte Expertise, die ein klares Problem einer gut zu beschreibenden Zielgruppe adressiert, in der dann dem Kunden mit der präzisen Herausstellung der für seine Zielerreichung notwendigen Instrumente eine Transformation angeboten werden kann, ist ein lukratives One-Trick-Pony-Konzept.

Research-Phase auf dem Weg zum One-Trick-Pony

Sie sollten also – wie beschrieben – viel Wissen weglassen, dies zugunsten der besseren Orientierung auf das Hauptproblem des Kunden und der von ihm meistgewünschten Transformation zu einem besseren Status quo. Das notwendige Gesamtwissen kann und sollte dem Experten natürlich zur Verfügung stehen. Aber er bietet dem Kunden nur jene Bestandteile an, die ihm für sein konkretes Problem nützlich sind. Und vor allem pointiert er diese Expertise in der Außendarstellung seiner eigenen Personenmarke auf ein einzigartiges und abgegrenztes Konzept zur Lösung eines präzisen Problems – das One-Trick-Pony.

Die eigene Personal Brand ist es dann, die das vorausgewählte Wissen nun zu einem klaren Markenkern verdichtet.

Auch wenn diese Darstellung verkürzt sein mag, so kann sie doch jedem Experten eine grobe Handlungsempfehlung sein. Der Austausch mit potenziellen Kunden – und manchmal auch der Austausch im privaten Umfeld – zeigt schnell, für welche Themen ein Experte ein Publikum findet. Es zeigt, wie die Resonanz auf bestimmte Themen ist und bei welchen Themen welche Reaktionen erwartet werden können.

Experten sollten sich zunächst fragen, für welche Themen sie bekannt sein wollen. Sie sollten sich anschauen, mit welchen Fragen immer wieder Kunden zu ihnen kommen und für welche Antworten sie von ihren Lieblingskunden an deren Freunde und Bekannte weiterempfohlen werden. Was dort an Themen nicht stattfindet oder kein positives Echo erzeugt, das kann getrost weggelassen werden.

Das 4-Faktoren-Modell für das perfekte Wissensbusiness

Drei Faktoren haben sich in den bisherigen Beschreibungen unterschwellig eingebunden, die ein Expertenbusiness beschreiben können: Sie investieren Zeit in dieses Thema. Sie beschäftigen sich gern damit. Außerdem verdienen Sie Geld damit. Und mit dem Charisma tritt ein vierter Punkt hinzu.

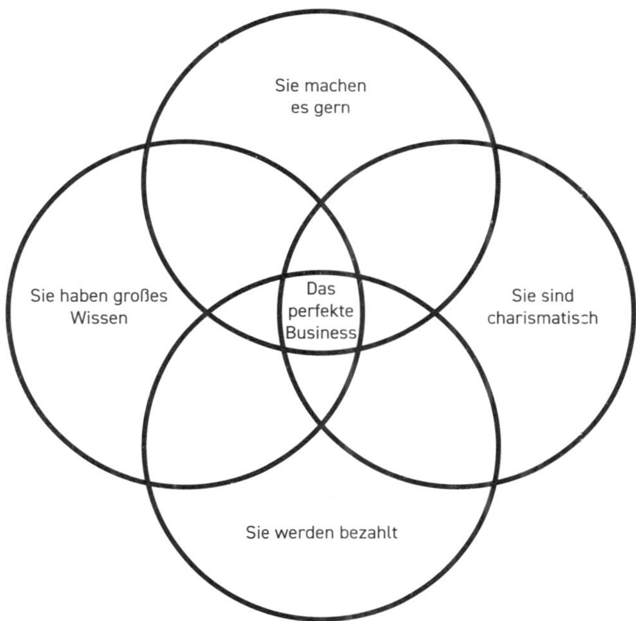

Das 4-Faktoren-Modell. Im Schnittpunkt der Mitte entsteht Ihr perfektes Wissensbusiness, auf dessen langfristiger Basis Ihre Personal Brand entsteht.

Quelle: Eigene Darstellung.

Fällt nur einer dieser Faktoren weg, so wird das gesamte Gefüge jeweils zu einer ungünstigeren Konstellation verändert:

1. Verfügen Sie über eine **eindeutige Expertise** und könnten damit Geld verdienen, **investieren** aber kaum oder keine **Zeit** in den Aufbau Ihrer eigenen Personal Brand, dann gesellen Sie sich zur großen Gruppe

der wenig renommierten No-Name-Experten, die sich nicht lange am Markt halten werden oder die nur niedrige Honorare durchsetzen können. Sie werden es kaum schaffen, überhaupt Kunden in der riesigen Konkurrenz austauschbarer Experten zu akquirieren oder angemessene Honorare zu verlangen. Konstanz ist auch ein Asset für die eigene Markenbildung.

2. Investieren Sie Zeit in ein Expertenthema und verdienen damit Geld, **beschäftigen** sich jedoch nicht **gern mit diesem Thema,** so werden Sie kaum in den Flow-Zustand kommen, bei dem Sie aus eigener Motivation heraus den langfristigen, langwierigen und beschwerlichen Weg zum Aufbau Ihrer eigenen Personal Brand gehen. Hierbei werden Sie voraussichtlich eher so manches Motivationstal durchschreiten und schlussendlich in der kleinen Gruppe derer aufgehen, die es konsequent zur eigenen Personal Brand gebracht haben.
3. Investieren Sie Zeit in ein Thema und beschäftigen sich gern mit diesem, verdienen aber kein Geld damit, handelt es sich um ein Hobby. Die Konsequenz dieses Punkts ist eindeutig: Trennen Sie sich von Herzensprojekten, die Ihnen kein **Geld einbringen!** Fehlt die wirtschaftliche Komponente, so handelt es sich *nicht* um ein Geschäftsmodell. Dann können Sie entweder schauen, wie sie mit einer Neuausrichtung vom eigenen Expertenstatus daraus doch noch ein Business machen. Oder Sie können es in aller Konsequenz zu einem Hobby erklären. Manchmal kann es sogar heilsam sein, auch ein solches Expertenbusiness, bei dem nur geringe Honorare erzielt werden können, auf dem Prüfstand zu haben: Ist es durch Veränderungen der Parameter zu einem wirklichen Business zu machen, oder ist es nicht viel besser, es letztlich zum Hobby zu erklären?
4. Haben Sie sich Ihr **Charisma** ausreichend erarbeitet? Wenn nicht, wird trotz der anderen drei Elemente kaum eine Personal Brand entstehen. Menschen kaufen stets von Menschen, und das gilt insbesondere in der Welt der Wissensarbeiter. Selbst bei fachlich herausragenden Koryphäen können hohe Honorare in Gefahr sein, wenn eine solche weder Empathie noch Charisma hat. Sie selbst würden sich vermutlich auch nicht von einem der besten Ärzte behandeln lassen, wenn Sie ihm nicht vertrauen. Diesem vierten Punkt spürt ein eigenes Kapitel in diesem Buch nach.

Sollen alle vier Komponenten des Expertenbusiness tatsächlich konsequent eingebracht werden, dann gilt es daraufhin und in der Weiterentwicklung desselben, die »Research-Phase« für das beste Konzept des eigenen Wissens fortzusetzen.

Kann ein Thema identifiziert werden, bei dem Zeitaufwand, eigene Expertise und Honorarmöglichkeiten mindestens Entwicklungspotenzial zeigen? So gilt es nun, die besten Kunden zu finden und deren wichtigstes Problem zu identifizieren, für das sie als Kunde zahlen.

Doch auch da finden sich Experten oft in der Situation wieder, dass sie Schwierigkeiten haben, dieses eine Problem zu formulieren. Es sollte klargestellt werden, für welches Nummer-eins-Problem des idealen Kundenavatars man nun zum One-Trick-Pony reifen möchte, weil Zeitinvestment, eigene Begeisterung und Honorarmöglichkeiten ideal kombiniert erscheinen.

Auch hier liegt die Lösung im Austausch mit den schon vorhandenen eigenen Kunden oder Interessenten. Gelingt es, die ersten Interessenten für die eigene Expertise zu finden, oder werden bereits Kunden akquiriert, allerdings in zu geringem Umfang oder bei zu geringen Honoraren – so können auch diese eingebunden werden. In einer sogenannten »Research-Phase« kann beispielsweise ein adäquates Hilfsmittel darin bestehen, diese Kunden in den Akquise- und Onboardinggesprächen zu fragen, ob man das Gespräch auch aufzeichnen dürfe. Bei Videokonferenzen ist das üblich und wäre sicherlich auch bei einem ersten Eins-zu-Eins-Gespräch ein passabler Weg. Manchmal ist das Versprechen, den Kunden das Gespräch dann auch zur direkten Umsetzung der ersten eigenen Schritte im Nachgang zu senden, ein guter Türöffner für dieses Vorgehen.

Die aufgezeichneten Gespräche werden im Anschluss durch den Experten daraufhin analysiert, welche Formulierungen des eigenen Problems der Kunde genannt hat. Gute Experten, die als Dienstleister gute Honorare verdienen, sind auch immer gute Zuhörer. Nicht umsonst wird scherzhaft gesagt, dass der Mensch zwei Ohren, aber nur einen Mund hat: Gute Zuhörer verkaufen häufig besser als jene Experten, die sich nur in einem Sendemodus befinden.

Die Aussagen von mehreren Interessenten und Kunden werden nun übereinandergelegt und gewissermaßen durchleuchtet. An manchen Stellen der Beschreibung der möglichen zukünftigen Kunden lassen sich dann Muster erkennen. Die Menschen, die sich immer wieder für die eigene Expertise interessieren und sich vielleicht sogar als Kunden eignen, zeigen stets wiedererkennbare Muster. An dieser Stelle entsteht ein magischer Hebel für die eigene Expertise. Denken Sie das System vom Ziel aus: Wenn Kunden in dieser Weise vermehrt ein Problem benennen, dann beschreiben sie damit einen möglichen Kern der Expertise.

Zwar ist der Kunde manchmal nicht in der Lage, sein eigentliches Problem aus fachlicher Sicht präzise zu formulieren: So mancher Patient kommt zu seinem Hausarzt und beklagt sich über »Bauchschmerzen«, obwohl er im Fachjargon eine »Appendizitis (Blinddarmentzündung)« hat. Oder es kommt jemand zu einem Notar und möchte »seine Nachkommen absichern, sodass diese sich im Fall der Fälle nicht streiten«, obwohl er in Wirklichkeit eine »letztwillige Verfügung nach § 1937 BGB beim Nachlassgericht hinterlegen und notariell beurkunden« lassen möchte.

Der Kunde ist meist auch nicht so präzise wie der Experte in der Lage, sein Problem zu formulieren oder nach der besten Lösung des Experten zu fragen – aber er kann häufig besser als jeder Experte die Gedanken, die ihn nun zu einem Interesse für eine hochwertige Expertise geführt haben, genau formulieren, häufig sogar besser als jeder Experte, Marketingberater oder Website-Programmierer.

Das lässt sich auch bei einer Google-Suche erkennen. Wenn auf der eigenen Website steht, dass man als Notar insbesondere für letztwillige Verfügungen nach § 1937 BGB Experte ist, dann ist die Wahrscheinlichkeit relativ hoch, dass die wenigsten Klienten genau danach suchen oder mit dem ersten Blick auf die Website rufen: »Das ist eindeutig der richtige Experte für mich!«

Auch hier ist wieder ein Weglassen von Wissen und Informationen der Schlüssel zu einer erfolgreichen Positionierung. Lassen Sie gern Fachbegriffe weg und erklären Sie mit den Worten des Kunden, was Sie tun. Bieten Sie genau das an Lösungen an, für das der Kunde ein konkretes Problem benennt. Und lösen Sie keine Probleme, die kein Kunde hat.

Erfinden Sie Ihre eigene, persönliche Wissensmethode

Wer in seiner eigenen Wissensnische alles neu erfindet, der ist entweder ein Grundlagenforscher und bearbeitet damit vermutlich ein Themenfeld, das ohnehin nur eine Handvoll Menschen weltweit nachvollziehen können. Oder aber er stellt sich selbst eine Aufgabe, die kaum zu lösen ist. Alles neu erfinden und völlig neu beleuchten zu wollen, ist eine gefährliche Abkürzung ins Tal der Enttäuschung, denn ein solcher Experte würde damit auch seinen Kunden eine Aufgabe stellen, die sie kaum lösen könnten.

Kreieren Sie stattdessen Ihr ganz eigenes, persönliches System – das macht Sie unverwechselbar!

Ein guter Teil der Wissensbestände dürfte Ihren Kunden bereits vertraut sein. Das sollten sie sogar, denn vermutlich sind Sie nicht der Erstkontakt auf der Suche Ihres Kunden nach einer Problemlösung. Wer zum Beispiel unter Migräne leidet, hat sich mit seinem Krankheitsbild vermutlich intensiv auseinandergesetzt und bereits viele Methoden ausprobiert.

Das hilft Ihnen als Experte: Denn nur, wenn die Kunden sich in vertrauten Wissensbeständen eine erste Sicherheit verschaffen können, in denen der Experte vielleicht die ordnende Hand darstellt und noch einmal Inhalte heraushebt, dann werden sie auch in der Lage sein, mit ansteigender Lernkurve und zunehmender Orientierung die wertschöpfenden, ihnen noch unbekannten Wissensteile zu akzeptieren, die der Experte noch einzubringen vermag. Diese Wissensnovationen machen dann den Unterschied gegenüber allen anderen Experten aus. Sie machen unverwechselbar und können zur Grundlage Ihres One-Trick-Ponys werden.

Erfinden Sie Ihr eigenes Modell: Seien Sie der Erste, der die vielfältigen Herausforderungen der Personalakquise in Zeiten des Fachkräftemangels in das »Sieben-Schritte-Modell der GenZ-Führung« aufnimmt und darüber löst. Geben Sie Ihren Kunden mit diesem Modell eine Anleitung, die sie Schritt für Schritt abhaken und damit die eigenen Ziele erreichen können. In diesem Modell lassen Sie dann all Ihr wertvolles Wissen möglichst strukturiert und nachvollziehbar einfließen, das Sie als Experte mit all Ihrer Erfahrung als relevant für genau diese Zielgruppe erachten.

Auch One-Trick-Pony-Filme erfinden die Welt nicht völlig neu, sondern setzen auf eine Rekombination bewährter Modelle. Von der überaus erfolgreichen Filmreihe *Fast & Furious* gibt es mittlerweile zehn Sequels. Letztere rekombinieren die längst bekannten Genres der Heist-, Street-Racing- und Agentenfilme zu etwas Neuem, Einzigartigem, und wurden damit zu einem One-Trick-Pony.[14]

Gründen Sie Ihre eigene Wissensnische

Die ersten Stufen Ihres Modells sind stark angelehnt an eine Theorie, die Ihren Kunden durchaus bekannt sein dürfte, wie beispielsweise das Pareto-Prinzip. Die Stufe danach integriert sodann klug andere Elemente, die Sie aus anderen, schon bestehenden Modellen entliehen, für die Zielgruppe leicht abgewandelt und auf den Punkt gebracht haben. Und die beiden obersten Stufen sind schließlich Ihre ureigene Schöpfung, die aus dem ganzen Konstrukt ganz nebenbei dann noch »Ihr« Modell macht und vielleicht sogar Ihre Nische begründet.

Es gibt überhaupt keine Notwendigkeit, sich mit seinem Wissen und seiner Dienstleistung als Experte an irgendwelche Nischen gebunden zu fühlen. Häufig sind Wissensnischen allenfalls vage Konstrukte und ohnehin nur Aushandlungssache zwischen den Akteuren, die sich in diesen Nischen bewegen oder die sich für sie interessieren. Wichtig ist letztlich nur, dass Ihr Kunde versteht, welches Problem Sie für ihn wie kein anderer lösen können!

Übrigens sind Nischen zudem in den allerwenigsten Fällen wirklich trennscharf. Natürlich gibt es die Wissensnische der Psychologie. Es gibt die Wissensnische der Mitarbeiterführung, die vermutlich schon etwas spezieller und enger ist. Aber es gibt zwischen beiden einen klaren Austausch, eine eindeutige Schnittmenge und ebenso Bereiche, in denen man die Wissensbestände des einen Themas in das andere überführen kann, aber längst nicht muss. Nischen sind fluide Verhandlungssache.

Und es sei auch ausdrücklich betont, dass gerade in den Bereichen, in denen zwei Nischen von etablierten Wissensbereichen Schnittmengen entwickeln, eigene neue Nischen und Modelle entstehen können. Manchmal sind sogar die interessantesten Schnittmengen dort zu finden, wo die Nischen auf den ersten Blick nicht zusammenpassen und von anderen Experten oder den Kunden nicht intuitiv miteinander in

Verbindung gebracht werden können. Mitarbeiterführung oder Personalmanagement und Psychologie werden vermutlich häufig miteinander in Verbindung gebracht. Es gibt in vielen Unternehmen Psychologen, die in der Personalabteilung angestellt und dort federführend tätig sind.

Aber was wäre denn, wenn Sie beispielsweise die Personalführung mit der Spieltheorie in Einklang brächten und daraus einen neuen Ansatz entwickelten, wie Sie Arbeitgebern zu motivierten Mitarbeitern verhelfen? Was, wenn ein ehemaliger Fußballspieler zum Unternehmenscoach für Personalführung wird und der Führungsriege eines Unternehmens zeigt, wie man ein ganzes Team hinter einem Ziel versammelt?

Dann nimmt der Fußballer altbekanntes Wissen, das viele Fußballlehrer vermitteln, und kontextualisiert es einfach neu: »Die Aufstellung im Blick behalten. Den richtigen Pass zum Nebenmann zur richtigen Zeit spielen. Schauen, was der Gegner macht. Aktionen immer und immer wieder üben und dann einbringen. Raumdeckung und klare Aufgabenverteilung. Rechtzeitig von Defensive auf Offensive umschalten. Und Risikomanagement auf dem Spielfeld betreiben!«

Vielleicht ist es für ein fußballbegeistertes Klientel im Management dieses Unternehmens eine besondere Freude und Ehre, einfach einmal mit diesem bekannten Fußballer zu sprechen und sich von ihm inspirieren zu lassen. Vielleicht ist es nur diese Wertschätzung als kleiner, schillernder Anteil seines Expertenstatus, der ihm Tür und Tor öffnet.

Seine Inhalte wären sogar relativ vergleichbar und austauschbar. Aber das schillernde Momentum seiner Personal Brand, seiner Karriere und seiner fußballerischen Meriten macht hier den Unterschied. Die Verschiebung von Inhalten aus einer Nische in eine neue Nische brachte bereits den frischen Wind, den die Personalabteilung hier nach 30 Jahren psychologischer Mitarbeiterführung einmal gebraucht hatte.

Diesen Anteil einzubringen, war für den Fußballer relativ einfach, weil er bereits alles dafür in seiner bisherigen Karriere getan hat und sich seine Personal Brand »en passant« aufgebaut hat. Durch die Re-Kontextualisierung in das völlig neue Themenfeld wird dieses Asset für ihn jedoch extrem wertvoll.

»Nomen est omen«: So erhält Ihre eigene Methode anschließend selbstverständlich einen eigenen Namen – wie zum Beispiel die bereits vorgestellte »HAWEI«-Methode, die hafer- und eiweißreiche Ernährung zu etwas Neuem rekombinierte. Dieser Name bricht auch mit den etwas verstaubten, alten Methoden, die inhaltlich durchaus noch ihre Berechtigung haben.

Haferschleim beispielsweise wird schon aufgrund des unangenehmen Wortteils des »Schleims« oftmals abgelehnt. Im neuen Modewort der »Overnight Oats« oder als »Oatmeal« findet es heute aber wieder eine große Zahl an Anhängern.

Hensslers schnelle Nummer

Der TV-Koch Steffen Henssler hat aus einem offensichtlichen zeitgeistigen Trend heraus ein überaus erfolgreiches Business aufgebaut. Sein One-Trick-Pony: schnell gekochte Rezepte! Das klingt nicht allzu kreativ, stößt aber auf große Resonanz bei einer Zielgruppe, die über allzu wenig Zeit verfügt und schnelle Ergebnisse auch beim Kochen erwartet.

Hennssler ist als Fernsehkoch gestartet, hat aber sein One-Trick-Pony geschickt ausgebaut. Eines seiner zahlreichen Kochbücher hat es sogar auf Platz 1 der *Spiegel*-Bestsellerliste geschafft. In seinem Webshop kann man heute auch gleich noch Zutaten wie Gewürzmischungen und spezielle Speiseöle kaufen.

So entwickeln Sie Ihre eigene Methode

Bei der Entwicklung Ihrer eigenen Methode hat sich folgendes Vorgehen bewährt:

1. Suchen Sie in einer großen, bestehenden Nische, die viel Wettbewerb hat, nach lukrativen Subnischen. Folgen Sie dabei dem Geld: Nischen mit zahlungskräftigen Kunden sind deutlich interessanter als solche mit rein preissensiblen Kunden.
2. Spezialisieren Sie sich in großen Nischen auf Themen, die die Nummer-eins-Probleme Ihrer Zielgruppe lösen. Suchen Sie beispielsweise im Themenbereich »Verkehrsrecht« nach Lösungen für Berufskraftfahrer, die zur medizinisch-psychologischen Untersuchung müssen und ihren Führerschein und damit ihre Existenz zu verlieren drohen.

3. Spezialisieren Sie sich in großen Nischen auf Themen, in denen Sie besonders gute Modelle und Abkürzungen bieten können.
4. Spezialisieren Sie sich auf Themen, die mit Ihren Personal Assets korrelieren oder in denen Sie gut Personal Assets aufbauen können. Wenn Sie Sportler sind, dann können Sie gut über Themen wie Zielerreichung oder Erfolg sprechen. Wenn Sie einen wirtschaftswissenschaftlichen Doktortitel haben, dann hat dieses Thema Substanz für ein Businesscoaching.
5. Überlegen Sie, ob Sie mit Ihrer Expertise in einer bestimmten Nische auch solche Themen auffinden, die mit anderen Nischen verwandt sind. Vielleicht können Sie innerhalb derartiger Schnittmengen als ungewöhnlicher und damit einzigartiger Experte dennoch besondere Impulse einbringen und damit automatisch der Topexperte einer kleinen, neu geschaffenen Nische sein.

Experten, die sich mit diesen Kriterien immer mehr ihrer eigenen Nische nähern, werden zunehmend den Wunsch verspüren, hierzu auch zu recherchieren. Welche Nischen gibt es schon? Und wo haben sich bereits Experten so sehr etabliert, dass sie eine starke Konkurrenz darstellen würden? Wo gibt es interessante Themenbereiche, die ein Experte durchaus auch abbilden könnte, in denen es aber keine solchen Geschäftsmodelle für Experten gibt, schlicht, weil sie noch niemand etabliert hat.

Alle genannten Kriterien und die Idee, nun digital nach möglichen Geschäftsfeldern zu recherchieren, beschreiben aus fachlicher Sicht die Suche nach einem *Blue Ocean*.

Die Blue-Ocean-Theorie wurde von W. Chan Kim niedergeschrieben; er nutzt die Metapher von Ozeanen, in denen Fische um Nahrungsgrundlagen streiten.[15] Gibt es besonders viele Fische, die in diesem Bild die Wettbewerber repräsentieren, kommt es zu Beißereien, und das Wasser färbt sich rot. Gelingt es jedoch, einen Ozean zu finden, in dem wenige Wettbewerber unterwegs sind, dann kommt es zu weniger Konflikten um das Futter, sprich die Marktanteile.

Dabei kann man aus dieser Metapher lehrreich ableiten, dass bei roten Ozeanen die Situation eindeutig ist: Es gibt viele Nahrungsquellen und viele Konkurrenten, die um diese streiten. Es ist allerdings möglich, dass die großen Fische die Marktanteile bereits sehr wesentlich unter sich aufgeteilt haben. In einem blauen Ozean gibt es dagegen nur wenige Wettbewerber, mit denen man in Konflikt geraten könnte. Das kann hier aber auch erschwerend daran liegen, dass es schlichtweg kein Futter gibt.

Die Idealsituation liegt daher in der kleinen blauen Lagune innerhalb des roten Ozeans, einem kleinen Teil des großen Meeres, in dem reichlich Futter zur Verfügung steht, in dem aber keine Konkurrenten unterwegs sind.

Auf der Suche nach solchen blauen Lagunen kann Google helfen. Immerhin ist Google als größte digitale Suchmaschine der Welt ein ideales Recherchetool, um zu schauen, wo sich in der eigenen Wissensnische Themen verdichten. Google wird auf seinen Suchergebnisseiten vermutlich viele Ansatzpunkte liefern, mit welchen Themen sich Menschen, Kunden und Experten in einer bestimmten Wissensnische auseinandersetzen.

Ein Experte für autogenes Training wird viele Suchergebnisse finden. Menschen suchen im autogenen Training Lösungen für Stress und Ängste. Sie suchen Ruhe und Entspannung. Sie wollen ihre Einschlafprobleme damit kurieren oder gelassener werden.

Solche Ansätze kann man noch verbessern und anreichern. Beispielsweise mit einer Suche beim Anbieter »Google Trends«, einem kleinen Tool von Google, das auch auf die Suchalgorithmen und die Statistiken von Google zurückgreift. Dort kann beispielsweise geschaut werden, welche Themen häufig gesucht werden und wie sich die Suche nach solchen Themen aus der Vergangenheit heraus entwickelt hat. Es entsteht vielleicht gerade in einer spezifischen Nische ein neuer Trend, auf den gesetzt werden kann. Darüber hinaus ist »Google Trends« auch in der Lage, zu bestimmten Suchanfragen verwandte Themen und Fragestellungen auszuwerfen.

Eine solche Suche nach Informationen und Suchanfragen der potenziellen Kundschaft kann für jeden Experten spannend und inspirierend sein. Oft stößt man auf Fragen und Themenbereiche, die man vielleicht für das eigene Wissensbusiness noch gar nicht auf seinem Radar hatte.

Als mindestens einen Schwerpunkt sollte die eigene Recherche die Suche nach einer möglichen Nische umfassen, und hierbei ist es ferner wichtig, auch nach einer kommerziellen Sortierung der Wissensbestände zu streben. Das lässt sich aber mit klassischen Suchmaschinen kaum erreichen, denn Google interessiert sich wesentlich für Informationen und filtert diese nach dem Interesse seiner Nutzer.

Amazon ist hier für die Recherche guter blauer Ozeane besser geeignet: Es sortiert die dort enthaltenen Angebote an Produkten (gleichermaßen wie Google seine Angebote an Informationen sortiert) vor allem nach kommerziellen Gesichtspunkten. Amazons Geschäftsmodell liegt darin, seinen Nutzern zu deren Suchanfrage immer genau das Angebot zur Verfügung zu stellen, für das diese dann bezahlen.

Weil Amazon eben nicht kostenlose Informationen bietet, sondern diese neben vielen anderen Produkten häufig vor allem auch in Wissensprodukten wie Büchern, Ratgebern, Filmen und Ähnlichem gebunden sind, lässt sich hier eine viel leichtere und eindeutigere Ableitung zwischen starkem Suchinteresse und der Bereitschaft der Kunden, für das enthaltene Wissen auch zu zahlen, ableiten.

Findet Google zur Suchanfrage »Abnehmen mit der Insulindiät« 400 000 Suchergebnisse, dann ist das zu viel ungefilterte, kommerziell zu wenig auszubeutende Information. Findet Amazon zur gleichen Suchanfrage ein Buch, das aufgrund des hohen Interesses seiner Leser zum Amazon-Bestseller geworden ist, dann ist das also ein besserer Indikator für uns.

Durch Amazon kann so nachgewiesen werden, dass für dieses spezielle Wissensgebiet und diese kleine Nische zahlreiche Kunden gefunden werden konnten, die Geld für die in diesem Buch erhofften Lösungen eines ganz spezifischen Problems zu zahlen bereit waren.

Wie Google funktioniert Amazon dabei auch mit Keywords und der sogenannten Schlagwortsuche. Jedes Produkt, das in die Amazon-Welt aufgenommen und dort angeboten wird, wird mit bestimmten Schlagworten versehen. Bei Büchern macht das meist der Verlag; darüber hinaus analysiert auch Amazon selbst die zur Verfügung gestellten Informationen auf bestimmte Schlagwörter hin, nach denen die Nutzer später suchen könnten.

Aus diesen bildet es dann eigene Cluster in seinen Datenbanken, auf die die Nutzer und die Sucheingabe von Amazon zugreifen können. Ist ein Buch als relevantes Ergebnis der Sucheingabe eines Users ausgegeben worden, so werden dem möglichen Kunden – und dem recherchierenden Experten – zudem noch weitere Bücher vorgeschlagen. Produkte, die häufig von anderen Nutzern gekauft worden sind, werden dort ebenso aufgeführt wie Produkte, die einer ähnlichen Schlagwortkategorie zugeordnet wurden und inhaltlich mit der Suche verwandt sind. Das wiederum kann man sich nun bei seiner eigenen Recherche nach kommerziell erfolgreichen Themen zunutze machen und selbst weiter recherchieren:

Welche Themen haben in dieser Nische funktioniert und können vielleicht behilflich sein, die eigene Nische noch etwas enger und lukrativer einzugrenzen oder eine interessante neue Nische zu erschaffen, in der man zum Topexperten werden kann?

Ihre eigene Methode sollte das Geld im Blick haben

Die Idee, mit eigenen Inhalten auch ein gutes Stückweit eigene Modelle und eine eigene Nische zu erschaffen, führt automatisch zu einer der zentralen Fragen, die immer wieder bei der eigenen Positionierung auftaucht:

Wie groß darf oder muss die eigene Nische sein? Und die Frage funktioniert exakt um 180 Grad gewendet genauso: Wie klein darf die eigene Nische sein, damit sie überhaupt noch wirtschaftlich attraktiv ist?

Die Erkenntnis, dass für das eigene Expertenbusiness eine passende Nische gefunden werden muss, drängt sich im Grunde sofort auf, wenn Wissensexperten beginnen, das eigene Geschäftsmodell und den eigenen Wissensbereich zu gestalten.

Die vorausgegangenen Beschreibungen haben gezeigt, dass es stets möglich ist, die eigene Nische auch durch Kombination von Themen und Wissensbeständen zu erschaffen oder sich innerhalb einer Nische eine eigene Subnische zu kreieren. Mit der Freiheit, das zu entscheiden und zu gestalten, geht die Verpflichtung einher, weise zu wählen. Rendite und Risiko gehen eben auch bei der Wahl des eigenen Geschäftsfeldes als freiberuflicher Experte Hand in Hand.

Wird eine Nische adressiert oder eine Subnische selbst erschaffen, wird sich der Erfolg der eigenen Positionierung in diesem Businessbereich kaum sofort einstellen, sondern erst mit etwas Zeit und Aufwand. Ist die Nische jedoch falsch gewählt, kostet das Zeit, Geld und Motivation!

Hinter der Frage steht selbstverständlich auch ein monetärer Antrieb. Es ist klar, dass in einer zu breit gewählten Nische zwar mit hoher Wahrscheinlichkeit viele Kunden gefunden werden; schließlich sind große Nischen schon allein deshalb beliebt und von vielen Experten besetzt, weil dort viel Kundschaft zu finden ist. Aber damit ergibt sich automatisch das nächste Problem, weil inmitten der großen Konkurrenz von Mitbewerbern natürlich die Herausforderungen steigen, selbst mit einem unverwechselbaren und einzigartigen Angebot sichtbar zu werden und den Schritt zu hohen Honoraren unternehmen zu können.

Die Antwort auf die hohe Konkurrenz in einer großen und mit vielen potenziellen Kunden gesegneten Nische liegt eben vor allem in der Möglichkeit, die eigene Personenmarke so aufzustellen, dass sie dem Konkurrenzdruck widersteht und sich eigene Marktanteile erobern kann. Das ist immer aufwendig und braucht einen relativ hohen Einsatz von Zeit, Energie und nicht zuletzt auch Geld. Bei viel Wettbewerb wird es noch aufwendiger!

Allzu schnell entsteht hier oft der Impuls, eine kleinere Nische und damit eine Antwort auf den großen Wettbewerbsdruck zu finden. Doch auch diese Nischen haben ein immanentes Problem: Werden sie zu klein oder zu exklusiv gewählt, sind dort unter Umständen zu wenige oder gar keine Kunden mehr anzutreffen. Dann nützt auch der höchste Einsatz von Zeit, Energie und Geld nichts.

Und als alle umgebende, gemeinsame Klammer ist stets zu befürchten, eine Nische zu finden, die, egal wie groß oder klein sie auch sein möge, gar keine Kunden finden lässt.

Gelingt es, in einer großen oder kleinen Nische Kunden zu finden, dann muss zudem noch befürchtet werden, dass hier nur solche Kunden und Deals gefunden werden können, die wenig lukrativ sind.

Nischenfindung ist die zentrale Herausforderung der meisten Experten, und für viele bleibt sie das auch.

Der Follow-the-Money-Ansatz

All diese Herausforderungen lassen sich natürlich nicht einfach im Vorbeigehen lösen, können aber gut bearbeitet werden, wenn dabei stets der sogenannte Follow-the-Money-Ansatz verfolgt wird.

Zunächst einmal können große Nischen dahingehend betrachtet werden, welche Subnischen sie enthalten und wie sich diese in Bezug auf die möglichen zu erzielenden Honorare darstellen. Der Blick auf das große Thema »Sport« kann den Blick dafür schärfen: Es gibt in Deutschland, Österreich und der Schweiz eine riesige Landschaft an Sportvereinen und Individualsportlern, die diese Themen vor allem auch im Hobbybereich in großer Breite leben. Es gibt Fußballvereine, Handballvereine und Schwimmsportvereine. Es gibt Tanzgruppen und Yogakurse. Es gibt Triathleten und Jogger, Radsportler und Reiter.

Nehmen wir an, dass ein ehemaliger Profisportler hier die Idee entwickelt, seine Expertise im Bereich Leistungssteuerung einzubringen. Als Profisportler war es für ihn alltäglich gewesen, die sportliche Belastung immer auch dahingehend zu betrachten, wie das richtige Maß zwischen Anspannung und Regeneration gefunden werden konnte. Das kann für die Handballjugendmannschaft ebenso interessant sein wie für den Manager, der nach Feierabend und am Wochenende für seinen ersten Ironman trainiert. Nun gilt es herauszufinden, welche dieser vielen möglichen Zielgruppen denn die richtige ist, wo die lukrativen, hohen Honorare locken und wie man diese Zielgruppe anspricht.

Als lukrative Zielgruppe könnte der neu berufene Experte zunächst auf Handballer schauen. Vielleicht war er selbst in diesem Bereich Profisportler und würde sich sicher fühlen, dort seine langjährige Erfahrung und Expertise profund weiterzugeben. Es müsste ein Leichtes sein, beispielsweise Trainer von Jugendmannschaften dafür zu gewinnen, dass sie sich seiner Expertise anvertrauen.

Bei genauerer Analyse stellt sich jedoch heraus, dass die jugendlichen Sportler oder deren Eltern kaum in der Lage oder willens sind, für dieses Hobby hohe Honorare zu bezahlen, damit beim nächsten Spiel gegen die Mannschaft des Stadtteilnachbarn eine »bessere Belastungssteuerung« zum Sieg verhilft. In diesem Marktsegment ist also gar kein Geld verfügbar – trotz hoher Expertise des Handballprofis.

Viel lukrativer ist womöglich der Blick auf den Feierabend-Triathleten. Obwohl in dieser Konstellation nur eine Person Kunde würde, ist hier unter Umständen ein höheres Honorar durchzusetzen: Der typische Triathlet ist in seinem Beruf erfolgreich und ambitioniert. Er hat womöglich schon etliche berufliche Ziele erreicht und sucht jetzt nach neuen Herausforderungen oder einem Ausgleich, der gleichsam seinem Ehrgeiz Rechnung trägt. Wo eine Jugendhandballmannschaft vielleicht einmal 100 Euro pro Kind für die Trikots ausgibt, da investiert der Triathlet bereitwillig fünfstellige Summen in sein Sportgerät, in die Reise nach Hawaii zum Ironman und – in ein Coaching zur Belastungssteuerung durch einen ehemaligen Profisportler. Dieser Markt ist also sehr viel liquider und damit attraktiver.

Ähnliche Ableitungen lassen sich auch für andere Individualsportler mit kostenintensiven Hobbys anstellen wie bei Reitern oder im Golfsport.

Hat Ihre Zielgruppe mehr Zeit oder mehr Geld?

Die Zielgruppe des eigenen Wissensproduktes so auszuwählen, dass von dieser auch gute Honorare gezahlt werden können, ist selbstverständlich parallel zu allen Bemühungen, die eigene Personenmarke für diese Zielgruppe erfolgreich aufzubauen und sichtbar zu machen, wichtig. Da erscheint es häufig überraschend, dass so viele Experten dennoch diesen Punkt vernachlässigen: Es wird viel Zeit, Energie und Geld in den Aufbau der eigenen Personenmarke gesteckt, Sichtbarkeit erzeugt und mit viel Motivation an eigenen Inhalten und Produkten gearbeitet. Und wenn dann alles mit dem notwendigen langen Atem des erfolgreich positionierten Experten umgesetzt wurde, wird zu spät festgestellt, dass der Markt zu klein ist, die Kunden zu wenig zahlungskräftig sind oder der Kuchen bereits von gut positionierten Wettbewerbern aufgeteilt wurde.

Deshalb empfiehlt es sich, eine anvisierte Expertennische möglichst früh auch darauf zu prüfen, ob dort die notwendigen oder erhofften Honorare gezahlt werden können, die man als Experte anstrebt. Und auch für bereits etablierte Experten kann sich die Frage stellen, ob womöglich eine Anpassung der eigenen Zielgruppe auf Basis der bereits erreichten Expertenpositionierung notwendig oder hilfreich sein könnte, um zukünftig leichter oder besser gute Honorare erzielen zu können.

> Die Kontrollfrage dazu lautet: Hat meine Zielgruppe mehr Zeit oder mehr Geld?

Warum die Zuspitzung auf diese beiden Fragen? Weil Zeit und Geld untereinander gut zu tauschen sind.

Das erinnert an Währungen wie den Dollar und den Euro, die jederzeit zu einem bestimmten Verrechnungskurs an den Geldmärkten getauscht werden können. Manchmal ist der Dollar ziemlich »teuer«, und damit ein Problem für exportierende europäische Unternehmen oder ebenso für Urlaubsreisen in die USA. Und manchmal ist es gerade andersherum. Natürlich wünscht man sich, zu einem möglichst günstigen Verrechnungskurs tauschen zu können. Der Tausch ist zwar immer möglich, aber die jeweilige Bewertung untereinander wird schwanken.

Ähnlich befinden sich Zeit und Geld in einem regelmäßigen Aushandlungsprozess mit wechselnder Bewertung. Dass beides sich untereinander tauschen lässt, kennt jeder Angestellte, der für einen Stundenlohn arbeiten geht. Hier stecken die beiden Einheiten der tauschbaren Elemente schon im Wort: 1 Stunde Lebens*zeit* eines Angestellten bringt ihm einen Lohn von zum Beispiel 50 Euro, den der Arbeitgeber dagegen zu tauschen bereit ist. Der eine ist zu diesem Handel bereit, der andere nicht – und bei der nächsten Tarifrunde wird wieder neu ausgehandelt.

Für Experten, die ihr Wissen als Produkt oder Dienstleistung anbieten, ist die leichte Tauschmöglichkeit zwischen Zeit und Geld eine gute Grundlage für lukrative Geschäftsmodelle. Es sollte nur nicht mit dem Mindestlohn gerechnet werden müssen. Gelingt es, Kunden zu finden, die bereit sind, Geld zu einem für den Experten günstigen »Wechselkurs« gegen Zeit zu tauschen, dann locken hier hohe Honorare. Der Hobby-Triathlet, im Hauptberuf Topmanager, hat beispielsweise mehr Geld als Zeit zur Verfügung.

Zu diesem Zweck können Experten entweder selbst Zeit einbringen, um dem Kunden Probleme von hoher Relevanz zu lösen. Ist der Experte hinreichend positioniert und seine Expertise für den Kunden wertvoll, dann hat dessen Zeit dafür einen hohen Tauschpreis. Und auch wenn es Teil der Dienstleistung des Experten ist, dem Kunden Zeit zu ersparen, funktioniert dieser Tauschhandel zu einem guten Kurs.

Der Kunde ist bereit, die eigene Zeitersparnis durch den Experten beispielsweise in Form von Abkürzungen und gut nachvollziehbaren Erfolgsmodellen zu honorieren. Der Wechselkurs zwischen Zeit und Geld orientiert sich hier wesentlich daran, was gerade beim Kunden knapp und was gut verfügbar ist – wie bei so vielen Marktfunktionen.

Betrachten Sie Zeit zur Veranschaulichung als Währung (wie Geld!), und bereiten Sie sich möglichst gut auf einen Tauschhandel mit Ihren Kunden zwischen diesen beiden mehr oder weniger knappen Gütern vor. Es gibt:

- Kunden, die mehr Zeit haben (und dann unter Umständen weniger Geld);
- Kunden, die mehr Geld haben (und dafür weniger Zeit);
- Kunden, die viel Zeit und viel Geld haben;
- Kunden, die weder Zeit noch Geld haben.

Daraus ergibt sich folgende Matrix mit vier Feldern möglicher Verhältnismäßigkeit zwischen Zeit und Geld bei den eigenen Kunden:

Viel Geld, wenig Zeit	Viel Geld, viel Zeit
Wenig Geld, wenig Zeit	Wenig Geld, viel Zeit

Zeit-Geld-Matrix: In welchen Quadranten fällt Ihr prototypischer Kunde?

Quelle: Eigene Darstellung.

Keine Zeit und kein Geld – Vorsicht: Meiden Sie diese Zielgruppe!

Am einfachsten zu beschreiben ist diese Zielgruppe: »Keine Zeit und kein Geld«.

Die Kunden dieser Gruppe zahlen wenig für Expertenleistungen. Am einfachsten zu betrachten ist dieser Fall, wenn die Kunden tatsächlich über wenig Finanzmittel verfügen, denn dann können sie auch kein Geld investieren. Dann ist es vollkommen einfach: Meiden Sie diese Zielgruppe! Es lässt sich mit ihr kein lukratives Geschäftsmodell mit hohen Honoraren aufbauen.

Es kann aber auch sein, dass die Kunden nicht investieren wollen und dass deshalb dort eben keine guten Preise zu erzielen sind.

Denn die Frage muss ja nicht nur sein, ob die Kunden überhaupt Geld haben, sondern tatsächlich, ob sie bereit sind, dieses in Form von angemessenen und hohen Honoraren auch dem Experten anzubieten und gegen seine Dienste einzutauschen. Der reine Blick auf die finanziellen Verhältnisse einer möglichen Zielgruppe wäre an dieser Stelle zu kurz gegriffen und würde unter Umständen sogar den Aufbau der eigenen Personenmarke für diese Zielgruppe und die Gestaltung eigener Produkte und Dienstleistungen in die falsche Richtung laufen lassen.

Das spätere Investment erfolgt nur, wenn das zugrunde liegende Problem, das der Experte für die Zielgruppe löst, hinreichend relevant ist und die Zielgruppe im Idealfall einen hohen Leidensdruck hat. Es nützt schlicht nichts, eine Gruppe durchaus Wohlhabender mit einem Produkt ansprechen zu können, das für diese jedoch nicht relevant ist. Es würde auch hier gelten: »kein Geld«!

Die Tatsache, dass die Kunden dieser Gruppe auch wenig Zeit haben, muss ebenso auf die Konsequenz für die Bereitschaft zum Investment angeschaut werden. Kunden, die keine Zeit haben, sich mit der angebotenen Expertise auseinanderzusetzen, sind selbstverständlich keine besonders gut geeignete Zielgruppe für solche Produkte. Es kann bedeuten, dass diese Zielgruppe bis aufs Äußerste in anderen wichtigen Prozessen eingebunden ist und keine Zeit für die Dienste des Experten hat.

Meistens aber bedeutet das auch, dass die möglichen Kunden ein nicht hinreichend relevantes Problem haben oder erkennen. Probleme, die aber aufgrund geringer Relevanz schon von den eigenen Kunden aussortiert werden und für die keine Zeitkontingente übrig bleiben, sind auch für den Experten ein wenig lukratives Betätigungsfeld.

Nehmen Sie folgendes Bild: Ihr Kunde wird das Sortieren seiner Briefmarkensammlung sofort beiseitelegen, wenn er sieht, dass sein Haus brennt. Solange aber nichts brennt, hat die Philatelie als Leidenschaftsprojekt allerdings Vorrang.

Wenig Geld, viel Zeit – die perfekte Zielgruppe für Digitalprodukte

Die zweite Gruppe möglicher Kunden in der Matrix aus verfügbarer Zeit und verfügbarem Geld ist jene, in der wenig Geld, aber viel Zeit vorhanden ist.

Diese Kunden haben, wie die zuvor genannte Gruppe, wenig Geld, sind daher aus der Sicht zu erzielender Honorare wenig interessant. Was jetzt aber hier anders ist: dass diese Kunden viel Zeit haben. Und sie sind der bisherigen Definition nach auch durchaus bereit, diese Zeit in die Lösung ihres ausgemachten Problems zu investieren.

Das ist zunächst ein bedeutsamer Schritt auf die Expertise zu, denn das Problem wurde wahrscheinlich von den Kunden klarer ausgemacht als in der Gruppe, die keine Zeit und kein Geld zu investieren bereit oder in der Lage waren. Diese Kunden hier zeigen sich unter Umständen den Angeboten des Experten gegenüber deutlich aufgeschlossener und interessierter. Denn sie haben Zeit, sich mit ihrem Problem intensiv zu befassen. Und sie haben beispielsweise schon viel Energie und viele Google-Suchen in Eigenlösungen investiert.

Manchmal treten solche Kunden unter anderem dadurch in Erscheinung, dass sie sich gern zu Informations- und Akquisegesprächen bereiterklären. Sie diskutieren das Problem ausführlich und engagiert mit dem Experten und nehmen bereitwillig jedes Element seiner Expertise an. Sie haben ja Zeit.

Allerdings zeichnen sich solche Kunden auch dadurch aus, dass sie viel des eigenen Zeitkontingents darauf verwenden, sich selbst in das Thema einzuarbeiten und sich eigenes Wissen anzueignen. Sie sind dabei längst nicht immer stringent und folgen auch gern mehreren Experten. Sie sind offen, neugierig und engagiert. Ein gutes Geschäft ist mit Ihnen dennoch häufig nicht zu machen, schon gar nicht langfristig und zielgerichtet. Denn sie haben schlicht kein verfügbares Geld.

Dies liegt nicht zuletzt daran, dass ein Problem, das auch mit größerem Zeitinvestment und auf eigene Faust zu lösen ist, wiederum einen Mangel an Relevanz und Konsequenz vermuten lässt. Viel Zeit bedeutet eben häufig in aller Konsequenz beim Kunden auch den Hang zur Prokrastination. Den Problemen fehlt es an Dringlichkeit und Wichtigkeit, und manchmal handelt es sich schlicht um »Luxusprobleme« des Kunden, die man lösen kann, die man aber auch noch eine Weile liebevoll betrachten und über die man sich neugierig informieren kann.

Für die in dieser Art grob charakterisierten Kunden gilt es für Experten stets zwei Ableitungen im Hinterkopf zu behalten. Erstens haben Kunden aus diesem Feld der Matrix eine gewisse Tendenz dazu, »toxisch« zu werden. Toxische Kunden zeichnen sich in vielen Fällen dadurch aus, dass sie deutlichen Zugriff auf die Zeitressourcen des Experten nehmen. Das geschieht häufig ohne böse Absicht, sondern einfach motiviert durch die Tatsache, dass sie selbst dafür Zeit haben.

Weil sie es gewöhnt sind, durch eigenes Engagement und mit viel Geduld gewisse Prozesse zu ersetzen, die man sich mit Geld auch durch professionelle Hand erledigen lassen könnte, verbringen sie diese Zeit gern mit Ihnen als Experte. Es sind auch die Kunden aus dem Fliesenlegerbeispiel, die sich vom Profi gern stundenlang zeigen lassen würden, wie man denn möglichst professionell Fliesen legt, damit sie ihn im Umkehrschluss nicht mit einem Auftrag ausstatten und bezahlen müssen. Und manchmal bleiben in diesem Beispiel die Fliesen auch noch ein paar Jahre so, wie sie sind.

Als zweite Ableitung gilt es, diesen Kunden enge Grenzen zu setzen. Es gilt hier also, frühzeitig Parameter zu etablieren, anhand derer sich auch der Kunde orientieren kann. Experten bieten dann zum Beispiel ein Informationsgespräch an, beschränken dieses aber womöglich auf nur eine bestimmte Zeitspanne und setzen ans Ende einen klaren Handlungsaufruf: »Vielen Dank für Ihr Interesse – und wenn Sie mich beauftragen wollen, dann schicke ich Ihnen gern eine Abschlagsrechnung.« Somit stellen Sie den toxischen Kunden Aufgaben, anhand derer Sie ihre Verortung in der Matrix aus Zeit und Geld erkennen können. Der Kunde, der bei einem Dienstleister beispielsweise ein Coaching für ein Projekt in Auftrag geben möchte, könnte dieses auf ein oder zwei Seiten zusammenfassen und dem Coach eigeninitiativ schicken. Wenn der Kunde das nicht tut, dann ist vielleicht sein Problem auch nicht so besonders dringlich.

Das ist erstaunlich oft eine Hürde, die wenig zielorientierte Kunden bereits zurücklässt und Ihnen wiederum damit hilft, den Kunden in der Matrix aus Zeit und Geld einzusortieren – dies natürlich, wie bei allen Schemata, mit einer gewissen Gefahr, ihm damit unrecht zu tun.

Vor allem aber lässt sich damit auch ein Umgang mit diesen Kunden entwickeln, der dann eben doch zu einer bezahlten Expertise führt.

Digitale Produkte wie Onlinekurse sind durch die Möglichkeit der Skalierung auch bei niedrigen Preisen lukrativ für Experten. Diese Kurse können mit der einmal eingebrachten Expertise, die der Profi beispielsweise in einen Videokurs hat einfließen lassen, zeitgleich an viele Kunden zu einem günstigen Preis verkauft werden und entwickeln im Lichte der jetzigen Überlegungen einen ebenso für diesen Kunden günstigeren Wechselkurs zwischen Geld und Zeit.

Der Kunde bekommt stundenlang Inhalte in einem Videokurs präsentiert, zahlt dafür vielleicht 49 Euro im Monat, und profitiert in großem Umfang vom Wissen und der ordnenden Hand des Experten. Er schätzt den günstigen Preis und die Tatsache, dass er sich intensiv mit den zur Verfügung gestellten Informationen beschäftigen kann. Zeit hat er ja. Für den Experten stimmt die Gleichung trotzdem, weil er schlussendlich viele Kunden zur gleichen Zeit mit vielen Stunden von Inhalten und vielen Abonnementzahlungen in Höhe von 49 Euro haben kann.

Das sollte schließlich auch den Kunden abholen, der wenig Geld und vor allem viel Zeit hat. Schließlich ist diese Kundengruppe daran gewöhnt, geringe finanzielle Möglichkeiten durch eigenes Engagement und Zeitinvestment zu ersetzen. Kunden, die wenig Geld investieren können oder wollen und gleichzeitig bereit sind, vorhandene Zeitkontingente für die eigenen Fortschritte zu investieren, wissen ja dennoch die Expertise zu schätzen, suchen die darin enthaltenen strukturierenden Modelle und Abkürzungen – genauso wie Kunden, die viel Geld zu investieren bereit oder in der Lage sind.

Auch Kunden, die man vielleicht bisher gar nicht einschätzen kann, wie viel Zeit und wie viel Geld sie tatsächlich für ein bestimmtes Problem zu investieren bereit und in der Lage sind, können mit einer digitalen Masterclass an die eigene Expertise herangeführt werden. Kann der Experte sich dann in diesem Produkt beweisen und ist der Kunde willens, deutlich mehr für eine deutlich persönlichere Beratung seitens des Experten zu investieren, so ist ein eigenes Digitalprodukt die beste Werbung auch für Kunden, die deutlich höhere Honorare zahlen können.

Viel Geld und viel Zeit – Ihre zweitliebsten Kunden

Rein monetär betrachtet ist die Zielgruppe der Kunden, die viel Geld und viel Zeit hat und potenziell investieren kann, den beiden bisher genannten Gruppen vorzuziehen. Offensichtlich ist diese Kundengruppe für hochpreisige Produkte und Dienstleistungen interessant, denn sie verfügt über Geld. Und selbst, wenn sie nicht für solche infrage kämen, wären sie mindestens so gut wie die zweite Gruppe in der Lage, vielleicht Kunden einer Digital-Masterclass zu werden.

Diese Kunden nun haben also genügend Geld, um auch hohe Honorare zahlen zu können. Ebenso haben sie genügend Zeit, um sich intensiv mit einem Produkt auseinanderzusetzen, jederzeit für den Experten erreichbar zu sein und jeder gemeinsamen Arbeit aufgeschlossen gegenüberzustehen. Im Grunde genommen wären das die Traumkunden. Jedoch müssen einige Fragezeichen betreffend dieser Kundengruppe aufgeworfen werden, die sie dann eben nur zu zweitliebsten Gruppe machen.

Bereits für die Gruppe der Kunden mit wenig Geld und viel Zeit wurde festgestellt, dass diese unter Umständen als toxische Kunden in Erscheinung treten können. Damit sind Kunden gemeint, die gern und reichlich Zugriff auf die zeitlichen und weiteren Ressourcen des Experten nehmen, letztendlich aber nicht zusätzlich für den Mehraufwand zahlen. Wenn die Kunden hingegen in der Lage sind, auch höhere Honorare zu zahlen, sind sie deswegen noch nicht automatisch »pflegeleichte« Kunden, weil einfach ungewiss ist, ob sie nicht doch viel Zeit einfordern werden.

Dann bieten solche Kunden eine weite Spanne zwischen solchen, die selbst viel Zeit haben und diese gern für das gemeinsame Projekt mit dem Experten investieren, dabei aber rücksichtsvoll mit seiner vielleicht knapperen Zeit umgehen – und solchen, die zwar gut zahlen, aber dafür mit immer neuen Ideen, Änderungsvorschlägen und externen Impulsen laufende Projekte verkomplizieren, erweitern und in die Länge ziehen können. Auch diese Kunden teilen häufig den Impuls, sich gern viele Informationen aus verschiedenen Quellen zu beschaffen und teilweise auch mit mehreren Experten gleichzeitig zusammenzuarbeiten – oder mindestens gern neue Einflüsse und alternative Lösungen aufzunehmen.

Diese Kunden mäandern manchmal auf das gemeinsame Projektziel zu, und das umso mehr, je unklarer dieses durch den Experten formuliert und gesteuert wird.

Dann können auch diese Kunden den beschriebenen toxischen Einfluss auf die knappe Ressource Zeit beim Experten nehmen, und damit werden sie immer mühsamer und teurer: Der Wechselkurs von Zeit (des Experten) und Geld (des Kunden) schwankt zum Schlechteren.

Solche Kunden erfordern mindestens einen höheren Aufwand dahingehend, sie in engen Bahnen zu steuern, damit das Projekt für beide lukrativ und interessant bleibt.

Es gibt jedoch auch eine gute Nachricht in Bezug auf diese Kundengruppe mit viel Geld und viel Zeit, die hier eingangs ja nur als zweitliebste Zielgruppe vermutet wurde: Mitglieder dieser Gruppe werden Sie selten treffen.

In der Schnittmenge von Personen, die höhere berufliche und private Ziele erreichen wollen, die über ein gutes Einkommen verfügen und bereit sind, Experten hinzuzuziehen, werden Sie eine überdurchschnittlich hohe Anzahl an Unternehmern und Managern antreffen. In der Gruppe der Besserverdiener sind Angehörige des Managements von Unternehmen überdurchschnittlich repräsentiert, unter den reichsten Deutschen sind es dann die Unternehmer selbst.

Angestellte in mittleren oder einfachen Positionen sind häufig nicht befugt oder motiviert, für ihren eigenen Aufgabenbereich externe Expertise hinzuzuziehen. Es ist zudem ein Stückweit der Angestelltenmentalität geschuldet, dass hier lieber Aufgaben nach Plan der Vorgesetzten umgesetzt werden, während Fragen nach externer Expertise oder Weiterbildungsmöglichkeiten weniger gesehen oder schlussendlich doch wieder durch den Unternehmer entschieden werden. Entscheiden sich Angestellte dennoch dafür, sich auch außerhalb der eigenen Beschäftigungssituation mit fremder Expertise zu bereichern, dann müssen Sie dies als Wissensanbieter immer noch in Relation zu einem Angestelltengehalt einpreisen.

Viel Geld und wenig Zeit – Ihre Traumkunden

Die besten denkbaren Klienten für Ihr Expertenunternehmen sind Menschen, die Geld zur Verfügung haben und zugleich wenig Zeit. Sie sind auf der Suche nach schneller, direkter Problemlösung.

Das lässt sich gut am Beispiel der Unternehmenscoaches illustrieren: Die größte Gruppe im Zielgruppenspektrum der Businesscoaches ist das mittlere Management in Konzernen und Unternehmen.[16] Mit 13 Prozent Anteil aller Kunden bildet das mittlere Management in Konzernen und Unternehmen die Hauptzielgruppe im Spektrum der rund 500 befragten Coaches. Die zweitgrößte Zielgruppe in dieser Erhebung waren mit knapp 11 Prozent das Topmanagement in kleinen und mittelständischen Unternehmen (KMU). Immerhin noch etwas über 5 Prozent der Zielgruppe waren selbst Inhaber eines kleinen und/oder mittelständischen Unternehmens, sie waren also selbst Unternehmer.

Experten im Coaching und im Beratermarkt konzentrieren sich also auf diese Zielgruppen. Man kann davon ausgehen, dass sie damit den besten Marktchancen und lukrativsten Kunden folgen.

Deutlich geringer war die Anzahl der Kunden jeweils für folgende Zielgruppen: Angestellte, Gründer, Freiberufler, Privatpersonen, Studierende und Schulpflichtige. Offensichtlich liegt das nicht zuletzt auch an einem für die Coachingbranche weniger lukrativen Verhältnis zwischen Zeit und Geld bei diesen Zielgruppen. Für diese Zielgruppen kann vermutet werden, dass sie über wenig Geld verfügen. Sie sind daher weniger attraktiv.

Entsprechend gestalten sich auch die häufigen Themenschwerpunkte, die zum Thema des Coachings bei den besten Zielgruppen werden. Genannt wurden hierbei in absteigender Reihenfolge:[17]

- Reflexion von Personen, Rolle und Führungsverhalten;
- Persönlichkeits- und Potenzialentwicklung;
- Neue Aufgaben, Funktionen und Positionen;
- Führungskompetenz und Entwicklung;
- Konfliktmanagement;
- Karriere- und Berufswegfragen;
- Stressmanagement, Burn-out-Prophylaxe, Work-Life-Balance;
- Organisationsveränderung, Changemanagement;
- Selbstmanagement, Arbeitsstiloptimierung;
- Leistungssteigerung.

Die Vorstellung, dass Angehörige des Managements von Unternehmen sowie Unternehmer häufig selbst wenig Zeit und hohe Ziele haben, ist mehr als ein Klischee. Die Themen, mit denen sich am ehesten ein Marktpotenzial erschließen ließ, unterstreichen diesen Eindruck.

Bei fast allen Themen geht es implizit oder explizit darum, unternehmerische Ziele schneller und besser zu erreichen. Es geht um Abkürzungen und Management, um Selbstoptimierung und die Optimierung der Systeme, in denen man seine eigenen beruflichen Ziele verfolgt. Es geht um die Frage nach effizienten und leistungsfähigen Ordnungssystemen für das eigene Aufgabenspektrum.

Technische Analyse der Follow-the-Money-Regel

Es ist hilfreich zu schauen, wie sich denn voraussichtlich die Faktoren Zeit und Geld bei der anvisierten Zielgruppe ins Verhältnis setzen. Das ist jedoch häufig eine zunächst abstrakte Überlegung, die wenig messbar ist.

Zur ergänzenden Analyse potenzieller Betätigungsfelder für den eigenen Expertenjob lässt sich untersuchen, an welchen Stellen Geld im Markt verfügbar ist. Dafür gibt es technische Zugänge wie beispielsweise die Suchfunktion von Google.

Google bietet neben der für alle Nutzer kostenlosen Möglichkeit, Inhalte zu suchen, auch die Möglichkeit, als Werbepartner bei Google Werbung zu schalten und mit den eigenen Inhalten und Angeboten privilegiert gefunden zu werden: »Google Ads«.

Unternehmen können je nach spezifischem Werbemodell bei Google auch dafür zahlen, wenn Nutzer auf die Werbeanzeige klicken, und sogar den realen Verkauf zum Ziel der Werbepartnerschaft erklären. Dazu muss lediglich ein Werbekonto bei Google angelegt werden, was in wenigen Minuten erledigt ist. Dann kann man schon Werbung bei Google schalten und damit der eigenen Sichtbarkeit große Vorteile verschaffen – oder den Prozess nur zur Recherche von besonders begehrten Marktnischen nutzen.

Die Bewerbung bestimmter Themen und Begriffe (Keywords) geschieht bei Google stets im Rahmen einer technischen Aushandlung zwischen möglicher Reichweite und Wettbewerbsdruck anderer Anbieter, die die gleichen Suchbegriffe adressieren möchten. Google wird also für jeden Suchbegriff, den die Werbetreibenden adressieren möchten, eine Auktion veranstalten, und dann Preise aufrufen, ermittelt aus dem Suchvolumen und der Konkurrenz von anderen Anbietern.

Das geschieht nicht dadurch, dass alle Interessenten zu einer bestimmten Zeit ihr Bieterkärtchen heben würden, sondern einfach dadurch, dass bestimmte Keywords mit einem entsprechenden Preis versehen sind, der durch mehr oder weniger Nachfrage und aufgrund mehr oder weniger Suchvolumen potenzieller Kunden schwankt.

Werbetreibende wollen einen Begriff bewerben, den niemand sucht? Das ist eher kostengünstig. Werbetreibende wollen einen Begriff bewerben, den sonst niemand bewerben möchte? Auch hier entstehen relativ geringe Kosten. Wer jedoch einen Begriff bewerben möchte, der sehr häufig gesucht wird und um den eine große Konkurrenz versammelt ist, der wird dafür hohe Klickpreise zahlen müssen.

Das Hilfreiche und Praktische an diesem Mechanismus ist, dass man ja Google nicht zwingend final beauftragen und damit gleich die Klicks bezahlen muss, sondern dass man auch zunächst einmal nur die Klickpreise genau recherchieren kann. Der letzte finale Klick als potenzieller Werbetreibender bei Google, mit dem die Werbeanzeige online gestellt werden würde, ist nicht notwendig.

Doch auf dem Weg dorthin kann man sich leicht einen ersten Eindruck darüber verschaffen, welche Themen im Internet gesucht werden. Sind Unternehmen und andere Werbetreibende grundsätzlich bereit, hierfür beispielsweise hohe Preise für die Werbeanzeigen zu zahlen, dann bedeutet das mit ziemlicher Wahrscheinlichkeit, dass es sich um lukrative Themen handelt, die die Werbung der Unternehmen gut zu refinanzieren scheinen. Dann gibt es dort offensichtlich einen Markt, in dem Geld steckt.

Die Möglichkeit, das eigene, fertig ausformulierte und erprobte Business dann später auch bei Google zu bewerben, ist ja unbenommen.

Niedrige Preise verbindet der Kunde mit niedriger Qualität

Niedrige Preise schaden vor allem dem Anbieter. Schließlich verkauft er seine Zeit gegen Geld. Und es ist kaum möglich, mit besonders niedrigen Stundenlöhnen oder fest vereinbarten Niedrighonoraren ein lukratives Geschäft aufzubauen. Jedoch schaden niedrige Preise keineswegs nur dem Anbieter.

Der Kunde zieht den Preis vor allem dann als Kriterium heran, wenn ihm andere Kriterien nicht erkennbar zur schnellen Unterscheidbarkeit hilfreich sind. Sind andere Kriterien stärker und machen den Unterschied für den Kunden, dann wird er diese auch in Betracht ziehen.

So sind Kunden auch daran gewöhnt, dass hohe Preise ein auszeichnendes Merkmal besonders wertvoller Inhalte sind.

Eine Dose Kaviar darf im Supermarkt mehr kosten als eine Packung Mehl. Das Produkt ist exklusiver und seltener. Seine Herstellung ist aufwendiger, und die Ressourcen sind vergleichsweise begrenzt. Zudem lädt Kaviar sich als besonders exklusives Nahrungsmittel mit weiteren Werten auf. Es ist etwas Besonderes, ihn selbst zu verspeisen oder ihn lieben Gästen anzubieten. Eine Dose »Prunier Kaviar Beluga Finest Selection« mit 50 Gramm kostet beispielsweise im Onlineshop das prominenten Kochs Johannes King 325 Euro zuzüglich Versandkosten. Das ergibt immerhin einen Kilopreis von 6 500 Euro.[18]

Würde nun jemandem, der sich mit Kaviar nur ein wenig auskennt, eine Dose Kaviar mit 50 Gramm für 3,99 Euro als Produkt von exklusiver Qualität angeboten, so würde dieser vermutlich schnell stutzig. Er würde den Fehler im Angebot suchen und versuchen herauszufinden, wo denn die klaren Qualitätseinschränkungen dieses Produktes vermutet werden müssen. Das Angebot ist preislich zu gut – und damit verdächtig!

Weil der Preis als Referenzgröße eben auch bei besonders teuren und exklusiven Produkten funktioniert, wird ebenso in umgekehrter Ableitung bei zu niedrigen Preisen für exklusive Angebote dann plötzlich die Preisintuition vom Kunden aufgegeben, um die wahrscheinlicheren Kriterien der nicht mehr intuitiven Preissetzung herauszufinden.

Die Urteilsheuristik des Kunden misstraut allzu günstigen Angeboten sogar:

- In einer Gebrauchtwagenbörse im Internet befinden sich etliche Fahrzeuge der Mercedes S-Klasse. Ein Fahrzeug besticht durch einen besonders niedrigen Preis bei niedrigem Kilometerstand, bei nur einem Vorbesitzer und guter Ausstattung. Der Gebrauchtwageninteressent ist neugierig, sucht aber nach dem Fehler. Vermutlich wird er zunächst einmal schauen, ob das Fahrzeug als unfallfrei angegeben ist oder ob er auf den Bildern Indizien eines verheimlichten Unfallschadens findet.

- Eine Dose exklusiven Kaviars wird für 50 Euro statt für 325 Euro angeboten. Der Kunde schaut, ob es sich vielleicht um ganz gewöhnlichen deutschen Kaviar handelt, der gar nicht vom exklusiven Stör stammt und vielleicht nur durch einen Etikettenschwindel den Eindruck der Exklusivität erfüllt. Er wird das Kleingedruckte der Kaviardose untersuchen.
- Ein Unternehmer sucht nach einem hochqualifizierten Experten, der ihm in einer schwierigen unternehmerischen Situation helfen soll. Er benötigt einen erfahrenen Unternehmensberater, der schon viele ähnliche Fälle erfolgreich lösen konnte. Es geht um das Unternehmen und viele Arbeitsplätze. Er findet einen Anbieter, der für 500 Euro Tagessatz verspricht, solche Probleme schnell und sicher zu lösen. Dieser Preis ist marktunüblich niedrig. So wird der Unternehmer skeptisch werden und den Fehler und die heimliche Schwäche des Angebotes suchen.

Selbst wenn dieser Abstraktionsschritt durch Kunden nicht vorgenommen wird, bergen niedrige Preise ein Problem für den Anbieter. Es gibt ja durchaus Produkte, bei denen die Kunden preissensitiver sind und Preise durchaus für ein entscheidendes Kriterium halten. Womöglich fehlt ihnen der Marktüberblick, oder sie können das Produkt schlecht preislich einschätzen.

Dienstleistungen haben hier gegenüber haptischen Produkten häufig einen Nachteil: Ein Tagessatz eines Experten wird anders eingeschätzt als ein Mercedes. Zwar können beide den gleichen Preis haben, aber der Kunde hat ein implizites Gefühl dafür, dass ihm beim Autokauf später ein realer Wertgegenstand übergeben wird, in dem klar und greifbar Prozesse von Wertschöpfung aufgegangen sind. Denn es kostet Ressourcen, Arbeitskraft und Entwicklung, um einen Mercedes zu bauen. Wie sich das genau bei der Arbeitsstunde des Unternehmensberaters aus dessen schriftlichem Angebot verhält, ist etwas schwieriger zu bestimmen.

Verspricht eine Dienstleistung jedoch, ein besonderes herausstechendes Problem eines Kunden zu lösen und ist dabei auf den ersten Eindruck zu günstig, selbst wenn der Kunde keinen Referenzwert kennt und keinen anderen Dienstleister gefunden hat, der ihm dieses Problem lösen könnte – so wird er hier den Fehler suchen. Weil er mit der

Expertise nichts in die Hand bekommt und nichts anfassen kann, wird er umso mehr verunsichert sein. Das besonders gut adressierte Problem, gegebenenfalls mit hohem Leidensdruck, ist für ihn aber so greifbar, dass er bei niedrigen Preisen skeptisch wird.

Man kann sogar so weit gehen und behaupten, dass billige Preise von einem mangelnden Respekt den eigenen Kunden gegenüber zeugen. Sie biedern sich gewissermaßen dem Kunden an.

Der Kunde weiß implizit oder explizit, dass sich auffällig niedrige Preise dann häufig nur der Experte leisten kann, der Abstriche an anderen Stellen macht. Der Volksmund sagt: Was nichts kostet, ist auch nichts wert.

Warum ist der Berater sonst so günstig? Ist er etwa selbst der Überzeugung, im Grunde keine qualitative Leistung abliefern zu können? Oder noch schwerwiegender: Ist er womöglich nicht in der Lage, mit seiner Beratungsleistung überhaupt Kunden zu gewinnen?

Ist der Kaffee im Supermarkt im Angebot, dann hat das in der Regel zwei klassische Gründe: Entweder wird versucht, über die Preisleitfunktion des Kaffees Kunden in den Laden zu locken. Der Supermarkt weiß, dass Kunden eine Preisintuition gegenüber Kaffee haben und zudem wissen, was ihre Lieblingssorte kostet. Ist diese nun in einer Preisrabattaktion günstig zu bekommen, kann das ein guter Grund sein, sich in den Supermarkt zu begeben. Der Supermarkt hofft, dass der Kunde dann auch noch mehr in den Einkaufswagen lädt.

Der günstige Kaffee kann aber auch darin begründet liegen, dass sich der Kaffee gerade schlecht verkauft und die Lager des Herstellers oder des Supermarktes voll davon sind. Und weil Lagerfläche teuer ist, wird der Kaffee lieber zu günstigeren Preisen mit geringem oder keinem möglichen Gewinn abgestoßen, als dass er noch weiter teure Regalmeter belegt, in denen auch spannendere Produkte umgeschlagen werden könnten.

Diesen Zusammenhang muss der Experte fürchten, der seine Kunden mit zu günstigen Preisen misstrauisch macht.

Auch für die Kunden gilt also in gewisser Weise, dass sie dem Geld folgen. Sie sind bei bestimmten Produkten bereit, einen höheren Preis als Indiz höherer Qualität und besserer Lösungen zu unterstellen. Das gilt dann wieder insbesondere bei Produkten und Dienstleistungen, die über den Preis nicht so einfach unterschieden werden können, weil sie nur mühevoll zu vergleichen und inhaltlich schwer zu fassen sind. Hier sind Dienstleistungen plötzlich im Vorteil gegenüber Waren wie dem gebrauchten Mercedes.

Ein höherer Preis rechnet sich damit gleich zweimal für den Dienstleister, der ihn am Markt zunächst einmal aufruft und gegebenenfalls erzielt. Zum einen kann ein höherer Preis für ein vereinbartes Honorar, wenn dieses bezahlt wird, mehr Gewinn erzeugen. Darüber hinaus kann aber ein höherer Preis auch dafür sorgen, dass die Kunden der Dienstleistung eher vertrauen und damit leichter zu überzeugen sind, als mit einem niedrigeren Preis. Das genaue Verhältnis, bis zu welchem Punkt ein höherer Preis nützlich ist und ab welchem Verhältnis er dann doch schadet, bleibt selbstverständlich Objekt der Aushandlung und der Erprobung.

Preise suchen somit auch das Publikum aus. Ganz vereinfacht lässt sich sagen, dass billige Preise eben auch nach Schnäppchen suchende Kunden und hohe Preise eben eher zahlungskräftigere Kunden anziehen. Kunden, die besonderen Wert auf niedrige Preise legen, gehen eher in einen Ein-Euro-Laden als ins mondäne und teure Alsterhaus.

Hohe Honorare helfen auch dem Kunden

Ist die potenzielle Kundschaft zahlungskräftig, dann kann sie es sich auch buchstäblich eher erlauben, andere Kriterien als den Preis in die eigene Einschätzung von Produkten und Dienstleistungen mit einzubeziehen. Ein zehn Jahre alter, gut gewarteter und gepflegter Golf bringt seinen Fahrer vermutlich ähnlich zuverlässig ans Ziel wie der neue Audi A8. Treten jedoch gegenüber dieser reinen Fortbewegungsaufgabe weitere Kriterien hinzu wie Sicherheit, Komfort und Status, kann sich das Spektrum der Auswahlkriterien des Produktes verschieben oder erweitern.

Warum geht mancher Berlin-Besucher lieber ins »Waldorf Astoria« am Bahnhof Zoo, als das fußläufig zu erreichende und viel günstigere »Motel One« aufzusuchen? Beide stellen ein Zimmer mit einem Bett und einem Badezimmer zur Verfügung, haben eine nette Lobby und einen Room-Service. Morgens wird das Bett gemacht, und wenn man das Hotel vor allem zum Übernachten auswählt, sieht man ohnehin nicht so viel vom Zimmer.

Für manche Touristen spielt der Status, genau dieses Hotel zu wählen und eben doch in einigen Nuancen besseren Service genießen zu können, eine große Rolle. Mancher Gast schätzt es auch, vom Personal und Service etwas mehr erwarten und fordern zu dürfen. Manchem ist aber auch wichtig, dass der Preis des Hotels eine vermeintliche »Türsteherfunktion« gegenüber dem Klienten hat. Vielleicht erhofft man sich, dass dort die Gäste etwas ruhiger und sich der Gepflogenheiten dieses besonderen Hotels etwas bewusster sind. Genau deshalb ist man eben nicht in das günstigere Hotel oder gar in die Jugendherberge gegangen.

Abgesehen davon, dass sich solche Überlegungen auch Luxushotels betreffend manchmal als Trugschluss erweisen können, ist es trotzdem die Funktion des hohen Preises, die mit einer gewissen Exklusivität und damit eben auch mit einer bestimmten Abgeschlossenheit des Angebots verbunden wird.

Tatsächlich gewinnt auch der Kunde bei diesen höheren Preisen. Wenn in diesem Buch bisher immer wieder darauf Bezug genommen wurde, dass Kunden trotz aller Prüfung und Skepsis schlussendlich gezwungen sind, die Auswahl des richtigen Experten und die Einschätzung des angemessenen Honorars als Urteilsheuristik irgendwann mit den zur Verfügung stehenden Informationen zu entscheiden, dann bedeutet das keinesfalls, dass der Experte gleichwohl hier ein Schlupfloch für mittelmäßige Leistungen suchen soll.

So wird sich der Experte, der Kunden exzellente Ergebnisse bringt und sie sehr gut berät, davon selbst mindestens in gleichem Maße profitieren und seine eigene Positionierung äußerst leicht aufwerten können. Und wenn sich dann der Experte und der Kunde, der bereit ist, für seine Expertise gern ein Honorar zu zahlen, treffen, entsteht eine Win-win-Situation. Kunde und Anbieter können noch besser werden in der Kooperation.

Doch der Kunde gewinnt bei höheren Preisen auch noch an anderen Stellen. Der Dienstleister ist in der Lage, bei solchen Kunden mit großer Motivation und viel Freude in das gemeinsame Projekt zu starten. Es macht ihm schlicht viel mehr Spaß, und er wird mit hoher Wahrscheinlichkeit mit mehr Energie und Enthusiasmus noch bessere Ergebnisse für einen angenehmen Kunden erreichen. Dadurch steigt die Wertschöpfung bei diesem Kunden, und er wird die besonders guten Ergebnisse zufrieden betrachten. Die Zusammenarbeit ist ideal und angenehm – aus der Sicht von beiden betrachtet.

Der Experte kann in einem solchen Zusammenspiel durchaus mehr liefern, als er dem Kunden in Aussicht gestellt hat (»Overdelivery«). Die Erfahrung zeigt, dass insbesondere hochkomplexe Aufgabenstellungen von Kunden, für die es eben das besondere Wissen eines ausgezeichneten Experten braucht, oft schwerer zu fassen sind als profane Aufgabenstellungen.

Bei Geschäften, für die hohe Honorare gezahlt werden, kann auch mittels einer in Maßen stattfindenden Übererfüllung durchaus langfristig in die Kundenbeziehung investiert werden, ohne dass der Anbieter sofort mit den Augen rollt, wenn eine kleine, außergewöhnliche Herausforderung auftaucht. Wichtig ist auch hierbei wieder die Klarheit in der Kommunikation und die Bildung eines verbindlichen Rahmens, in dem man sich bewegt.

Re-Branding: There are no Second Acts

F. Scott Fitzgerald wird das Zitat »There are no Second Acts in American Lives«[19] zugeschrieben.

Es gibt heftige Diskussionen darüber, was genau er gemeint haben könnte. Doch eine häufig verwendete Erklärung läuft etwa auf den One-Trick-Pony-Ansatz hinaus. Demnach kommt einem Menschen genau eine einzige Karriere zu, zumindest im amerikanischen Leben – denn Fitzgerald war amerikanischer Schriftsteller. Der oft zitierte Weg vom Tellerwäscher zum Millionär war zu dem Zeitpunkt, als er 1920 seinen ersten Roman veröffentlichte, ein häufig angestrebter, aber wohl nur selten erfolgreicher Traum.

Fitzgerald war der Meinung, ein Mensch sei auf einen einmal eingeschlagenen Karriereweg festgelegt. Sei dieser erst beschritten, würden sich kaum mehr Abzweigungen auftun.

Zwar gibt es mehrere andere Deutungsweisen dieses Zitats, aber es gilt auch heute noch: Menschen schlagen einen Lebensweg ein, beispielsweise eine Berufskarriere, und sind innerhalb dieser Grenzen dann daran gebunden.

Ihre Personal Brand legt Sie fest

Auf ähnliche Weise zurrt Sie Ihre Personal Brand fest. Und das ist ein offenkundiger Nachteil einer klaren Positionierung. Wenn Sie Ihren Tätigkeitsschwerpunkt über Jahre oder sogar Jahrzehnte im Kopf Ihrer Kunden verankert haben, ist es allzu mühsam, diesem Bild wieder zu entkommen.

Der vermutlich bekannteste deutsche Kriminalromanautor Sebastian Fitzek hat sich auf spannende Thriller festgelegt – dies ist sein One-Trick-Pony. Im Laufe der Jahre hat sich Fitzek eine treue Leserschaft aufgebaut. Und so wie sich die treuen Tarantino-Fans dessen Filme in »blindem« Vertrauen ansehen, kaufen sich die Fitzek-Fans eben seine Romane und bestellen diese gern auch direkt nach der Ankündigung sicherheitshalber vor, um den neuesten Thriller garantiert am Veröffentlichungstag in Händen halten zu können.

Da ist es nicht nur nicht leicht, sondern es erscheint geradezu unmöglich, diese One-Trick-Pony-Positionierung aufzugeben. Als Fitzek 2023 sein Buch *Elternabend* veröffentlichte, der das Genre völlig verließ und eher eine satirisch erzählte Komödie eines Elternabends war, musste der Verlag auf dem Cover des Buches ausdrücklich darauf hinweisen, dass es sich bei dem Buch um keinen Thriller handelt. Fehlkäufe und mögliche Enttäuschungen wären sonst durchaus wahrscheinlich gewesen.

Das Feuilleton der *Frankfurter Rundschau* berichtete über den Fachwechsel Fitzeks: »Der Thriller-Autor Sebastian Fitzek wechselt das Genre. Sein neues Buch ist eine Satire auf die allseits berüchtigten Elternabende.« Und im gleichen Artikel vermerkt die Zeitung: »Der Thriller-Spezialist Sebastian Fitzek präsentiert sich hier von einer unerwartet komödiantischen Seite. Das ist anscheinend für seine Fans so ungewohnt, dass es ausdrücklich gleich im Titel vermerkt ist: »Kein Thriller«.[20]

So ist eine starre Positionierung immer dann von Nachteil, wenn ein ausgesprochener Themenexperte zugleich an anderes Thema besetzen will, für das er keine wahrgenommenen Kompetenzen hat. So manches Publikum mag da unverzeihlich reagieren.

Meist problemlos akzeptieren Kunden, wenn ein Experte ein Randgebiet seines Themas streift und damit seinen Positionierungskern verlässt, das neu gewählte Thema aber erkennbar nah an der Urpositionierung liegt. So kann ein Orthopäde, der sich bisher auf die Behandlung von Hüftschäden spezialisiert hat, sich problemlos auch auf Knieprothesen erweitern.

Über die Ärztin Sheila de Liz und ihren Bestseller *Woman on Fire* hat dieses Buch bereits berichtet. Die niedergelassene Gynäkologin ist gefragte Expertin für die Wechseljahre der Frau – das ist ihr One-Trick-Pony. Nach dem großen Erfolg ihres Buches hat sie ihre Positionierung nicht verlassen, aber glaubwürdig andere Themen im direkten Umfeld besetzt. So schrieb sie in den Folgejahren ein Buch über den weiblichen Körper und danach eines über die Pubertät.

Derartige Positionierungswechsel müssen dem Kunden nicht allzu aufwendig erklärt werden, denn thematisch sind sie einander derart nah, dass sie folgerichtig vom Leser akzeptiert werden.

Das funktioniert auch in der Markenführung ganz allgemein problemlos: Aus der Kernmarke »Nivea«, die zunächst als die bekannte Creme in der blauen Dose gestartet ist, ist heute in der Hand des Beiersdorf-Konzerns ein ganzer Markenmix an unterschiedlichsten Nivea-Produkten geworden. Immer aber steht »Nivea« ausschließlich für Pflegeprodukte; dieser Markenkern wird durch den Konzern gut gehütet und darf nicht allzu sehr aufgefächert oder verwässert werden.

Neuer Style, neuer Look – neue Personal Brand

Wenn Sie sich neu positionieren wollen, möchten vor allem Ihre treuesten »Evangelists« eine authentische Erklärung bekommen. Geschieht das nicht, droht ein Vertrauensbruch!

Bereiten Sie einen möglichen Kurswechsel also langfristig vor. Je stärker Sie Ihr Kunde mit einem Thema verbindet, desto umfassender sollte Ihre Story dazu sein. Erzählen Sie Ihre Beweggründe hingegen gut nachvollziehbar, tragen gute Kunden diese mit.

Bei einer Repositionierung sind hierbei ein neuer Look und ein neuer Style hilfreich, um Ihre neue Positionierung festzulegen. Hier empfiehlt es sich durchaus, mit neuen Farb- und Stylewelten zu experimentieren. Für Ihren Kunden ist Ihr Strategiewechsel dann auch optisch leichter nachzuvollziehen.

Ihre Personal Brand kann als Marke geschützt werden

Damit niemand Unfug mit Ihrem Namen treibt, sieht das deutsche Markengesetz in § 3 Absatz 1 den rechtlichen Schutz auch einer Personenmarke vor:

> »Als Marke können alle Zeichen, insbesondere Wörter einschließlich Personennamen geschützt werden, die geeignet sind, Waren oder Dienstleistungen eines Unternehmens von denjenigen anderer Unternehmen zu unterscheiden.«

Rechtsanwalt Michael Metzner schildert die Vorteile wie folgt:

> »Wer seinen Namen erfolgreich eintragen lässt, muss den Schutz im Streitfall nicht mehr nachweisen und kann ihn auch für Waren und Dienstleistungen außerhalb des eigenen inhaltlichen Programms monopolisieren und lizenzieren – die Klassiker sind Merchandising-Artikel, wie T-Shirts, Tassen und Kosmetikprodukte.«[21]

Der Schutz Ihrer Personal Brand ist zumindest eine Überlegung wert; die Schutzvoraussetzungen müssen Sie im Einzelfall mit einem juristischen Experten klären.

6. Charisma verankert Ihre Personal Brand in Ihrer Zielgruppe

Menschen kaufen bei Menschen. Selbst wenn ein Kunde eine Kaufentscheidung auf der Grundlage von objektiven Kriterien schon längst getroffen hat – stimmt die Chemie zwischen Käufer und Verkäufer nicht, platzt der Deal!

Ein noch so guter Facharzt oder ein Rechtsanwalt mit nationalem Ruf als einer der führenden Topexperten wird von Ihnen kaum gebucht werden, wenn die zwischenmenschliche Ebene einfach nicht passen will. Dann fühlen Sie sich nicht gut aufgehoben und beraten, selbst wenn die fachliche Arbeit über die Maßen hervorsticht. Das gilt verstärkt im Wissensbusiness, denn hinter einem besonderen Wissen steckt immer ein Experte.

Ein Experte gibt Informationen und ein Experte ist die ordnende Hand für seine Kunden, die nach einer Problemlösung in einer für sie zu großen Wissensnische suchen. Aber all diese Beschreibungen, wie wir sie bisher für den Experten aufgeführt haben, klingen doch recht technisch und entbehren bisher der wichtigsten »Geheimzutat« der Personal Brands: des Charismas und seiner inspirierenden Kraft.

Charisma ist der Schlüssel, um den Sie heute kaum herumkommen. Es ist eine je nach Individuum aus unterschiedlichsten Eigenschaften aufgebaute und meistens vorteilhaft zusammengestellte Mischung unterschiedlicher *Wirkungen* auf andere Menschen. Charisma ist eine besondere Ausstrahlung.

Wenn ein charismatischer Mensch den Raum betritt, so wird dieses Charisma anderen meist sofort deutlich. Manchmal braucht es auch erst das Gespräch, und ein »Charisma auf den zweiten Blick« entfaltet sich. Aber häufig können sich selbst unterschiedliche Beobachter darauf einigen, einem Menschen ein ganz bestimmtes Charisma zuzuschreiben, auch wenn sie die einzelnen Parameter gar nicht benennen können.

Mit dem Blick zurück auf Harald Schmidt kann man sich Elemente dieser auszeichnenden Eigenschaft schnell vor Augen führen. Gleiches funktioniert, wenn man auf in höchstem Maße etablierte Personenmarken wie Barack Obama oder Richard Branson schaut.

Charisma inspiriert Menschen

Eine charismatische Persönlichkeit inspiriert andere Menschen. Und das ist eine der wichtigsten Zuschreibungen charismatischer Menschen.

Wer erinnert sich nicht an verschiedene Lehrer, die einem im Laufe des Lebens begegnet sind. Bei ihnen konnte man sehr schnell unterscheiden, ob einem jemand den Lehrstoff mit nüchterner ordnender Hand vorgetragen hat. Oder ob man diesen einen beeindruckenden Lehrer mit Charisma vor sich hatte, dem man liebend gern zuhörte, dies selbst dann, wenn er Chemie oder mathematische Formeln präsentierte, von denen man sich recht sicher war, dass man sie nie wieder brauchen wollte. Der US-Schriftsteller William Arthur Ward hat diesen Zusammenhang treffend beschrieben:

> »The mediocre teacher tells.
> The good teacher explains.
> The superior teacher demonstrates.
> The great teacher inspires.«

Die »Inspiration« speist sich dabei aber nur zu einem bestimmten Teil aus den vermittelten Informationen. Diese brauchen ein Vehikel, damit sie beim Zuhörer in außerordentlicher Weise wirken. Dieses Vehikel liegt in der besonderen Ausstrahlung des Gegenübers, die seine Zuhörer inspiriert: in seinem Charisma. Dann bleiben auch Inhalte besser hängen.

In der Idee des Charismas gehen etliche der in diesem Buch getroffenen Beschreibungen auf. So wurde bereits festgehalten, dass ein guter Experte Transformationen statt Informationen anbietet. Wenn jemand durch sein Auftreten eine große Durchsetzungskraft zeigt oder von besonderer Dynamik angetrieben scheint, dann werden ihm seine Zuhörer eher zubilligen, dass er diesen Antrieb auch auf sie übertragen oder ihnen wichtige Impulse geben kann, wie auch sie von einer solchen Motivation und Durchsetzungskraft profitieren können. Vielleicht sehen seine Kunden in dem Experten den charismatischen Mentor, der ihnen mit Wissen, Tipps, Tricks und inspirierendem Beispiel hinweghelfen kann über eigene Unzulänglichkeiten in der Zielerreichung.

Häufig suchen Kunden eine Persönlichkeit, die ihnen nicht nur bei der Lösung eines Problems hilft, sondern die auch eine gewisse Führung für sie übernimmt. Seth Godin hat in seinem Buch *Tribes: We Need You to Lead Us* ausgeführt, dass Menschen heute nicht zuletzt angesichts der explodierenden Wissensbestände und der wachsenden Komplexität gesellschaftlicher Zusammenhänge nach Vereinfachung suchen. In diesem Bestreben suchen sie sich auch immer wieder gern starke Charaktere und Persönlichkeiten, hinter denen sie sich ideologisch oder faktisch versammeln können.[1]

Wenn jemand mit großem Charisma in der Lage ist, anschlussfähige Themen und Modelle zu präsentieren, dann nehmen viele Menschen allzu gern diese personalisierte Orientierungsfunktion für sich in Anspruch. Es braucht dabei keine pessimistische Vorstellung eines Demagogen oder eines Politikers, um hier zu Beispielen zu kommen. In fast jeder Wissensnische gibt es einige wenige Persönlichkeiten, die durch ihre unbestrittene Autorität in solcher Weise auf die Inhalte des Kanons an Wissen zurückwirken – und sogar bestimmen, welche Themen dort relevant sind –, dass sie als toppositionierte Experten zur bestimmenden Personenmarke ihrer Nische werden.

Luisa Neubauer etwa hat Charisma. Und das ausdrücklich, obwohl sie als Person erheblich polarisiert. Manche empfinden sie als eine großartige und inspirierende Persönlichkeit, manche stoßen sich an ihr. Würde sie ohne ihre weltweite Bekanntheit neben jemandem in der S-Bahn sitzen, so würde sie dort vermutlich kaum als besonders charismatische Person durch überbordende Präsenz sofort auffallen. Das sind nicht unbedingt die ersten Eigenschaften, die man mit einer überzeugenden und charismatischen Person verbindet.

Ihr bedingungsloses Festhalten an ihren Überzeugungen und ihr Durchhaltevermögen aber, und ihre Überzeugungen immer wieder benennen und thematisieren zu können, ist für viele Menschen dennoch inspirierend. Charisma muss sich nicht zwingend an Charaktereigenschaften anbinden, die man Menschen gemeinhin zuschreiben würde. Viel wichtiger ist, dass diese Eigenschaften die Kraft haben, andere Menschen hinter sich zu versammeln und ihnen Ziele und eine ordnende Hand zu geben. Wenn es gelingt, die Herausforderungen und Probleme von Personen besonders gut benennen zu können oder sie besonders authentisch zu vertreten, dann kann dieses Charisma der Person in beeindruckender Weise Wege ebnen.

Charismatische Persönlichkeiten haben häufig etwas Schillerndes und stehen selbst für einen Musterbruch; das macht sie zur Personal Brand wie Luisa Neubauer.

Die Klimaaktivistin beispielsweise konnte ihre eigenen Überzeugungen und Standpunkte in zudem äußerst geschliffener Sprache gut verbalisieren und wurde durch Konsistenz und Wiedererkennbarkeit, durch Symbole wie ihr Schild und die Benennung eines einzigen klaren Themas (ihres One-Trick-Ponys also) zu einer Stimme jener Bewegung, die in vielen Gesellschaften gärte. Und genauso, wie sich das mit dem wachsenden Anteil von gasförmigem Kohlenstoffdioxid in einer geschüttelten Sektflasche verhält, baute sich ebenso dort längst Druck auf, weil vor allem junge Menschen sahen, dass der gegenwärtige Umgang mit Ressourcen auf der Welt für die nachfolgenden Generationen allzu große Herausforderungen mit sich bringen würde. Ihre Generation spürte somit ein »Killerproblem«. Ihnen fehlte lediglich der Kristallisationspunkt, um dieser eigenen Unzufriedenheit und Besorgnis Ausdruck zu verleihen. Luisa Neubauer brachte diese Sorgen auf den Punkt und wurde zur Leitfigur, die den Korken aus der Flasche ließ. Sie dehnte die Regeln dessen, was gesellschaftlicher Konsens war, und konnte darüber glaubwürdig sprechen, wurde so überhaupt erst bekannt und gehört.

Luisa Neubauer schillert prototypisch als Persönlichkeit und lebt den Musterbruch. Ihre politische Reichweite und ihr Charisma zeigen sich dabei insbesondere, wenn man sie ins Verhältnis zu Politikern setzt, die auch aus ihren Zielen heraus Menschen hinter sich vereinen wollen. Anders als beispielsweise viele Politiker konnte Luisa Neubauer Menschen mit ihrem Charisma und ihrer inspirierenden Kraft scheinbar viel besser und hörbarer hinter sich vereinen. Viele junge Menschen fühlten sich von ihr abgeholt und konnten sich mit ihr identifizieren. Sie ist der Start- und Mittelpunkt eines »Movements«, einer Bewegung also.

Diese Begegnung auf Augenhöhe mit den Menschen, die man als charismatische Persönlichkeit – und selbstverständlich auch als spezifischer Experte – hinter sich versammeln möchte, ob aus ideologischen oder nüchternen unternehmerischen Beweggründen heraus, ist ausgesprochen wichtig! Viele Experten neigen dazu, ihre Expertise beispielsweise mit Fachtermini und hochtrabenden Modellen zu unterstreichen, manchmal gar zum Schaden der Inhalte sowie der Zugänglichkeit für Interessenten. Das ist jedoch nur in manchen Kontexten angebracht, zum Beispiel, wenn eine entsprechende Wortwahl und Eloquenz die eigene Expertise sichtbar stützen können. In einem Fachbuch ist es zulässig und angebracht, in anderen Kontexten mag es allerdings schnell abgehoben wirken.

Jeder Experte sollte jedoch schauen, dass er seine Interessenten bei dem Versuch, seine eigene Expertise zur Schau zu stellen, nicht verliert.

Darüber hinaus gibt die Begegnung mit Menschen auf Augenhöhe auch immer die Möglichkeit, dass diese sich wohl fühlen und mutig Anschluss suchen. Besteht eine zu große Lücke zwischen der eigenen Expertise und dem eigenen Status quo gegenüber der Expertise und dem Status-quo jener Kunden, die man erreichen möchte, wird diese Lücke für diese schnell unüberwindlich. Manchmal ist es ein Satz wie der nachfolgende, der Interessenten für das eigene Wissen erstaunlich schnell abholt:

> »Für die Herausforderungen, die Sie benennen, bin ich ein echter Experte: Das habe ich selbst schon falsch gemacht.«

Luisa Neubauer kann in unvergleichlicher Weise authentisch berichten, dass sie die Ängste vieler junger Menschen teilt. Sie ist selbst ein junger Mensch.

In gleichem Maße zur Identifikationsfigur eigener Herausforderungen der Menschen zu werden, gelingt den thematisch ähnlich orientierten Berufspolitikern, die auch beharrlich auf die Notwendigkeit des ökologischen Wandels hinweisen, häufig nicht in gleichem Maße, obwohl sie grundsätzlich durch Mandate, Presseberichterstattung und öffentliches politisches Interesse in allen Bereichen bessere Voraussetzungen hätten, sich für ähnliche Themen Gehör zu verschaffen und Menschen hinter sich zu mobilisieren.

Die Wirkmacht von Musterbrüchen

Womöglich sind handgemalte Pappschilder einer 16-Jährigen wirksamer als die Möglichkeit, in der Berichterstattung der *Tagesschau* zitiert zu werden. Umweltpolitik im Speziellen ist zudem längst in vielen Gesellschaften Mainstream und verliert schon dadurch einen Teil ihrer disruptiven Kraft.

Die grüne Bewegung hat sich mit ihrer zunehmenden Beliebtheit und wachsenden Akzeptanz längst institutionalisiert. Einige der Entwicklungen, die sich in der Vergangenheit abzeichneten, kann man mit Blick auf die Entwicklung der eigenen Positionierung und die Frage, wie Charisma entsteht und wirkt, nutzbringend nachvollziehen:

Eine grüne Partei im Deutschen Bundestag ist heute selbstverständlich. Dabei waren auch dort die frühen Karrieren der erfolgreichsten Politiker von Musterbrüchen begleitet: Joschka Fischer trug bei seiner Vereidigung im Deutschen Bundestag Turnschuhe und erreichte damit einen Aufschrei der deutschen Presselandschaft mit großer Resonanz in der Bevölkerung. Die breite konservative Wählerschaft erinnert sich noch gut daran, wie er zu Demonstrationen zog, und befürwortet es kaum, als er den Bundestagsvizepräsidenten Stücklen, »mit Verlaub«, als »Arschloch«[2] titulierte und damit den nächsten Musterbruch, die nächste Grenzüberschreitung, schaffte.

Trotzdem – oder gerade deshalb – wurde er schnell einer der bekanntesten und beliebtesten Grünenpolitiker, von jungen Wählern gewählt, und durch eine breite Anhängerschaft schließlich erster grüner Minister. Die Musterbrüche und Grenzüberschreitungen erschienen offenbar auch als Indiz für die Möglichkeit, dass Fischer und die Grünen mit ihrer unangepassten Art notwendige Umbrüche in der deutschen Politik einleiten könnten. Zu einer Zeit tiefer politischer Arriviertheit und politischer Aufbruchstimmung Ende der Neunzigerjahre wählten viele Bürger die Grünen in die neue Regierung und gaben ihnen buchstäblich das Mandat, ihre Meinung zu vertreten.

Trotzdem: An die Turnschuhe und das berühmte Zitat erinnert sich noch heute jeder, aber was waren eigentlich die fünf oder zehn zentralen politischen Forderungen der Grünen bei der Wahl 1998? Daran erinnert sich kaum jemand – an den Musterbruch dagegen so gut wie jeder.

Joschka Fischer entwickelte sich im politischen Amt dann von den Turnschuhen doch auch mehr zum Anzugträger. Die Herausforderungen des politischen Mandates und der qua Amt notwendige Konsens mit anderen Regierungen und dem Koalitionspartner schliffen die Unangepasstheit des Politikers ein wenig ab. Seine Person, seine Partei und seine Themen kamen immer mehr in der politischen und gesellschaftlichen Mitte an.

Einen solchen Musterbruch hat ein voriges Kapitel dieses Buches schon aufgezeigt – und zwar mit der Gucci-Tasche, die, obwohl sie tatsächlich ein Original ist und aus dem Hause Gucci stammt, groß mit dem Schriftzug »FAKE« überzogen ist. Die starke Marke des Fashion-Konzerns hält das nicht nur aus, sondern gewinnt damit selbstverständlich ebenso aufmerksamkeitsstarke PR. Insbesondere wird sie dadurch schillernd und durch den Musterbruch aufgewertet. Sie entwickelt Charisma und zeigt, dass sie sich selbst nicht allzu ernst nimmt. Dieser spielerische Umgang mit sich selbst ist ein wichtiger Wesenszug, den Charisma ausmacht.

Achtung, das Spiel mit diesen Musterbrüchen ist auch ein Spiel mit dem Feuer, denn falsch eingesetzt, kann es einer Marke durchaus schaden!

Perfektion schafft Aggression

Das Pappschild als Symbol für den Umbruch, die abgetragenen Turnschuhe – beide sind nicht perfekt. Perfekt wäre ein sauber gedrucktes Aluminiumschild mit einer Aufschrift in großen Arial-Lettern – und statt der weißen Sneakers müssten es saubere, rahmengenähte, schwarze Lederschuhe sein.

An die perfekten Varianten allerdings würde sich heute niemand mehr erinnern; vielmehr haben die Turnschuhe als Symbol des Unkonformen die Karriere Joschka Fischers derart geprägt, dass sie mit einer ganzen Ära verbunden werden. Beim Abschied des Ministers viele Jahre später erinnerte sich die *Süddeutsche Zeitung* vor allem an die Schuhe:

»Bei seinem Abschied hat sich Joschka Fischer als letzten Rock 'n' Roller der deutschen Politik bezeichnet. Dieses Image verdankt er auch seinen Turnschuhen.«[3]

Erinnern Sie sich an den perfekten Ford Galaxy und den unvollkommenen Citroen 2CV (»Ente«) aus der Einleitung dieses Buches? An aalglatte Waren, Dienstleistungen und Menschen erinnert man sich später meist nicht mehr. Ein Ford Galaxy beispielsweise wird eher nicht fotografiert, wohl aber der charismatische Citroen 2CV, der mit aufgerolltem Stoffdach und all seinen unförmigen Ecken, Macken und Kanten am Strand einer Baleareninsel parkt.

Oder denken Sie an alte Filme wie *Mord im Orient-Express*, *Frühstück bei Tiffany*, *Casablanca* oder natürlich *Die Feuerzangenbowle*, die oft noch in Schwarzweiß gedreht wurden. Sie verlieren jeden technischen Wettstreit mit einem Hightech-Hochglanz-Film in 8K und Dolby-Surround-Sound. Aber sie haben alle Zeiten überdauert und sich eben aufgrund ihrer Imperfektion in das Kollektivgedächtnis ganzer Generationen eingebrannt.

Und sogar mehr noch gibt es hier zu bedenken, dass nämlich zu viel Perfektion auch Aggression wecken kann. Vielleicht kennen Sie das aus Ihrem beruflichen Umfeld von allzu peniblen Arbeitskollegen, deren Perfektionsanspruch nur allgemeines Augenrollen hervorruft. Entsprechend kann ein allzu vorhersehbarer Film mit langweiliger, beliebiger Handlung selbst in technisch aufwendiger, teurer Produktion zum Flop verkommen.

Das Wabi-Sabi-Konzept

Statt einem Übermaß an Perfektion schätzen Menschen also Charisma – und erinnern sich genau daran. Aus Japan stammt das Konzept des Wabi-Sabi, das erstmals im 12. Jahrhundert bekannt wurde. Ursprünglich setzte es sich auseinander mit der Schönheit der Kunst, aber auch mit der Ästhetik von Design, das Menschen als besonders schön und zeitlos erachten.

Das Wabi-Sabi-Konzept besagt: »Beschränke alles auf das Wesentliche, aber entferne nicht die Poesie. Halte die Dinge sauber und unbelastet, aber lasse sie nicht steril werden.«[4]

Statt also Ihre Personenmarke allzu perfekt und damit aber eben steril und beliebig austauschbar aufzubauen, können Sie ihr etwas rückwärtsweisende »Patina« zugestehen. Somit Dinge, die in Ihrer eigenen Vergangenheit irgendwann schiefgelaufen sind. Die Citroen-Ente beispielsweise hat auch deshalb großen Erinnerungswert, gerade weil sie mit der Zeit Rost angesetzt hat und umso imperfekter wurde.

Für Ihren in die Zukunft gerichteten Aufbau Ihrer Personal Brand können Sie dagegen etwas Schillerndes, Nonkonformes einweben und somit Ihrem Publikum mit Ihren eigenen Ecken, Macken und Kanten in Erinnerung bleiben.

Schillernd darf es sein – aber nicht zu sehr

Die folgende Grafik zeigt, dass ein Anteil schillernder Persönlichkeit – somit die Erkennbarkeit von bestimmten Ecken, Macken und Kanten – dem eigenen Expertenbusiness und der eigenen Positionierung durchaus zuträglich sein kann. In der Darstellung, die an die Gauß'sche Normalverteilung angelehnt ist, ist in der Mitte ein großer Anteil von vergleichbaren und austauschbaren Persönlichkeiten eingezeichnet. Das ist die große Masse angepasster und damit nur wenig sichtbarer Experten.

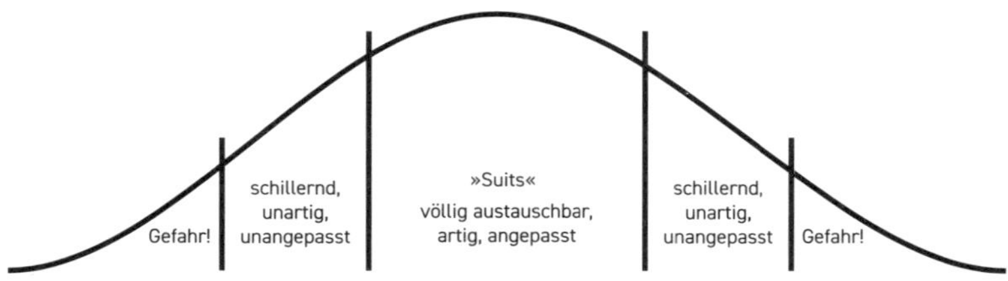

In der Mitte entsteht kein Charisma: »Suits« sind nur über ihre Inhalte und Funktionen definiert und beliebig austauschbar; an sie erinnert man sich kaum mehr. Eine Personal Brand kann so kaum entstehen. Links und rechts der Mitte entstehen schillernde, charismatische Charakterzüge, die im Gedächtnis des Kunden hängen bleiben. Vorsicht vor den Rändern: Hier lauert Gefahr, da Menschen gegenüber Extremen misstrauisch und ablehnend sind.

Quelle: Eigene Darstellung.

Im Zentrum dieser Verteilung von Experten finden sich aus Sicht des Charismas die austauschbaren Wissensarbeiter, die auf breite Informationen zurückgreifen, diesen aber wenig ordnende Hand geben. Es sind die niedrigen Honorare, die sich hier abbilden.

Die quantitativ große Basis der Positionierungspyramide und jener Experten, die Inhalte anbieten können, mit diesen aber nicht als Personal Brand identifiziert werden, muss sich hier einordnen. Für diese Gruppe gibt es im Englischen auch den Begriff der »Suits«, der beliebig austauschbaren, uniformen Anzugträger. Diese Begrifflichkeit bezieht sich dabei auf die anonymisierende Funktion von Anzügen im Geschäftsleben. Diese »Suits« teilen vor allem eines miteinander – dass sie eben nicht unterscheidbar sind. Aus dem Deutschen kennen Sie den Begriff des »aalglatten« Beraters, Anwalts oder Experten. Dieser Begriff ist in seiner Bedeutung ein Äquivalent der »Suits« – und »aalglatt« ist ja eben keine neutrale Zustandsbeschreibung, sondern in dem Begriff schwingt vielmehr eine deutlich negative Beurteilung mit.

In vielen Bereichen formeller gesellschaftlicher Institutionen, wie etwa bei einer Bank oder Versicherung, gelten Anzüge bis heute als kaum diskutierte Kleidungsvorschrift. In vielen Häusern besteht ebenso im Hochsommer Krawattenpflicht. Kunden einer Bank wären vermutlich irritiert, wenn der Bankberater ihnen eben nicht im grauen oder blauen Anzug gegenübertritt, sondern wenn er stattdessen im Hawaiihemd ihre Finanzen ordnen wollte. Manch ein Kunde stört sich schon an einer Tätowierung seines Bankberaters, die dieser sichtbar trägt. Und vielleicht ist es auch deshalb so, dass der »Investment Punk« Gerald Hörhan mit seiner Lederjacke und seiner unangepassten Sprechart einen großen Fanzulauf erfährt. Nicht zuletzt aufgrund des sichtbaren Musterbruchs und der leichten Grenzverschiebung wird ihm sicherlich mindestens einmal ein Vertrauensvorschuss gegeben, sodass er vielleicht auch seine Inhalte nicht nach »Business as usual«-Machart gestalten muss. Seine Kunden suchen einen Berater, der ihnen eine alternative Lösung zu den Informationen bietet, die sie ansonsten fast schon inflationär bekämen. Auf ihrer Beratersuche wählen sie demnach einen Typen, der ihnen in seiner Außendarstellung eine Alternative zu all den »Anzügen« anbietet.

Keine Frage, Hörhans Inhalte sind auf höchstem Niveau entwickelt, was unabdingbar Voraussetzung ist! Er selbst hat einen Harvard-Abschluss und bekommt inhaltlich große Zustimmung aus klassischen Investmentkreisen. Zur Erinnerung: Selbst die konservative *Wiener Zeitung* bezeichnete zwar den Stil Hörhans als »nassforsch«, hat aber nichts an den Inhalten auszusetzen.

Hörhans Strategien zur Vermögensbildung mit vermieteten Immobilien erscheinen als interessante und lukrative Alternative zum inflationsbelasteten Vermögensaufbau mit dem Sparbuch bei der eigenen Hausbank. Seine Steuerstrategien der Superreichen wecken das Interesse seiner Kunden.

Experten wie Gerald Hörhan zeichnen sich auch deswegen durch gewisse Grenzverschiebungen und Musterbrüche aus, weil sie damit ein starkes Indiz liefern, dass sie eben auch andere Lösungen für relevante Probleme ihrer Kunden bieten.

Der Kunde schließt von der Verpackung auf den Inhalt

Das Charisma, erkennbar an kleinen Abweichungen von der grauen Masse, wird vom Kunden im Sinne einer Urteilsheuristik als Kriterium überhöht. Es gibt selbstverständlich keine Sicherheit, dass eine Persönlichkeit, die sich durch bestimmte charismatische Eigenschaften auszeichnet, damit auch automatisch eine bessere Expertise in einem Bereich liefern oder gar bessere Lösungen in petto haben könnte. Aber es ist dennoch ein erster Zugang seitens der Interessenten, überhaupt einen Experten aus der Masse der »Suits« wahrzunehmen.

Und es entspricht auch der Erfahrung vieler Menschen, dass Persönlichkeiten mit besonderen charismatischen Eigenschaften aus gutem Grund ihre exponierte Sichtbarkeit erreicht haben und in bestimmten Bereichen den berühmten Unterschied machen können. So steht eine reine und häufige Sichtbarkeit automatisch – und unzulässig – unter einer Kompetenzvermutung.

Allzu breiter Konsens macht nicht charismatisch

Der mittlere Teil der »Charisma-Normalverteilung« unter Experten ist dennoch quantitativ am stärksten, weil Anpassung menschlich ist. Schon von frühester Kindheit an werden Menschen häufig durch erzieherische und disziplinarische Maßnahmen in eine gewisse Angepasstheit gezwungen, sprich in den sozialen Kodex eines allgemein akzeptierten Verhaltens. Hier gibt es Verhaltensweisen, die als akzeptiert gelten und daher gefördert werden. Und dann gibt es auch solche, die negativ eingeordnet oder gar tabuisiert werden. Ganz automatisch werden dadurch auch unangenehme Befindlichkeiten und Charaktereigenschaften von Personen in den Hintergrund gedrängt und in gewisser Weise auf einer »dunklen Seite« der eigenen Persönlichkeit zurückgehalten, so etwa eine allzu große Selbstbezogenheit oder Egoismus.

Selbstverständlich stellt die Sache mit dem beschriebenen Kodex für viele Themen die ausgehandelte Grundlage menschlichen Zusammenlebens dar und hat Funktion und seinen guten Sinn. Hier stecken Erwartungen, Gebote und Verbote einen Rahmen dahingehend ab, welche Elemente der eigenen Persönlichkeit ein Mensch gemeinhin zur Schau stellen darf und welche nicht. Dieser Rahmen versteht sich als breiter und längst ausgehandelter gesellschaftlicher Konsens. Was dem widerspricht, das »macht man nicht«. Zu solchen No-Gos gehört das Zuspätkommen genauso wie das Turnschuhtragen im Deutschen Bundestag, ferner noch ein allzu protziges Auto oder zu aggressives, lautes Auftreten.

Die Eigenschaften der eben beschriebenen »dunklen Seite« bleiben aber dennoch Teil der Persönlichkeit eines jeden, auch wenn sie gesellschaftlich zurückgedrängt werden. Und sie behalten immer noch eine gewisse Motivation, sich zu zeigen. So sind beispielsweise in besonderen Drucksituationen oder vor besonderen Herausforderungen Eigenschaften wie Aggression, Unsicherheit oder Passivität, die man sich eigentlich verbietet, plötzlich stark und treten bisweilen an die Oberfläche.

Das vielleicht Spannendste hieran: Eigenschaften, die man deutlich in sich trägt und mit besonderem Aufwand unterdrückt, werden durch andere Personen, die diese Eigenschaften offen zur Schau tragen, besonders getriggert.

Die Wahrscheinlichkeit ist hoch, dass man in der Betrachtung einer besonders antriebslosen Person vor allem dann besonders ungeduldig wird, wenn man selbst in besonderem Maße eigenes Phlegma unterdrückt oder sich dieses aus anderen Gründen verbietet. Womöglich hat man selbst schlechte Erfahrung damit gemacht, diesem eigenen Phlegma Raum zu geben, das man ja aber durchaus auch positiv als Bereitschaft zur Muße oder als vorbildliche Vermeidung von Übereifer beschreiben könnte. Dieses wurde abtrainiert.

Das Trauma sitzt vielleicht tief, dass das eigene Phlegma kürzlich die Beförderung in der Firma verhindert hat. Oder die Erinnerung ist noch lebendig, dass die ausgeprägte Ruhe eines Mitarbeiters einmal einen wichtigen Kunden verlieren ließ.

Wenn Personen diese Eigenschaften adressieren, indem sie sie beispielsweise offen zur Schau tragen und nonkonformistisch pflegen, dann erreichen sie damit eine ganz unterschwellige Aufmerksamkeit bei ihrem Gegenüber. Ein Ernährungsexperte, der mit dem Brustton der Überzeugung beschreibt, dass er selbst viel zu häufig und gern Schokolade isst, weckt das Interesse seiner Zuhörer, die ein ähnliches Problem haben.

Wer als Finanzexperte in klaren Worten der gängigen Lehrmeinung seiner anzugtragenden Branche widerspricht, der spricht vielleicht besonders solche Kunden an, die eine innere Unzufriedenheit mit den eigenen geringen finanziellen Fortschritten beim Vermögensaufbau haben und dafür die schlechte Beratung anderer Experten für schuldig erklären. Solche Kunden sind vielleicht froh, wenn eine mögliche Identifikationsfigur das äußert, was sie im Inneren beschäftigt.

Das ist der Schnittpunkt, an dem eine wichtige Voraussetzung für Charisma entsteht.

Es hat eine reinigende Funktion, einen richtiggehenden Effekt einer Katharsis, wenn ein Experte sich in dieser Form auf Augenhöhe zeigt und damit das eigene dringende Streben nach Zielerreichung personalisiert. Denken wir an den Ernährungsexperten, der selbst gern Schokolade isst. Oder an den Fachmann für Persönlichkeitsentwicklung, der selbst einige Jahre lang nicht genau wusste, wie er seine Ziele genau zu formulieren hat, damit er sie sicher erreicht. Sie beide haben damit unter Umständen schon genügend Ecken und Kanten, um charismatisch und wiedererkennbar zu sein.

Oft sind es gerade die größten Leuchttürme ihrer jeweiligen Branche, die polarisieren. Helene Fischers Musik beispielsweise liebt man oder man lehnt sie deutlich ab. Es gibt wenige Menschen, die sich keine Meinung zu Helene Fischer bilden. »Joko und Klaas« empfindet man als bereichernde und energiegeladene Verjüngung in der deutschen Fernsehlandschaft – oder eben als substanzlose und grenzüberschreitende Entertainer. Sie haben hohe Einschaltquoten, aber mit Sicherheit auch eine große Zahl von Menschen, die ihre Sendungen niemals schauen würden.

Regelbeugungen sind charismatisch

An diesen Beispielen lässt sich auch schon die leichte Verschiebung aus der Mitte der »Masse an Suits« erkennen. Das kann augenfällig durch Kleidung und Auftreten, Wortwahl und Habitus entstehen. Es kann aber auch einfach durch Dinge geschehen, die nicht üblich sind. Man kann in besonderem Maße vom eigenen Scheitern berichten, was in gewisser Weise auch eine unterdrückte Eigenschaft ist. Ganz ebenso kann man eigenem Verlangen klaren Ausdruck verleihen, wo gesellschaftlich sonst eher Bescheidenheit normiert wäre. Man kann ein wenig unangepasst sein, und man darf auch ein wenig unartig sein. Man darf Regeln biegen, aber man darf sie nicht brechen. Man darf Grenzen leicht verschieben, aber sie nicht komplett einreißen.

Würde ein Experte für Steuerrecht offen zur Steuerhinterziehung aufrufen, wäre er für viele seiner Kunden als Experte wahrscheinlich nicht mehr die erste Wahl. Würde ein Fachanwalt für Verkehrsrecht dazu aufrufen, ständig jedes Tempolimit zu brechen und sich dann mit einem Trick aus jeder Strafandrohung herauszulavieren, so würden ihm seine Kunden vermutlich kaum Vertrauen entgegenbringen. Höchstwahrscheinlich würden sie auch ein starkes Unbehagen empfinden, seiner Empfehlung wirklich zu folgen. Solche Ratschläge wären »zu viel Grenzübertritt«; damit würden Sie sich als Experte dann außerhalb der Charisma-Zone bewegen und in den gefährlichen Randbereichen befinden.

Gefahren lauern in den Extremen

Menschen misstrauen aus gutem Grund Extremen und fühlen sich unwohl damit.

Mit der Kenntnis der hier genannten Beispiele charismatischer Eigenschaften lässt sich nun auch eine abschließende Warnung anknüpfen. Die unattraktive graue Mitte der Expertenpositionierung, in der wenig lukrative Honorare und geringe Wiedererkennbarkeit zu erwarten sind, sollte durch angemessene Betonung charismatischer Eigenschaften verlassen werden. Doch auch hier gibt es Grenzen, die nicht überschritten werden sollten.

Die eigenen dunklen Charakterzüge können und dürfen beispielsweise benannt werden. Das ermöglicht so manchen Kunden ein erleichterndes Wiedererkennen in den Schwächen des Experten, der ihnen auf Augenhöhe begegnet und damit nahbar die Hand reicht. Jedoch darf das nicht in der Form geschehen, dass grobschlächtig stets alles gesagt und getan wird, was dem Experten gerade im Sinn steht. Werden hier zu viele Ecken und Kanten herausgestellt, kann das später nicht mehr eingefangen werden und verselbstständigt sich möglicherweise.

Wer die eigenen dunklen Eigenschaften oder menschlichen Misserfolge nicht in der Art benennt, dass der Kunde ein erleichterndes Wiedererkennen im Experten erleben darf, sondern sich stets in grober Manier alles herausnimmt, was ihm gerade im Sinn steht, der wird zu sehr anecken und nicht polarisieren, sondern ganz allgemein abstoßen.

Wer jedoch besonders sichtbar wird durch eine leichte Verschiebung der eigenen Darstellung in die schillernden Eigenschaften hinein und damit Aufmerksamkeit generieren kann, der bleibt seinen Kunden im Gedächtnis. Und damit erlaubt er es nicht zuletzt auch, den langsamen Aufbau der eigenen Markenpositionierung immer wieder an »merkwürdige« Eigenschaften, Begebenheiten und Berichte zu knüpfen.

Die vier magischen Charisma-Grundregeln

Die gute Nachricht lautet: Charisma ist nicht angeboren, sondern kann erlernt werden. Hier einige Ideen dazu:

1. **Hören Sie Ihren Kunden besonders gut zu.** Kaum eine Eigenschaft erzeugt mehr Charisma als die besondere Fähigkeit zur Empathie, die durch Zuhören herausgestellt werden kann. Denn Empathie ist die

wichtigste Grundlage für den Beziehungsaufbau mit anderen Menschen, und letzteren suchen vor allem jene Interessenten beim Experten, die Anschluss an eine Leitfigur suchen.

2. **Seien Sie positiv.** Dauerhaft nörgelnde und negative Menschen werden insbesondere als nicht charismatisch wahrgenommen. Nehmen wir einen liebenswerten »Grantler« – auch wenn seine Mitmenschen ihm seinen dauerhaften Pessimismus vielleicht als charismatische Eigenschaft auslegen würden, so veranlasst dies andere Menschen jedoch zu einer gewissen Distanz. Oder schauen wir uns Formulierungen an: Sagen Sie statt »Nein!« lieber in einer entgegenkommenden Weise »Ja, ich sehe diesen Punkt – meine Sicht dazu ist folgende.«. Betonen Sie dabei weniger das »Was«, als das »Warum«, um Ihren eigenen Antrieb und Ihre eigene Einschätzung auf Augenhöhe zu erklären. Erklären Sie Ihren Kunden, *was* diese tun müssen, indem Sie ihnen erklären, *warum* sie es tun müssen. Antoine de Saint-Exupéry fasst das wie folgt zusammen: »Wenn Du ein Schiff bauen willst, dann trommle nicht Männer zusammen, um Holz zu beschaffen, Aufgaben zu vergeben und die Arbeit einzuteilen, sondern lehre die Männer die Sehnsucht nach dem weiten, endlosen Meer.«[5]
3. **Seien Sie als Experte offen** für das, was Ihr Kunde in den Prozess der Wahrheitsfindung einbringt. Damit wird die Lösung seiner spezifischen Herausforderung automatisch verbessert, und er fühlt sich gesehen. Sie selbst als Experte können dabei lernen und neue Wissensbestände in Ihre eigene Expertise integrieren. Dabei sollten Sie im Kundenkontakt natürlich nicht der Willkür verfallen und alle möglichen Lösungen und Ansätze gleichberechtigt betrachten und vertreten; die Lenkungsfunktion bleibt immer noch Ihr größtes Pfund als Experte. Sie sollten aber möglicherweise – bis hin zu einer radikalen Offenheit – schauen, welche Impulse Ihr Kunde in den Prozess einbringt, die zu einer besseren Lösung führen, als Sie es ad hoc hätten formulieren können. Als Experte mit den bei Weitem überlegenen Wissensbeständen werden Sie rasch in der Lage sein, auch wichtige neue Informationen in Ihr Gesamtsystem zu integrieren und für Ihren Kunden daraus dennoch ein hilfreiches Ordnungssystem abzuleiten – mit der immer wichtigen Option, reichlich Informationen und Wissen wegzulassen.

4. **Seien Sie selbstbewusst,** und wählen Sie weise und vorsichtig, welche öffentliche Darstellung des eigenen Expertenstatus Ihnen in Ihrer Nische und für Ihre Positionierung zuträglich ist. Häufig ist es das Spiel mit dem eigenen Status, der ironische Bruch und die leise Bescheidenheit, die den eigenen Status mehr unterstreichen als das marktschreierische Behaupten der eigenen Brillanz. Lassen Sie lieber andere ein Lob für Sie anstimmen, als dass Sie sich selbst loben. Und lassen Sie auch andere neben sich glänzen.

Die 80/20-Regel des Charismas

Stellen Sie sich die notwendige Verschiebung in eine leicht schillernde Personal Brand und den notwendigen Musterbruch in Anlehnung an das Pareto-Prinzip vor. Das Pareto-Prinzip ist dabei keine wissenschaftliche Methode, sondern eher eine Daumenregel.

Pareto ist die sehr weitverbreitete Vorstellung, dass in jeglichem Tun von Menschen 80 Prozent der Arbeit (und häufig auch der eingesetzten Mittel) später für 20 Prozent des Outputs verantwortlich sind, während 20 Prozent der eingesetzten Energie, Mittel und Arbeit für 80 Prozent des Outputs verantwortlich sind. Unternehmer können sich das leicht vorstellen, wenn sie in ihrer Zeit Bürokram erledigen, Dokumente für die Steuer abheften, losfahren, um neue Briefmarken zu kaufen, und in Teamsitzungen Fragen stellen oder beantworten, die das eigentliche Kerngeschäft nicht wirklich voranbringen. Vielleicht liegen nur 20 Prozent der Arbeitszeit in der direkten Wertschöpfung wie der direkten Kundenakquise.

Das eigene Charisma kann sich auch am Pareto-Prinzip und dessen grundlegender Aufteilung anlehnen. Es ist ohnehin schwer, später genau in Prozenten zu messen, wie viele schillernde Anteile die eigene Persönlichkeit nun hat und inwiefern man bestehende Wissensbestände und Modelle seiner eigenen Wissensnische verändern sollte, um damit eine unverwechselbare neue Methode zu schaffen, die die besten Kunden lieben werden.

Es kommt hier noch etwas hinzu – dass es dem einen womöglich etwas mehr liegt, sich schillernd zu zeigen, so wird er deswegen vielleicht naturgemäß höhere Anteile haben. Aber manch anderer mag das nicht so sehr und kommt vielleicht auch mit weniger Extravaganz gut bei seinen Kunden an.

Wichtig ist, sich klarzumachen, dass ein großer Teil des bestehenden Charismas eines Experten keine Musterverschiebung gegenüber dem darstellen sollte, was die Kunden von der Person des Experten erwarten.

Als Anbieter wollen Sie ja in aller Regel immer noch als Experte wahrgenommen werden und nicht als Freak, der mit keiner Beschreibung zu fassen wäre und auch sonst in überhaupt kein Raster passt. Was Kunden in einem Experten finden wollen, und das hat dieses Buch schon ausführlich dargelegt, das sind vor allem auch Anteile von Verlässlichkeit und Berechenbarkeit. Zugleich müssen Sie ihnen aber mit einigen charismatischen Eigenschaften zeigen, dass sie etwas anders machen, und bei Ihren Kunden damit das Mindset für die Idee öffnen, dass Sie auch alternative, bessere und schnellere Lösungen für sie anbieten können. Die Kunden müssen sich einen Experten buchstäblich merken können und sich an ihn erinnern. Das gilt dann umso mehr, wenn sie vielleicht nach dem ersten Kontakt noch gar nicht bereit gewesen waren, ihn zu beauftragen. Manchmal ist es über mehrere Kundenkontakte hinweg notwendig, dem Kunden verschiedene Facetten der eigenen Arbeit zu zeigen, ihm aber zugleich auch das Nummer-eins-Problem, das man als One-Trick-Pony sofort trefflich lösen kann, mehrmals vorzustellen. Dazu ist es stets hilfreich, wenn der Kunde sich nach dem ersten Kontakt nicht an »irgendeinen Typen im Anzug« erinnert, sondern an eine charismatische Persönlichkeit, die einen zweiten Blick wert ist – also an keinen verrückten Menschen, aber sehr wohl an einen charismatischen.

Ihre Personal-Brand-Story transportiert und speichert Charisma

Gut erzählte Geschichten transportieren auf leichte und spielerische Art Ihr Charisma – und sie sind besonders merkfähig. Charismatische Menschen sind daher häufig auch gute Geschichtenerzähler.

Geschichten und gutes Storytelling sind eines der Elemente, mit denen charismatische Experten brillieren können. Der Menschheit ist es nicht erst seit der Überlieferung lebenswichtiger Geschichten am Lagerfeuer der Steinzeit tief eingeschrieben, dass die Aufmerksamkeit für Geschichten große Bedeutung für ihren eigenen Erfolg hat; bereits die ersten Höhlenzeichnungen erzählten bebilderte Geschichten.

Welche Beutetiere kommen für den Fortbestand des eigenen Stammes oder der eigenen Familie infrage? Was sind die idealen Jagdtechniken, um auch große Beutetiere zu bejagen? Und vor welchen Tieren sollte man sich vielleicht in Acht nehmen? Das ist in klaren Bildern als Geschichte unmissverständlich dargestellt.

Ein Mammut und eine Gruppe von Menschen mit Speeren, die das Mammut in die Enge treiben und dann als Gruppe relativ sicher erlegen können – das ist die Schritt-für-Schritt-Anleitung zum Jagderfolg in Bildsprache.

Die älteste dokumentierte Geschichte der Menschheit ist rund 44 000 Jahre alt und erzählt, als Höhlenmalerei in Indonesien, eine magische Geschichte über Menschen mit Tierschnauzen. Die ältesten Kulturen der Menschheit, an die wir uns heute erinnern, sind in Ägypten hingegen gerade einmal rund 5 000 Jahre alt. Geschichten haben die große Kraft, jede andere kulturelle Manifestation zu überleben.

Das können sie nur, weil sie dem menschlichen Wunsch nach Orientierung Rechnung tragen. Die Geschichte aus Indonesien überliefert die Vorstellung der Menschen, in welchem Verhältnis sie zu ihrer spirituellen Welt stehen. Sie berichtet, was man zu glauben hat und in welchem Verhältnis mit übermenschlichen Ordnungssystemen man sich sicher fühlen kann, damit das eigene Leben gelingt. Die Höhlenmalereien mit Jagdszenen sind in der Lage, weiterzutragen, mit welchen Methoden man bestimmte Herausforderung idealtypisch löst. Sie ordnen das Leben der Betrachter und derer, die sie erzählen.

Vor 10 000 Jahren wurden Geschichten an Höhlenwände gemalt, damit auch nachfolgende Generationen an diesem inspirierenden Beispiel lernen und ihren eigenen Erfolg gewährleisten konnten. Anhand seiner Malerei gab der Jagdexperte ein inspirierendes Beispiel seiner Kunst.

Heute würde ein Experte wohl kaum anders verfahren, es allerdings anders ausdrücken: »Mit meinen anschaulichen Modellen biete ich naturverbundenen Selbstversorgern wertvolle ›Best-Practice-Beispiele‹ der Ressourcenbeschaffung für ihre Nahrungsversorgung!«

Geschichten sind tief in unserer Evolution verankert und beeinflussen auch das Individuum in ganz außerordentlicher Weise. Sie haben zwei Funktionen:

1. Sie werten jeden Gegenstand ihrer Berichterstattung und damit auch die Personal Brand des Experten auf, der Geschichten benutzt, um einen besonders privilegierten Zugang zur Aufmerksamkeit seiner Kunden zu erreichen.
2. Sie haben eine ausgezeichnete Funktion als Informationsspeicher, der insbesondere dadurch die »merkwürdigen« Eigenschaften eines Experten gegenüber Interessenten und Kunden speichert und immer wieder abrufbar macht.

Der berühmte antike Heerführer Hannibal ist etwa 250 v. Chr. geboren. Vor und nach seiner Zeit gab es Hunderte von Heerführern. Was weiß man über ihn? Ehrlich gesagt, wenig! Hannibal war Heerführer welchen Volkes? Und wo hatte dieses genau seinen Herrschaftssitz? Aus welchem Grund genau hatte sich Hannibal noch einmal mit dem Römischen Reich in die Haare bekommen? Die historischen Aufzeichnungen sind erstaunlich dünn.

Was man auf jeden Fall noch von ihm weiß, ist diese eine Geschichte: Hannibal zog mit dem klaren Ziel der Bekämpfung Roms über die Alpen und hat Rom dabei eine schreckliche Niederlage zugefügt. Sein Heer verfügte über Elefanten!

Mancher weiß noch, dass Hannibal dabei eine weite Reise von Nordafrika gemacht hat und dass ihm die Eroberung Roms auch nur teilweise und nicht besonders nachhaltig gelungen ist. Meistens sind diese Informationen vergessen. Aber das Bild mit den Elefanten, das ist fest im kollektiven Gedächtnis verankert.

Gut erzählte Geschichten transportieren also Informationen und speichern diese auch. Das ist wichtig, wenn ein Experte bei der Etablierung der eigenen Personenmarke darauf bauen muss, dass verschiedene Informationen, die er in seinen Digital-Personal-Assets – und allen weiteren Instrumenten seiner eigenen Sichtbarkeit – transportiert, sich für den Kunden zu einem wiedererkennbaren Bild dieses einzigartigen Experten verdichten.

Die Elefanten sind in Hannibals Geschichte besonders stark und werden besonders gut in Erinnerung bleiben, weil sie ungewöhnlich sind. Schon in der Schule hat man reichlich Schlachten der Antike auswendig gelernt und sich selten etwas gemerkt. »333, bei Issos Keilerei« – »Alexander der Große gegen die Perser« – aber oft eben auch nicht viel mehr. Kaum jemand kann eine nennenswerte Anzahl weiterer wichtiger Schlachten in der Antike auch nur grob zuordnen.

Von einer einzigen Schlacht wurde ein besonderer Musterbruch berichtet. Kriegselefanten wurden in dieser Form wohl nur selten eingesetzt, und Hannibal hat sie zu einem besonderen Merkmal seiner eigenen Geschichte gemacht. Kriegselefanten wurden vor allem in Indien, aber auch darüber hinaus über Jahrhunderte immer wieder eingesetzt. Elefanten passen nach Indien, nicht aber in die Alpen – exakt dort entfaltet sich der Musterbruch, und es entsteht eine Geschichte.

Zwar waren Dickhäuter im Grunde eher dafür gedacht, dass Hannibals Heer zur Zeit seines Angriffs ein besonderes Überraschungsmoment gelingt und ihm ansonsten ein bedrohlicher Nimbus vorauseilen möge, aber dieser Musterbruch hatte auch die Kraft, zu einer alle Zeiten überdauernden Geschichte zu werden.

Die traurigste Geschichte der Welt in drei Worten

Geschichten haben also einen besonderen Zugang zur privilegierten Aufmerksamkeit von Menschen. Dadurch kann man seine Geschichte und seine Informationen gut an mögliche Kunden bringen. Dies gelingt umso besser, wenn man auf gute Geschichten setzt und diese erzählen kann. Vor allem emotional erzählte Geschichten bleiben Menschen im Gedächtnis. Je tiefer sie jemanden berühren, desto größer ist die Wahrscheinlichkeit, dass er sich an sie erinnert. Die vielleicht traurigste Geschichte der Welt berührt Menschen tief:

»Babykleidung abzugeben. Ungetragen.«

Diese Geschichte besteht aus nur drei Worten; und sie ist universell verständlich, ohne dass sie weiter erklärt werden muss. Es wird kaum jemanden geben, dem sie nicht im Gedächtnis bleibt. Sie können ein kleines Selbstexperiment durchführen und beispielsweise auf der letzten Seite dieses Buches mit Bleistift notieren: »Wie lautet die traurigste Geschichte der Welt?« Denn bis Sie am Ende dieses Buches angelangen, werden noch zahlreiche Seiten umzublättern sein und mutmaßlich mehrere Stunden vergehen; vermutlich lesen Sie dieses Buch auch nicht auf einmal, sondern legen es zwischen den Kapiteln zur Seite.

Jedenfalls ist die Chance groß, dass Sie sich an diese Geschichte erinnern, wenn Sie am Ende dieses Buches auf Ihre dort notierte Frage treffen werden. Vielleicht werden Sie sich sogar noch in einigen Jahren, wenn Sie dieses Buch wieder zur Hand nehmen, darin blättern und auf Ihre handschriftliche Notiz stoßen, an diese Geschichte erinnern können.

Geschichten speichern Informationen somit besonders gut. So werden sich die Menschen, wenn sie einen Kontaktpunkt mit dem Experten haben, eher an die letzten Begegnungen mit ihm erinnern, sei es digital oder persönlich. Aber vor allem werden sie sich an die Personal-Brand-Story erinnern, von der ihnen der Experte berichtet hat.

Richard Branson ist auch der Unternehmer, der damals in einem Aprilscherz als außerirdischer E.T. verkleidet in einem Ufo-ähnlichen Heißluftballon über die Dächer von London geflogen ist und die halbe Stadt in Angst und Schrecken versetzt hatte. Jetzt macht er wieder etwas Neues und hat ein neues Unternehmen gegründet. Diese Geschichte bleibt im Gedächtnis, berichtet der *Spiegel*.[6]

Geschichten schaffen Werte und sind ein eigenes Digital-Personal-Asset

Darüber hinaus haben Geschichten auch die Fähigkeit, den Wert von Dingen zu erhöhen, an die sie geknüpft werden. Damit werden sie selbst zu einem Digital-Personal-Asset.

Die Armbanduhr von Paul Newman ist das bis heute teuerste Filmaccessoire aller Zeiten. Sie wurde vom Auktionshaus Phillips für 17,8 Millionen Dollar verkauft.

Das gibt die Uhr selbst jedoch nicht her: Sie ist aus einem einfachen Stahlgehäuse gefertigt, hat ein Zifferblatt aus relativ günstigem Silber und ein Deckglas aus Kunststoff. Somit ist diese Ausstattung der Rolex Cosmograph Daytona Referenz 6239 höchstens mittelmäßig.

Aber ihre Geschichte ist exklusiv.

Paul Newman ist vor allem als Schauspieler bekannt geworden. Er wurde unter anderem zehnmal für den wichtigsten Preis der amerikanischen Filmbranche nominiert, für den Oscar. Im Jahr 1986 bekam er den Ehren-Oscar für sein Lebenswerk. Er war leidenschaftlicher Rennfahrer und darüber hinaus ein vielseitig begabter und interessierter Mann, der sich auch als Unternehmer erfolgreich zeigte.

Newman besaß nun diese recht gewöhnliche Uhr der renommierten Marke Rolex, nämlich das Modell 6239. Er trug sie privat, im Motorsport, aber auch vor der Kamera. Seine Frau Joanna Woodward, die als Schauspielerin selbst Oscar-Preisträgerin war, hatte auf die Rückseite dieser Uhr einen wohlgemeinten Hinweis für ihren Mann eingravieren lassen: »Drive carefully. Me.« Diese Gravur erzählt natürlich ebenfalls eine Geschichte in drei Worten und verbindet Woodwards Sorge um ihren außergewöhnlichen und geliebten Mann und seine herausragenden Errungenschaften mit der Uhr. Die Gravur macht die Uhr zudem einzigartig. Und allein durch die Geschichten um die Uhr und deren Träger wird die Uhr zu einem sehr teuren Wertgegenstand.

In ähnlicher Weise können Autos mit prominenten Vorbesitzern eine immense Wertsteigerung erfahren. So hat im Jahr 2010 beispielsweise der Student Benjamin Halbe den sechs Jahre alten Golf aus Vorbesitz eines gewissen Kardinals Joseph Ratzinger für 9 500 Euro gekauft. Um diesen Golf sodann, nachdem im Vatikan weißer Rauch aufgestiegen und Kardinal Ratzinger zum Papst Benedikt XVI. befördert war, für 188 938,88 Euro auf eBay zu versteigern.[7]

Nur durch die Geschichte hinter dem Fahrzeug wird aus einem alten Golf ein großer Wertgegenstand.

Uhren und Autos sind längst anerkannte Wertgegenstände, materielle Assets. Und genauso funktioniert es mit der Aufladung von Digital-Personal-Assets durch gute Geschichten. Dort können diese genauso zu einer Wertsteigerung führen, wenn sie bestimmte Informationen und den Bezug zu einer inspirierenden und charismatischen Persönlichkeit mit Assets verbinden. Die Wertsteigerung manifestiert sich dann in den Honoraren, die der Experte am Markt erzielen kann, wenn gute Geschichten seine Expertise, seine Begeisterung und sein Charisma sichtbar machen.

Geschichten werden an Insignien gebunden: Das Souvenirphänomen

Paul Newmans Frau hat ihre wichtige Botschaft, dass er auf sich aufpassen und vorsichtig fahren möge, mit der Uhr verknüpft, damit ihm diese Information immer zugänglich ist. Schließlich begleitete ihn die Uhr aus rein pragmatischen Gründen häufiger als sie selbst, beispielsweise im Rennwagen oder am Filmset. Solche Gegenstände gewinnen dadurch an Symbolik und Wert, weit über ihre eigentliche Funktion hinaus, und werden von der Anwesenheit der Person entbunden, deren Geschichten und Botschaften sie repräsentieren.

Ähnlich ist es mit der Funktion persönlicher Erinnerungsstücke, wie beispielsweise der Halskette der eigenen Großmutter, die zwar einen geringen materiellen Wert hat und womöglich auch nicht mehr den modischen Trends entspricht, die aber einen hohen ideellen Wert aufweist, weil die eigene Familiengeschichte und wertvolle Erinnerungen daran geknüpft sind. Gleiches gilt, wenn Sie verheiratet sind, für Ihren Ehering, der für Sie vermutlich unverkäuflich ist.

Die Geschichten und wertvolle Bedeutungen manifestieren sich gewissermaßen in diesen Gegenständen, werden damit transportabel und können Dinge veredeln. Somit haben diese Gegenstände eine Speicherfunktion für Bedeutungen. Menschen mögen solche Geschichten und ihre Repräsentanzen und sind kompetent, sie zu nutzen und zu interpretieren.

Wie die Geschichten selbst ist ebenso die Verknüpfung solcher Inhalte mit Gegenständen eine der ältesten und bewährtesten Kulturtechniken, um Informationen und Inhalte zu transportieren und zu bewahren. Dementsprechend sicher funktioniert sie auch.

Gut bekannt sind in diesem Zusammenhang herrschaftliche Insignien. Alle bedeutenden Könige und Kaiser des Mittelalters schmückten sich mit bestimmten Insignien. Der Begriff der Insignie kann für unsere Betrachtungen sinnstiftend entliehen werden.

Insignien der Herrscher sind im Mittelalter der Reichsapfel und das Zepter gewesen, ebenso die Krone sowie weitere Gegenstände mit individueller ritueller Bedeutung in Zeremonien und repräsentativen Situationen. Alle Gegenstände hatten dabei eine immense Bedeutung, die über den materiellen Wert der reichlich verzierten Herrschaftssymbole weit hinausging. So stand das Zepter eines Herrschers für seine weltliche Macht, während der Reichsapfel die Verbundenheit des Königs mit der Kirche symbolisierte, damals auch ein Garant von Deutungshoheit und Legitimation.

Beide Begriffe sollten auch Experten interessieren.

Menschen sind in der Lage, intuitiv bestimmte Symbole schnell und zutreffend zu lesen. Darüber hinaus sind sie im Umkehrschluss auch gern bereit, bestimmte Geschichten für sich selbst mit bestimmten Gegenständen zu verknüpfen und abrufbar zu halten. Dabei ist sogar unwichtig, ob diese Repräsentanzen materiell sind oder ob es kleine Auszüge der großen Geschichte sind, die vermittelt werden. Wichtig ist die Idee, eine Essenz der eigenen Botschaft zu schaffen, die der Kunde erkennen und auch weitererzählen kann.

Wir schätzen und nutzen auch heute, selbst in parlamentarischen Demokratien, immer noch gern Insignien und schauen zu diesen auf. Insignien sind praktisch, eben weil sie so schnell Informationen transportieren und so kompetent gelesen werden. Manchmal sind die Insignien subtil und fast unsichtbar – so ist die Lehne des Stuhls des deutschen Regierungschefs im Bundestagssaal zum Beispiel ein klein wenig höher als die der anderen Kabinettsmitglieder.

Immer fällt bei Insignien auf, dass die Gegenstände ein kleines Symbol für ein großes »Mehr« sind. Der Reichsapfel für die Weltkirche, das Zepter für das gesamte Heilige Römische Reich sind ein Beispiel dafür. Es ist offensichtlich ein erprobter Weg, große Geschichten durch kleine Symbole zu ersetzen, die auf das Ganze verweisen. Um eben die Geschichten immer wieder bewusst zu machen und sie beim Betrachter möglichst tief zu verankern.

Wer Reichsapfel und Zepter trug, war mächtiger Herrscher eines großen Reiches von Gottes Gnaden. Derjenige im Raum, der die Insignien trägt, verfügt über Macht. Entsprechend verhielt man sich ihm gegenüber und schenkte seinen Worten Gewicht.

In damaliger Zeit konnte man sich darauf verlassen, dass die Betrachter die Zeichen lesen konnten und ihre ganze Bedeutung erkannten oder mindestens wussten, dass diese den großen Einfluss des Trägers der Insignien spiegelten.

Das gilt heute ebenso für einen Wikipedia-Eintrag, einen Leitartikel in einem renommierten Fachmagazin oder für ein eigenes Buch. Wer auf die Bühne tritt und als erfolgreicher Autor oder »Bester seines Fachs« angekündigt wird, wer glänzende Digital-Personal-Assets hat oder 100 000 Abonnenten in seinem Youtube-Kanal aufweisen kann, der verfügt je nach Kontext über die Deutungsmacht der Inhalte.

Eine einzige Halskette kann Hunderte von Erinnerungen transportieren. Ein einziges Buch oder ein Wikipedia-Eintrag öffnen einer umfassenden Urteilsheuristik weit Tür und Tor bezüglich der Kompetenzen eines Experten als lupenreine Insignien.

Ein kleiner Teil der Sichtbarkeit steht für die ganze Geschichte. Und sehr häufig braucht es auch keine allzu langen und umfassenden Geschichten. Wer seine Deutungshoheit stets erst ausführlich erklären muss, ist eben als Experte noch nicht bestmöglich positioniert. Und meistens sind vor allem auch seine Geschichten noch nicht auf den Punkt erzählt und zu langatmig und erklärungsbedürftig.

Es ist aus vielerlei Gründen interessant und ratsam, sich zur Veranschaulichung den ein oder anderen erfolgreichen Experten auf Bühnen anzuhören und seine Insignien für die eigenen Zwecke zu analysieren. Denn zum einen sind viele Profis, die es zu einer großen Anerkennung gebracht haben, darin kompetent, das richtige Verhältnis zwischen Information und Unterhaltung in ihren Vorträgen auszuloten. Sie kommen auf den Punkt und erzählen ihre Inhalte unterhaltsam.

Es lohnt sich schon allein deshalb zu schauen, wie viele Modelle und tiefgreifende Informationen ein Speaker, der ein großes Publikum anlocken und begeistern kann, wirklich präsentiert und wie viel seines Vortrags aus kurzen, aber bemerkenswerten Geschichten, Inspiration und Visionen besteht. Das zu analysieren, geht häufig auf in einem großen Überhang brillanter Geschichten gegenüber den sparsam eingesetzten Informationen.

Toppositionierte Experten »handeln« mit Souvenirs

Gut positionierte Experten können auf ihren Veranstaltungen gute Nebengeschäfte entwickeln. Sie schaffen es, dass eine gute Zahl der begeisterten Zuhörer ihnen nach dem Vortrag noch eines ihrer Bücher am Bücherstand abkauft – oder eine DVD oder CD als Souvenir mit nach Hause nimmt. Oder ein Selfie mit dem Speaker machen will.

Wer es selbst irgendwann geschafft hat, ein eigenes Buch zu veröffentlichen, dies vielleicht sogar in einem renommierten Verlag, der wird durchaus überrascht sein, wie oft er danach selbst von teilweise unerwarteter Seite darum gebeten wird, ein solches Buch für einen Freund, einen Kollegen oder für einen Kunden zu signieren. Bücher werden zwar ohnehin selten weggeworfen, aber gehen Sie von Folgendem aus: Ein vom Autor signiertes Buch bekommt nochmals einen besonderen Platz im Regal, wenn nicht sogar den Ehrenplatz.

Wenn der Experte keine eigenen Bücher schreibt, so sind es manchmal autografierte Schlüsselbänder, T-Shirts oder Baseball-Caps mit einem auszeichnenden Spruch des Experten, bei denen genauso dessen inspirierende Kraft in einem einzigen Satz aufgeht und damit zur Insignie taugt. Das Souvenir steht für eine große Geschichte, einen gelungenen Abend.

Seinen möglichen Fans T-Shirts mit einem Spruch zu drucken, diese Idee muss man weder begrüßen noch selbst nachahmen. Wohl aber hat man die Energie dahinter zu verstehen!

Von einer Veranstaltung nimmt sich oft ein überraschend großer Anteil des Publikums gern etwas mit, was man in der Hand tragen kann. Das entspringt dem Antrieb der Zuschauer, die Erfahrung mit dem gut positionierten Experten »verlängern« zu wollen.

Manche Zuschauer von solchen Veranstaltungen sammeln beispielsweise die Lanyards, an denen ihnen ihr Ticket schon am Eingang des Veranstaltungsortes um den Hals gehängt wurde. Häufig fällt es schwer, diese Souvenirs im Anschluss an die inspirierende Veranstaltung wegzuwerfen, und das obwohl sie ihre eigentliche Funktion nach der Veranstaltung vollends verloren haben.

Die Funktion als Verlängerung der Inspiration und des Gefühls der möglichen Transformation verlieren solche Mitbringsel nicht, und das lässt manchen diese aufbewahren. Menschen sind von einem Experten, der ihnen als Speaker oder erfolgreicher Buchautor begegnet, begeistert und inspiriert. Und sie wissen, dass sie diese Inspiration als flüchtiges Momentum der Situation im Nachgang zu verlieren drohen.

Für den gut positionierten Speaker kann kaum etwas Günstigeres passieren, denn selbst wenn er mit dem Buch kein Geld verdient, weil er dieses seinen Zuhörern sogar schenkt, so kann er doch von ihrem Impuls in bester Weise profitieren, die Inspiration zu verlängern. Es muss nur gelten, den hier offenkundigen Wunsch der Zuschauer aufzugreifen und sie an sich zu binden. Das funktioniert materiell mit kleinen Souvenirs oder noch besser immateriell, indem man ihnen im Nachgang auch immer wieder begegnet. Man ermuntert sie, die E-Mail-Adresse zu hinterlassen und sich dort noch ein Geschenk zu holen. Man lädt dazu ein, weiter von den inspirierenden Inhalten des Experten zu profitieren oder gleich einmal die eigene Transformation zu starten und etwas zu ändern.

Ein Buch ist auch deshalb ein gutes Beispiel für diese Insignien, weil es als ideale Plattform dient, dem Kunden weitere Geschichten zu erzählen und ihm abermals ein leuchtendes Beispiel einer möglichen Transformation zu sein, die auch er womöglich anstrebt.

Wer wäre noch besser geeignet, für diese Transformation einzustehen, als der Experte, dessen Insignien der Deutungshoheit und Auszeichnungen seines Expertenerfolgs der potenzielle Kunde fachkundig interpretiert, bewahrt und schätzt? Das eigene Buch ist dafür ein überaus geeignetes Mittel.

Das können auch andere Insignien und nicht zuletzt ebenso immer wieder Digital-Personal-Assets des Experten leisten, die dem Kunden wieder und wieder begegnen. Durch die wiederholten Kontaktpunkte mit dem Kunden wird das Versprechen der Transformation wieder und wieder transportiert und dadurch wachgehalten – in Form der Digital-Personal-Assets, in Form des Buches oder schlicht durch die nächste Begegnung auf Youtube. Es gilt schlicht, das Gefühl zu verlängern.

Geschichten zeigen Transformation, nicht Information

Sowohl der Vortrag eines Experten als auch seine Personal Assets, die als Insignien seiner inspirierenden Kraft wahrgenommen werden können, stehen beim Kunden für eine mögliche Transformation. Es ist oft die Transformation, die Kunden anstreben. In erster Linie sind es nicht die Informationen, die ihnen in der Epoche der Wissensexplosion ohnehin frei zugänglich sind. Das Wort »Insignie« bedeutet aus dem Lateinischen übersetzt etwa »durch ein Zeichen erkennbar«. Exakt so sollten Ihre besten Geschichten und Zeichen sein: Sie sollten den Experten sofort wiedererkennbar machen.

Man kann den eigenen Expertenstatus auf Basis von Informationen herausstellen und ihn neutral formulieren: »Ich bin Fitnessstudiobesitzer und als ausgebildeter Fitnesskaufmann in der Lage, die Ausführung spezieller Rückenübungen kompetent beizubringen«. Das ist eine gute und wertvolle Information, die sogar die Kompetenz des Experten unterstreicht und ihn von manch anderen Experten unterscheidet. Die Geschichte kann man sehr breit ausführen und muss das auch, weil die rein faktenorientierte Geschichte nicht so schnell wirkt.

Aber es ist keine formulierte Transformation.

Besser wäre es, eine Geschichte zu erzählen, die zündet, etwa so: »Ich habe jahrelang unter Rückenschmerzen gelitten und habe durch das richtige Training mein Leben vollkommen verändern können. Jetzt helfe ich mit meinen Erfahrungen aus meinem Training anderen Menschen, die vor der gleichen Herausforderung stehen und den gleichen Leidensdruck haben.«

Hier ein weiteres Vorher-nachher-Beispiel zum Abgucken: Sagen Sie statt »Ich bin Energieberater und prüfe, ob Sie an Ihrem Haus durch geeignete Sanierungs- und Renovierungsarbeiten mit KfW-Förderung von bis zu 30 Prozent ein Einsparpotenzial haben« besser:

»Mit meiner Arbeit verfolge ich ein großes Ziel: Ich möchte meinen und Ihren Kindern eine saubere und bessere Welt hinterlassen!«

Wichtig ist dabei vor allem eines: Menschen müssen sich mit der Geschichte und der immer wieder auffindbaren Essenz der Transformation identifizieren können. Wer selbst keine Probleme mit dem Thema hat, für das die Geschichte paradigmatisch steht, der wird sie sich gar nicht anhören und sich nicht die Mühe machen, aus den kleinen anschlussfähigen Insignien eine Motivation zu entwickeln, dem Experten weiter zuzuhören.

Für den Experten leitet sich daraus die Empfehlung ab, nicht nur die eigenen Erfolge in der Geschichte zu präsentieren, sondern auch den eigenen schmerzlichen Weg zum Ziel. Denn das ist authentisch und gibt dem potenziellen Kunden noch einmal eine bessere Möglichkeit, sich selbst in der Geschichte zu sehen und sich gesehen zu fühlen.

Wer das Problem des eigenen Kunden besser formulieren kann als dieser selbst, der hat einen privilegierten Zugriff auf dessen Aufmerksamkeit. Wer dabei mit dem Kunden auf Augenhöhe kommuniziert, weil er seinen Schmerz in ähnlicher Weise selbst erlebt hat, wird sich damit sein Vertrauen verdienen. Und wer eine gute Lösung präsentieren kann, der wird nach dieser gefragt werden.

In dieser Funktion und Struktur schließlich gehen sowohl dingliche Insignien als auch kleine Geschichten ineinander auf. Es macht keinen Unterschied, ob eine Referenz auf ein großartiges Transformationsversprechen letztlich an einen Gegenstand geknüpft ist oder an eine Geschichte. Wichtig ist, dass sich immer ein kleines Teil des Ganzen auffinden lässt, das für sich genommen den Verweis auf die transformative Kraft des Experten trägt.

»Yes we can!« Ein Weckruf wird zur Inspiration

»Yes we can!« war der Wahlkampfausruf von Barack Obama bei der US-amerikanischen Präsidentschaftswahl 2008. Er rief ihn erstmalig bei einer Rede nach der Vorwahl im Bundesstaat von New Hampshire am 8. Januar 2008 dem begeisterten Publikum zu. Da war er aber noch nicht sein Slogan.

In dieser Rede fragte er seine Zuhörer, wie man die großen weltpolitischen Probleme aus US-amerikanischer und seiner Sicht lösen könne: Gerechtigkeit, Wohlstand und Weltfrieden etwa. Seine Antwort auf die Frage war immer wieder die gleiche: »Yes we can!« Diese »Antwort« auf die von ihm selbst aufgeworfenen Fragen war im Grunde alles, nur keine Antwort.

Barack Obama hatte eigentlich für diesen Wahlkampf einen anderen Slogan auserwählt: »Change we can believe in«, womit immerhin die Aufforderung zu einem abstrakten Wandel verbunden werden konnte. *Was* aber *wer* bei dem Aufruf »Yes we can!« *können* soll oder will, blieb vollkommen im Abstrakten. Seine Berater (oder auf Englisch: »Spin Doctors«) hatten diesen Slogan als den aussichtsreichsten gewählt, aber die Geschichte wählte etwas anderes aus.

Der neue Slogan hatte keinen Inhalt, er war »nur« ein Symbol. Das war aber vollkommen egal. Der Wahlkampfslogan hatte sich zu dieser Zeit verselbstständigt und den ursprünglich gewählten Slogan in seiner Bedeutung um Längen überholt. »Yes we can!« bekam den notwendigen »Spin«, also das Drehmoment, um abzuheben und sich ganz allein in der Luft zu halten. »Spin Doctors« werden dafür beschäftigt, in dieser Art Symbole zu schaffen, die die Wähler die notwendigen Geschichten interpretieren und erzählen lassen.

Es war die Erinnerung an die Verbindung, die die meisten Menschen bei dieser im Rückblick so wichtigen Wahlkampfveranstaltung spürten, ganz gleich, ob sie selbst anwesend waren oder ob sie sie später in der medialen Berichterstattung wahrnahmen. Sie verbanden den Ausruf »Yes we can!« mit Barack Obama. Und dieser Spruch wurde zum Versprechen eines Wandels im politischen und gesellschaftlichen System der Vereinigten Staaten. Er war sogar mehr: Er war ein Gefühl von Hoffnung und Veränderung. Es stand für eine mögliche Transformation.

Ein weitgehend inhaltsleeres Fragment der politischen Agenda und des Wahlkampfprogramms des Präsidentenanwärters Obama stand plötzlich für all seine Inhalte. Dieses Symbol wurde sicherlich millionenfach auf verschiedenste Dinge gedruckt wie Sticker, Caps und Pappschilder, die die jubelnde Menge hochhalten konnte. Seine Wirkung hat es nicht verfehlt: Wetten, dass auch deutsche Leser dieses Buches sich noch an das abstrakte Gefühl der Aufbruchstimmung erinnern, das dieser Präsidentschaftskandidat damals erfolgreich etablieren konnte?

Damit liegt die Ableitung für uns aber nicht in der Forderung, möglichst inhaltsleere Botschaften zu transportieren. Sie liegt in der Essenz der besten Erzählung einer möglichen Transformation für den eigenen Kunden durch die angebotene Expertise. Es gilt, eine gute Geschichte in den Digital-Personal-Assets und allen Elementen der Sichtbarkeit der eigenen Personal Brand immer wieder auftauchen zu lassen und immer wieder klar und ohne verwirrende Nebenerzählungen zu inspirieren.

Eine gute Story, von der sich die Menschen gern erzählen und damit die dahinterstehende Personal Brand in die breite Aufmerksamkeit tragen, hat immer einen roten Faden, einen unverrückbaren Kern, der sich eindeutig an der möglichen Transformation durch den Experten orientiert. Dann wird auch noch einmal die Forderung wichtig, den Menschen anschlussfähige und relevante Themen dieser möglichen Transformation anzubieten. Hier gilt es als absolutes Killerkriterium für die eigene Geschichte, wenn man sein Gegenüber langweilt. Bedenken Sie: Wen Sie nicht transformieren können, der wird Sie nicht beauftragen!

Der erfolgreiche Aufbau der eigenen Personal Brand ist daher untrennbar mit guten Geschichten verbunden. Diese Geschichten lassen sich auf eine klare, anschlussfähige Essenz herunterbrechen und sind idealerweise bestens geeignet, die Menschen zu inspirieren und zur eigenen Transformation zu motivieren. Ferner sind sie leicht verständlich, und es ist attraktiv, sie zu verbreiten. Einem Experten, der in dieser Art und Weise eine Mund-zu-Mund-Propaganda als Empfehlung seines besten Wissens erreichen will, muss es gelingen, einen kurzen, kleinen Teil seiner Transformationsgeschichte so aufzubereiten, dass dieser für all sein Wissen stehen kann. Er schafft haptische und virtuelle Insignien seiner Expertise, die transportabel Raum und Zeit überwinden.

»Own your Story« – sonst erzählt sie jemand anderes

Menschen geben Geschichten unreflektiert weiter – oft erzählen sie sie in mannigfaltigen und auch schlicht falschen Varianten.

Wenn Sie somit Ihre Geschichte nicht selbst gestalten und erzählen, übernehmen diese Funktion Dritte, beispielsweise Ihre Kunden.

> Daher gilt der Grundsatz: »Own your Story«. Sie müssen Ihr Narrativ im Business sehr klar gestalten. Und danach erzählen Sie das immer und immer wieder. So »besitzen« Sie Ihr Narrativ selbst und überlassen es nicht Dritten.

Wenn Sie das nicht tun, besteht die Gefahr der Verselbstständigung. Im gegenwärtigen Zeitgeist laufen Sie gefährlich leicht auf Grundeis mit falsch über Sie weitergegebenen Geschichten, wenn Sie Ihr Narrativ nicht selbst in die Hand nehmen und dieses regelmäßig überwachen.

7. So unterstützt Sie die künstliche Intelligenz

Die Rolle des Experten wird ständig herausgefordert. Kunden, andere Experten und neue Informationen sowie neuartige Formen des Zugangs zu Informationen stellen Experten ständig vor die Herausforderung, sich zu beweisen und zu etablieren. Dabei ist die Auseinandersetzung um die eigenen Inhalte immer schon ein nicht zu ersetzender und nicht wegzudenkender Bestandteil der Expertenrolle gewesen. Denn ohne Herausforderung, klugen Widerspruch und Prüfung gibt es kein sich weiterentwickelndes Expertenwissen. Das ist das Wesen des Diskurses. Und nicht immer geht das ohne Konflikte.

Verschiedene Formen dieser Herausforderungen und des Umgangs damit, insbesondere im Zuge der beschriebenen Wissensexplosion, wurden bereits geschildert. Das Gesamtbild ist jedoch nicht vollumfänglich zu zeichnen, ohne noch einen Blick auf die künstliche Intelligenz (KI) geworfen zu haben, die durch immer leichteren Zugang zu Informationen und zunehmend auch durch eigenständige Aufbereitung und Darstellung von Inhalten heute die Frage aufwirft, ob die Rolle des Experten nicht schon bald obsolet geworden sein könnte.

Künstliche Intelligenz greift autark und wirkmächtig auf die gesamte Informationsvielfalt des Internets zu und kann diese in Bruchteilen von Sekunden zu neuen Kontexten und Wissensbeständen verarbeiten. Für den Experten ist KI die Verlängerung der Wissensexplosion in völlig neue, sehr aktuelle Herausforderungen.

Das Internet hat zu praktisch jedem Thema mehr Informationen als Sie in Ihrer Funktion als Experte – und es sortiert dieses Wissen neuerdings auch noch binnen weniger Sekunden.

KI verändert das Wissen und den Expertenstatus in allen Bereichen

»Ein Programm, das innerhalb von Sekunden die lästigen Hausaufgaben erledigt – für Generation von Schülerinnen und Schülern wäre das ein Traum gewesen. Doch heutzutage erscheint genau das machbar. Denn dank künstlicher Intelligenz (KI) ist es inzwischen möglich, sich Gedichtanalysen, Matheaufgaben oder ganze Aufsätze machen zu lassen. Die Chatbot-Software ChatGPT zeigt, wie massentauglich die Technik schon ist und wie nahezu unbegrenzt die Möglichkeiten erscheinen«[1] – so berichtete beispielsweise der Westdeutsche Rundfunk.

Die KI rüttelt auch die Institutionen auf, die die kommenden Experten ausbilden sollen, weil Wissen sich plötzlich von den Personen loszulösen scheint, somit die Rolle des Experten hintergangen werden kann. So fühlte sich das Schulministerium von Nordrhein-Westfalen veranlasst, auf diese Entwicklungen zu reagieren. Im Handlungsleitfaden zum »Umgang mit textgenerierenden KI-Systemen« wird das ausgemachte Problem dieser Technik in den Vorbemerkungen schon deutlich ausformuliert: »Textgeneratoren, die auf künstlicher Intelligenz (KI) basieren, sind in der Lage, Texte in einer Qualität zu erzeugen, dass oftmals nicht zu erkennen ist, ob sie von einem Menschen produziert wurden oder nicht.«[2]

Wie ein Gespenst gehen die Möglichkeiten solcher intelligenter Textgenerierung mit KI in manchem Lehrerzimmer umher, und man versucht, die Möglichkeiten einzuordnen und einen Umgang zu finden. Manche wollen es verbieten, andere reden bis heute seine Möglichkeiten klein.

Aber das Problem ist längst virulent: Schließlich sind die Schüler mindestens potenziell in der Lage, ihre Hausaufgaben vollumfänglich und inhaltlich korrekt, aber ohne besondere eigene intellektuelle Leistung erstellen zu lassen und damit zu glänzen. Manche Lehrer sehen sich verpflichtet, diesen Abgesang auf ihren pädagogischen Erfolg zu verhindern.

Der Einfluss der KI auf Wissen geht jedoch noch weit darüber hinaus. *Focus-Online* berichtet von einer Redakteurin des Hauses, die ihre eigene Bachelorarbeit mithilfe der künstlichen Intelligenz von ChatGPT hat erstellen lassen. Binnen drei Tagen hat sie eine Arbeit im Umfang von 31 Seiten anfertigen lassen und bei ihrem Professor eingereicht.[3] Damit hat die KI den nächsten »Sprung« auf der akademischen Leiter längst vollzogen und wissenschaftliche Texte verfasst, die einer genaueren Prüfung auch im wissenschaftlichen Kontext durchaus gut standhalten konnten. Die Wissensbestände vieler Experten sind hier auch in greifbarer Nähe und werden ersetzbar.

Hinsichtlich der Erstellung und Bewertung der KI-Leistung beschreibt die *Focus*-Redakteurin gewisse Probleme wie beispielsweise jene, dass die künstliche Intelligenz in ihrer Ausdrucksform doch sehr gern Doppelungen nutzte und nicht immer ganz quellentreu zitierte – dennoch konnte die Arbeit sie und ihren Professor überraschen. Der zunächst getäuschte Professor gab laut Artikel sogar ein verheißungsvolles erstes Feedback: Ihm gefiel die gute Struktur der Abschlussarbeit und die angenehme Lesbarkeit. Offenbar konnte die künstliche Intelligenz zudem mit überdurchschnittlich gutem Sprachduktus überzeugen, den längst nicht jeder Student so zu erreichen vermochte.

Jedoch bemängelte der Experte bei genauerer Prüfung fehlende Zusammenhänge in einigen Passagen und eine mangelnde Vollständigkeit der Ausarbeitungen. Ferner stellte er abschließend sogar fest, dass die KI hanebüchene Fehler gemacht hatte: Sie hatte drei Bücher im Quellenverzeichnis aufgeführt, die nie geschrieben wurden. Die KI hatte diese Bücher frei erfunden – eine eklatante Verletzung der Quellenarbeit! Die Studentin fiel mit ihrer Bachelorarbeit letztlich folgerichtig durch.

Der Professor zeigte sich allerdings im Nachgang, als er über das Experiment aufgeklärt worden war, tatsächlich überrascht und äußerte eine grundlegend positive Einschätzung gegenüber der technischen Möglichkeiten. Insbesondere würde er die Plattform ChatGPT, die hier von der Studentin genutzt wurde, als gute Möglichkeit sehen, um beispielsweise eine Schreibblockade zu überwinden. Er sehe es als Gewinn, wenn man durch die Nutzung der künstlichen Intelligenz und ihrer Kompetenz schnell Informationen sammeln könne und damit etwa mehr Zeit für die eigene gründliche Recherche und die Einordnung der durch die künstliche Intelligenz eingebrachten Informationen bekäme. Dieser Impuls des Professors ist für die eigene Betrachtung der Chancen und Risiken von KI wertvoll und inspirierend.

KI fordert Experten heraus

Künstliche Intelligenz kann Texte generieren und Wissen so kombinieren, dass es zumindest in schriftlicher Form sehr bald – und dies inklusive der entstehenden Strukturen und Zusammenhänge des »Geschriebenen« – jeder akademischen Prüfung standhalten wird. Vielleicht bekommen die Schüler und Studenten in der mündlichen Prüfung noch aufgezeigt, dass sich das Wissen doch nicht so einfach von der Person lösen lässt. Die Ergebnisse der KI sind jedoch schon im Jahr 2024 kaum von Wissen zu unterscheiden, das Experten erschaffen. Im passenden Kontext kann es eine wertvolle Bereicherung sein.

Damit fordert KI den Experten aber auch neu heraus, nicht zuletzt innerhalb seiner Möglichkeiten, für sein Wissen bezahlt zu werden:

> Die Wissenschaftlerin Almira Osmanovic Thunström von der Universität Göteborg hat ihren Account bei »OpenAI« eröffnet und die künstliche Intelligenz beauftragt, eine 500 Wörter lange, akademische Arbeit über die Software selbst zu schreiben, und sie aufgefordert, wissenschaftliche Verweise und Zitate einzufügen. Das Ergebnis überraschte die Forscherin selbst. Sie tut kund: »Als es begann, den Text zu generieren, stand ich staunend da. Da war neuer Inhalt, in akademischer Sprache, mit soliden Verweisen an der richtigen Stelle und passend zum Kontext. Es sah aus wie die Einführung zu einer ziemlich guten wissenschaftlichen Arbeit.«[4] Die KI erstellte diese Texte zudem sehr schnell.
>
> Thunström ließ die KI daraufhin weitere Textpassagen zu einer ganzen Schrift ergänzen und veröffentlichte diese kurzerhand auf einem wissenschaftlichen »Pre-Print-Server«, von wo aus die Schrift dann für andere Wissenschaftler zur Diskussion gestellt wurde – ein sehr übliches Verfahren in manchen Wissenschafts- und Forschungsdisziplinen.

Der Upload von Forschungsarbeiten auf solchen Servern ist in vielen wissenschaftlichen Disziplinen ein zählbarer Output des akademischen Geschäfts, gewissermaßen ein Arbeitsnachweis der Wissenschaftler. In der Metabetrachtung dieses Vorgangs hat die Wissenschaftlerin daher noch eine interessante Frage angestoßen:

Wie verhält sich beispielsweise die in der Wissenschaft durchaus übliche Bindung von Fördergeldern an die Häufigkeit der Veröffentlichungen wissenschaftlicher Publikationen auf solchen Servern zu dem Umstand, dass nun KI diese wissenschaftliche Arbeit in weniger als zwei Stunden vollständig erstellte? Schließlich benötigen menschliche Wissenschaftler für eine ähnliche Arbeit mit Recherche, Auswahl der Quellen und Erstellung der Texte einige Tage oder Wochen intensiver Arbeit.

Für uns resultiert das in folgender Fragestellung: Wie nun lässt sich der Expertenstatus und die kognitive Leistung des Wissenschaftlers und Experten gegenüber künstlicher Intelligenz neu einordnen?

Das sollte jene Experten aufhorchen lassen, die ihren eigenen Status als Experte schützen wollen. Zwar verdient nur ein Teil der Experten sein Geld mit wissenschaftlichen Arbeiten für Forschungsinstitute – aber die Veröffentlichung des Wissens, und sei es zur eigenen Sichtbarkeit als Experte, tritt sicher in harte Konkurrenz zu einem an Quellenkenntnis und Geschwindigkeit potenziell überlegenen Herausforderer, der Fachartikel und Bücher in Minuten schreibt.

Was geschieht, wenn künstliche Intelligenz demnächst Fachartikel schreibt? Was geschieht, wenn die eigenen Kunden sich lieber an die künstliche Intelligenz wenden, um ihre Fragen beantwortet zu bekommen, als an den Experten? Was geschieht, wenn wirklich gute Texte durch künstliche Intelligenz erstellt werden können und damit zumindest potenziell aus jeglicher Verknappung und Wertschöpfungskette herausgelöst werden? Wer überprüft die künstliche Intelligenz, der Fehler unterlaufen können, so wie jedem Experten das widerfahren kann?

Thunström hat letztlich die Frage aufgeworfen, ob es zukünftig somit nicht mehr jene Institute seien, die die meisten Fördergelder erhalten, die die fleißigsten und fähigsten Experten beschäftigen würden – sondern vielmehr jene, die am besten Open-AI oder ähnliche Software bedienen könnten. Und damit fragt sie ganz implizit, ob nicht diejenigen Experten bald am besten verdienen würden, die ihre Inhalte von der besten KI erstellen lassen. Das wäre insbesondere für wissenschaftliche Mitarbeiter und einfachere akademische Angestellte ein Problem, die zumeist befristet und projektbezogen über solche Fördergelder bezahlt werden. Sehr pointiert ausgedrückt könnte nun schließlich auch der akademisch unkundige Minijobber einige wenige Schlagworte bei ChatGPT eingeben und nach zwei Stunden eine neue, wissenschaftliche Ausarbeitung zu jedem beliebigen Expertenthema auf einem Pre-Print-Server veröffentlichen.

Intelligenz ist kreativ

Kann zukünftig jeder ein Experte sein?

Dazu müsste die KI erst einmal so gute Ergebnisse liefern wie Menschen und sie auch in jenen sehr menschlichen Eigenschaften erreichen, die entkoppelt sind von den bloßen Inhalten: So sind Kreativität, Schöpfungshöhe und ein Momentum der Inspiration des Gegenübers deutlich weniger an Inhalte geknüpft. Maschinen sind nicht verdächtig, das leisten zu können.

Oder doch? Boris Eldagsen hat 2023 den renommierten »Sony World Photography Award« in der Kategorie »Kreativ« gewonnen. Er hatte ein Doppelporträt von zwei Frauen eingereicht, das der Jury ausnehmend gut gefallen hat. Es zeigt vermeintlich eine Fotografie, die man vielleicht auf eine Entstehungszeit in den vierziger Jahren des vergangenen Jahrhunderts schätzen würde. Zwei Frauen stehen hintereinander, die eine Frau legt der anderen die Hand auf die Schulter. Einige Beschädigungen des Bildes werden erkennbar, und insbesondere der Blick der beiden Frauen lässt eine offene Interpretation eines bedeutungsvollen Momentes zu.

Wie standen die beiden Frauen zueinander? Und was haben sie erlebt? Warum ist das Bild so beschädigt, und wer hat es so lange bei sich getragen? Welche Bedeutung hatte dieses Bild für andere Menschen?

Das Bild erschließt sich keiner klaren Interpretation, übt auf den Betrachter aber eine besondere Kraft aus und hat somit alle anderen Fotografien im Wettbewerb geschlagen.

Eldagsen hat den Preis für sein Werk letztlich abgelehnt, weil es mit einer künstlichen Intelligenz erstellt wurde. In den sozialen Medien schrieb er dazu: »KI-Bilder und Fotografie sollten bei einem Preis wie diesem nicht miteinander konkurrieren.« Er habe sich beworben, um herauszufinden, ob die Wettbewerbe für KI-Bilder vorbereitet sind. Sein Fazit war klar: »Das sind sie nicht«. Boris Eldagsen richtete sich in seinem Post dann auch an die Betrachter: »Wie viele von Ihnen wussten oder vermuteten, dass sie [die Fotografie] von einer künstlichen Intelligenz erzeugt wurde? Irgendetwas daran fühlt sich nicht richtig an, oder?«[5]

Das, was die KI hier erarbeitet hat, ist abermals eine Explosion von Informationen und Inhalt. Sie hat in diesem Falle aber auch ein Kunstwerk erschaffen, das die Betrachter berührt. Sie hat somit Potenzial zur Täuschung. Und sie übertrifft, zumindest bei diesem Wettbewerb, alle menschlichen Ergebnisse.

Wenn sich die KI so weiterentwickelt wie bisher, wird sie sehr bald – und dies ebenso außerhalb von Schulen und Universitäten – jeden Experten in der Erstellung mannigfaltiger Texte (und bald eben auch von Videos und Social-Media-Beiträgen, im digitalen Chat mit Kunden oder mit KI-generierter Stimme am Telefon) mit Zugriff auf viel mehr Informationen ersetzen können.

Heute täuscht die KI mit Deepfake-Videos außerdem deutsche Bundesminister, die einen Videocall mit anderen Politikern zu führen scheinen, welche jedoch lediglich durch eine generierte Stimme repräsentiert werden[6] – und morgen wird man womöglich selbst als Experte ersetzt, weil die Kunden ihre Fragen lieber in einer Videosprechstunde stellen, dies bei geringen Stundenlöhnen, und sie hier dennoch profunde Expertisen erwarten können.

Dann müssen wir uns folgende Frage stellen: Wo bleibt der Experte? Und woher bekommt er seine Honorare? Der Hinweis »Nomen nominandum«, nach dem der weniger gut positionierte Experte zur Präsentation von austauschbaren Inhalten bei Veranstaltungen noch zu benennen sei, wird damit irgendwann auf alle Zeiten beantwortet sein: Die KI wird der neue Experte für reines Wissen in beliebigem Umfang, ohne Stundenlohnbindung und ohne Urlaubsanspruch!

Diese Herausforderung der billigen Konkurrenz um die austauschbaren Inhalte ist aber nicht neu, wie dieses Buch schon aufzeigen konnte. Sie wird nur abermals verlängert und zugespitzt.

KI beeinflusst alle Bereiche schöpferischer Arbeit

Womöglich lässt sich – mit einem Blick auf die Wechselbeziehung von KI und Kunst – vom Beispiel in anderen Bereichen menschlicher Kultur leichter lernen als in der Wissenschaft.

Weil Experten nicht mit der Geschwindigkeit der KI konkurrieren können, müssen sie ihren Expertenstatus also in solchen Elementen manifestieren, die ihnen niemand streitig machen kann. Hierbei können sie etwas von der Rolle des Künstlers lernen und sich die Fähigkeiten der KI zunutze machen.

So titelte die *Bild*-Zeitung: »Macht KI Kunst kaputt?« Beschrieben wurde eine Ausstellung von 60 Künstlern, die in einer Werkzeugmaschinenfabrik digitale Kunst zeigten, wesentlich durch künstliche Intelligenz erstellt. Die Künstler hatten die künstliche Intelligenz eher mit wenigen Informationen »beauftragt«, die übergeben wurden, haben dann die Ergebnisse ausgewählt und ausgestellt. Sie haben aber nicht mit Pinsel oder Meißel am Kunstwerk selbst Hand angelegt. Und die Zeitung fragte dann im Artikel: »Sind diese Werke der Anfang vom Ende der Kunst, wie wir sie kennen?«[7]

Das sollte jeden interessieren, der in der möglichen Substitution des Künstlers durch künstliche Intelligenz ein Analogon zur möglichen Ersetzung des Experten im Wissensbereich vermutet. Die Rolle und das Selbstverständnis eines Künstlers sind schließlich in vielen Dingen mit einer Expertenrolle für Wissen vergleichbar: Sie sind eine Form des Ausdrucks, erfordern eine spezielle »Künstlerpersönlichkeit« mit charismatischen Eigenschaften, Wissen, Fertigkeiten und wesentlichen Kompetenzen. Wo diese Rolle einzigartig ist, kann sie sehr lukrativ sein, und sie macht manchmal gar den Menschen aus: Experte oder Künstler zu sein, ist auch ein mögliches, attraktives Selbstverständnis.

Bei den Inhalten bekommt ebenso der Künstler Konkurrenz. Längst schon begegnen dem Betrachter immer wieder Werke, die von künstlicher Intelligenz geschaffen wurden. KI-generierte Kunst ist in der Lage, Erstaunliches zu leisten – und die Erstellung dieser Werke scheint von sehr begabten und mit Alleinstellungsmerkmalen ausgezeichneten Künstlern zunehmend in die Hände von Laien zu wandern.

Die Sorge besteht nun darin, dass genau das mit Expertise und wertvollem Wissen, beispielsweise in Form von Büchern, akademischen Arbeiten und Beratungsleistungen, in gleicher Weise geschehen kann und wird. Ist die KI auch das Ende des Expertenwissens, wie wir es kennen?

Für die Kunst gesprochen, wird sie zunächst einmal noch lange nicht das Ende der Kunst bedeuten. Die Künstler der in der *Bild*-Zeitung zitierten Ausstellung sind trotz aller Herausforderungen sogar sehr zuversichtlich angesichts der Möglichkeiten von künstlicher Intelligenz. Die *Bild*-Zeitung zitiert:

»›Künstliche Intelligenz motiviert uns, über die Wahrheit nachzudenken‹, philosophiert Professor Walter Smerling (65), Vorsitzender der Stiftung Kunst und Kultur und Veranstalter von ›Dimensions‹. ›Meine Faszination von digitaler Kunst hielt sich immer in Grenzen. Aber ich bin ziemlich angetan von der Vielfalt.‹ Wie in einer Liebesbeziehung brauche es die Auseinandersetzung: also KI-Kunst MIT klassischer Kunst, nicht KI-Kunst statt klassischer Kunst. Künstliche Intelligenz macht dem Liebhaber der Tradition deshalb keine Angst. ›Ein Messer kann eine Waffe sein, aber auch ein Werkzeug, um den Kuchen zu schneiden‹, so Smerling.«[8]

Aber lässt sich dieser positive Blick der Künstler auf die Möglichkeiten der künstlichen Intelligenz für den eigenen Expertenbereich auf identische Weise teilen?

Der Impuls scheint vielversprechend, die KI als Inspirationsquelle und Gegenpart zu verstehen, die neue Ideen einbringt und damit das ganze Werk bereichert, schnelle Recherche abwickeln kann und dem Künstler Aufgaben abnimmt, damit dieser seine Energie anderweitig investieren kann.

Kunst und KI können mehr sein als die Summe ihrer Teile

Wer schon selbst KI-Software getestet hat, der hat einen Eindruck davon, wie Kunst dort erzeugt wird. Mit Zugriff auf die entsprechenden Tools werden bestimmte Begriffe eingegeben, nach denen die künstliche Intelligenz ein Kunstwerk erschafft. Beispielsweise werden Begriffe und Befehle für bestimmte Teile der Aufgabe mit vorangestelltem Hashtag als Element der Maschinensprache eingegeben. Das kann im Grunde jeder, der einen Internetanschluss hat und die entsprechenden Tools kennt, die häufig sogar in kostenlosen Testversionen sofort nutzbar sind. Künstlerisch wirkende Bilder zu erstellen, wird damit sehr niedrigschwellig und schnell:

»Erstelle ein Bild einer Person, die im Stil von Michelangelo gemalt ist; sie soll einen Korb mit Früchten im Arm tragen. Im Hintergrund soll ein schöner Garten dargestellt werden. Das Bild soll freundlich wirken und hell sein.«

So könnte man einen entsprechend begabten Künstler beauftragen. Oder es innerhalb von Sekunden in einer Software so eingeben, wie es manche Maschinen lesen können:

#drawing #person #garden #basketfulloffruits #friendlyatmosphere #bright #style:michelangelo.

Umgehend wird durch die künstliche Intelligenz automatisch ein »Mehr« erschaffen – dies in einer Schnelligkeit, in der menschliche Künstler noch nicht einmal ihre Leinwand grundiert bekämen. Es werden einige wenige Worte in eine aufwendige und detailreiche grafische Darstellung umgewandelt, dabei weitreichend Quellen aus dem Netz herangezogen, entfremdet und zitiert und rekombiniert. Einmal selbst mit diesen Möglichkeiten zu experimentieren, berührt viele Menschen in besonderer Art und Weise. Es fasziniert – dies nicht zuletzt, weil man sich auch als Laie plötzlich selbst als Kunstschaffender erlebt.

Doch dann tritt häufig ebenso eine gewisse Ernüchterung ein. Es lassen sich zwar auf Knopfdruck beliebig viele Kunstwerke in kürzester Zeit erschaffen, die dann aber in ihrer Masse schon wieder austauschbar und belanglos werden. Das erinnert in frappierender Weise an die Möglichkeit, zu jedem Thema die Google-Suche bemühen und sich in Sekundenschnelle viel zu viel Wissen besorgen zu können. Und in ähnlicher Weise, wie Tausende von Suchergebnisseiten bei Google dem Kunden trotzdem nicht die notwendige Orientierung geben können, so ist die Vielzahl an möglichen Kunstwerken eben nicht gleichbedeutend mit dem Erlebnis, im Louvre vor einem einzigartigen Kunstwerk eines einzigartigen Künstlers zu stehen. Ohne den Bezug zum Künstler wird das Erlebnis der Kunst schnell fade. Ähnlich selbstbewusst kann der gut positionierte Experte auf die Menge des Wissens und der Inhalte schauen, die KI produzieren kann. Ohne den Bezug zum Experten fehlt auch hier das Einzigartige, das den Wert und die Relevanz ausmachen kann.

Die Mona Lisa ist eben auch deswegen so einzigartig und wertvoll, weil sie nicht jeder schaffen kann und weil sie in ganz besonderer Weise an die intellektuelle und künstlerische Schaffenskraft eines außergewöhnlichen Künstlers gebunden ist. Zurück zu uns: Auf die Informationen, auf die man Zugriff hätte, vertraut man im Internet in all ihrer Bandbreite eben nicht, weil sie nicht bewertet und nicht vorausgewählt wurden. Die Funktion der ordnenden Hand durch den Experten ist an dieser Stelle das, was den Unterschied macht.

Es ist das Weniger an Optionen, das den eigenen Reiz des Werkes ausmacht, und eben nicht die Unendlichkeit der Möglichkeiten. Und diese Rolle kann derjenige Experte auch weiterhin innehaben, der seine Rolle als ordnende Hand ernst nimmt und darstellen kann. Der Experte prüft und ordnet bisher ohnehin bereits – und das leistet er auch im Hinblick auf die künstliche Intelligenz.

Viele der in diesem Buch summierten Eigenschaften, die den Experten zur wirklichen Nummer eins seiner Wissensnische machen, sind eben in ganz besonderer Art und Weise auch an die Person des Experten gebunden: Digital-Personal-Assets übrigens ebenso wie die besonderen Geschichten und ein außergewöhnliches Charisma. Im Grunde sind es die Eigenschaften, die den Unterschied gegenüber menschlichen Mitbewerbern machen können, auch im Wettbewerb mit der künstlichen Intelligenz um die Deutungshoheit über die Inhalte von Wert.

Die Geschichte des Wissens hat immer wieder gezeigt, dass ein Zuwachs an Informationen oder eine Wissensexplosion immer dazu geführt haben, dass Menschen sich an anderen Menschen orientiert haben. Gerade in Zeiten zunehmenden Wissens haben sie stets Führung gesucht, und das wird auch in Zukunft so sein.

KI schafft Inspiration

Wenn Sie ein Thema besetzen möchten oder innerhalb Ihrer Positionierung nach neuen Themen suchen, kann Ihnen die KI als Inspiration dienen.

Experten, die lange genug in ihrem Umfeld unterwegs sind, entwickeln oft eine »Betriebsblindheit« und nehmen zeitgenössische Strömungen, die jede Branche beeinflussen, manchmal nicht ausreichend wahr. Damit droht die Gefahr, abgehängt zu werden!

Klassische Quellen der Inspiration und ruhiger Muße, die aus der Inspiration neue Inhalte und Themenfelder werden lassen, sind etwa Gespräche mit Kollegen, Fachmessen und Kongresse – oder ein Retreat an einem abgelegenen Ort mit dem Ziel, den eigenen Horizont zu erweitern.

Wenn Sie beispielsweise Hundetrainer sind und seit Jahren eine Hundeschule betreiben, haben Sie vielleicht Hunde noch nach den klassischen Gehorsamsmethoden unterrichtet. Am Horizont erkennbar sind aber verstärkt sanfte Methoden des Hundetrainings.

Wenn Sie in alten Denkmustern verhaftet sind oder eine derartige Begebenheit überprüfen wollen, können Sie als Anstoß die KI befragen. Die Ergebnisse, die die KI Ihnen als Inspiration liefern wird, sind auf der Basis jahrelangen Trainings entstanden. Somit fließen zeitgeistige Themen ebenso ein, weil diese bei den Trainingsdaten der KI besonders berücksichtigt wurden.

Beispiel: Sanftes Hundetraining

Die KI erhält folgenden Auftrag: »Liefere mir 5 Ideen zu meiner Inspiration, warum sanftes Hundetraining meine Verbindung zum Hund verbessert. Bisher wurden Hunde meist mit Gehorsam trainiert. Das Ziel soll eine vertrauensvolle Partnerschaft und insbesondere ein gelassener Hund sein.«

Das Ergebnis kann nun als Denkanstoß verwendet werden. Sinnvoll ist es beispielsweise, dass Sie sich völlig neue Begriffe, die in Ihrem angestammten Wortraum bislang gar nicht beheimatet waren, herausschreiben, um diese mit der KI dann in einem Re-Training zu verfeinern. Die KI liefert folgendes Ergebnis:[9]

> »Natürlich! Hier sind fünf Ideen, warum sanftes Hundetraining deine Verbindung zu deinem Hund verbessern und eine vertrauensvolle Partnerschaft sowie einen gelasseneren Hund fördern kann:
>
> 1. Positives Verknüpfen: Sanftes Hundetraining basiert auf positiver Verstärkung, bei der gewünschtes Verhalten belohnt wird. Indem du deinen Hund für sein gutes Verhalten belohnst, anstatt negatives Verhalten zu bestrafen, wird er lernen, Verbindungen zwischen positiven Erfahrungen und bestimmtem Verhalten herzustellen. Dies führt zu einem harmonischen Training und fördert eine vertrauensvolle Partnerschaft.

2. Stressabbau: Sanftes Hundetraining minimiert den Stress für deinen Hund. Traditionelle Trainingsmethoden mit Zwang und Bestrafung können bei Hunden Angst und Unsicherheit hervorrufen, was zu unerwünschtem Verhalten führen kann. Durch den Einsatz von sanften Methoden, die auf Belohnung und positiver Verstärkung basieren, wird das Stressniveau deines Hundes gesenkt, was zu einem insgesamt gelasseneren Hund führt und eure Verbindung stärkt.
3. Kommunikation und Bindung: Sanftes Hundetraining fördert die klare Kommunikation zwischen dir und deinem Hund. Du lernst, seine Körpersprache zu verstehen und kannst ihm auf eine positive und effektive Weise Anweisungen geben. Dies ermöglicht eine stärkere Bindung und schafft Vertrauen zwischen euch beiden.
4. Zusammenarbeit und Auswahl: Sanftes Hundetraining legt Wert auf Zusammenarbeit und ermöglicht es deinem Hund, aktiver an seinem eigenen Lernprozess teilzunehmen. Anstatt deinem Hund Befehle aufzuzwingen, kannst du ihm erlauben, Entscheidungen zu treffen und eigenständig zu lernen. Diese Art der Zusammenarbeit fördert das Selbstvertrauen deines Hundes und stärkt die Verbindung zwischen euch.
5. Langfristige Ergebnisse: Sanftes Hundetraining konzentriert sich darauf, deinem Hund zu helfen, positive Verhaltensweisen zu entwickeln, die langfristig bestehen bleiben. Indem du deinen Hund auf respektvolle Weise trainierst und auf seine individuellen Bedürfnisse eingehst, schaffst du eine stabile Basis für eine vertrauensvolle Partnerschaft. Ein gelassener Hund, der auf positive Verstärkung reagiert, wird zu einem angenehmen Begleiter in verschiedenen Situationen.

Diese Ideen verdeutlichen, wie sanftes Hundetraining eine vertrauensvolle Partnerschaft und einen gelasseneren Hund fördern kann. Es schafft eine positive Lernumgebung, in der dein Hund Vertrauen aufbauen und sich in seiner Umgebung sicher fühlen kann. Durch die Betonung positiver Verstärkung und individueller Bedürfnisse wird eure Verbindung gestärkt und eine harmonische Beziehung ermöglicht.«

Dass die KI auch als akademischer Sparringspartner dienen kann, machten sich amerikanische Nanophysiker zunutze. Sie ließen die KI ausschließlich durch Fachliteratur trainieren und sonderten damit auch Fake-Informationen ab. Durch das Training allein stellten sie so sicher, dass bei den digital angestoßenen Diskussionen ausschließlich verifizierte, wissenschaftlich fundierte Inhalte herangezogen wurden. Damit schlossen sie das »Halluzinieren«, das freie Erfinden von Informationen durch den Chatbot also, von vornherein aus.

Durch dieses Trainingsformat erzeugten sie einen »Digital-Kollegen« auf fachlich hohem Niveau, mit dem sie zum Beispiel Fachfragen reflektieren und diskutieren konnten. Auch neue Literaturhinweise konnte die KI ermitteln und zum Brainstorming durch neue, kreative Ideen beitragen.[10]

KI ist der ideale Zuarbeiter für Experten

Dennoch sorgt die künstliche Intelligenz für Unbehagen. Es ist uns durchaus bewusst, dass Technik viele Funktionen des Menschen ersetzen, verstärken oder verbessern kann. Wir sind mit dem Auto schneller als zu Fuß, haben mit Google mehr Zugriff auf Informationen, als wir selbst speichern können, und mit einer Stahlpresse haben wir schlichtweg mehr Kraft als mit der bloßen Hand. Aber im künstlerischen Ausdruck und in der Nutzung von Informationen und Wissen fühlen wir uns als intelligentes Wesen nun einmal dem Wesenskern des »Homo sapiens«, des intelligenten Menschen, immer noch am nächsten.

Dieses Selbstverständnis erodiert nur scheinbar, wenn Technik das Schöpferische in Beschlag nimmt, und das führt damit zu Verunsicherung. Wenn plötzlich Technik alles schneller, besser und umfangreicher beherrscht als Menschen, dann berührt uns das.

Es empfiehlt sich durchaus der Selbstversuch. Erstellen Sie einmal mit einer KI-Software einen eigenen Text.

Dennoch ist die KI hier nur Ausführungsgehilfe, zugegeben mit breitem eigenem Interpretationsspielraum, gestützt durch leistungsfähige Algorithmen. Darin funktioniert sie tatsächlich wie das Messer, das erst in der Hand dessen, der es führt, zu einer Bedrohung werden könnte. KI kann helfen, Ergebnisse besser und leichter zu erreichen. Anhand des ersten Resultats bei der Erstellung eines KI-generierten Textes oder Bildes können durch Verbesserung oder Änderung der Worteingaben schnell bessere Ergebnisse für denjenigen erreicht werden, der hier die künstliche Intelligenz zu kulturellem Schaffen animiert.

Das kann der Experte nun ablehnen oder befürworten. Auf jeden Fall sind die Möglichkeiten der KI auch eine Option, um neue Ausdrucksmöglichkeiten zu finden oder mit der künstlichen Intelligenz direkt in den Austausch zu treten. Eben weil mittels weniger Begriffe ein Text geschaffen wird, in dem viel statistische Interpretation und viel Datenbankwissen ohne sein Zutun aufgehen, kann das Ergebnis den Experten auch neu inspirieren – aufgrund neuer Inhalte und Ansätze. Die Arbeit mit KI ist auch eine Möglichkeit, in den Austausch und in die Diskussion mit der Technik zu treten, und damit das eigene Wirken und die eigenen Ausdrucksmöglichkeiten zu hinterfragen. Der Experte bleibt aber, wenn er medienkompetent ist, die deutlich treibende Kraft des Prozesses.

Experten können die Fähigkeiten der künstlichen Intelligenz nutzen, etwa zur blitzschnellen Recherche, zur durchaus klugen Kombination von Inhalten zu Textpassagen sowie zur Deutung vieler Informationen. An Hochschulen haben Professoren häufig ein Team von wissenschaftlichen und studentischen Mitarbeitern, die ihnen bei der Recherche für ihre eigenen Arbeiten wertvolle und umfangreiche Zuarbeit leisten; sie selbst fassen später zusammen, kontrollieren auf wissenschaftliche Korrektheit und schreiben selbstverständlich ihren Namen auf das neue Standardwerk. Betreffend der Wahrnehmung des Experten und auch in der Bezahlung zeigt sich jedoch eine umgekehrte Asymmetrie: Die wissenschaftlichen Mitarbeiter recherchieren vielleicht mehr, der Professor hingegen bekommt einen Großteil des Renommees.

In ähnlicher Weise haben die Abgeordneten des Deutschen Bundestages Zugriff auf die Evaluierung von Wissensbeständen im Rahmen des sogenannten »Wissenschaftlichen Dienstes des Deutschen Bundestages«. Häufig liegt es eben nicht in den Kernkompetenzen der Abgeordneten, zu forschen, zu befragen und zu evaluieren. Dafür haben sie auch keine Zeit. Sie wurden dafür gewählt, aus einer Vielzahl aufbereiteter Informationen, die ihnen zugänglich sind, Entscheidungen zu treffen und diese auch nach außen zu vertreten. Sie haben eine Funktion der Gesetzgebung und bestimmen damit den Diskurs zu bestimmten Themen. Die

Wissenschaftler forschen; die Politiker bestimmen und stehen für die Ergebnisse ein. Im Grunde machen die Abgeordneten des Deutschen Bundestages aus den Informationen, die sie vom Wissenschaftlichen Dienst bekommen können, erst Inhalte, die für Menschen Relevanz haben.

Untere Stufen der Wissenstaxonomie lassen sich an die KI auslagern

Wenn wir uns die Bloomsche Wissenstaxonomie vor Augen führen, so kann künstliche Intelligenz dafür genutzt werden, um die hiervon unteren Stufen, die in jedem Expertenbusiness abzubilden sind, schnell und kompetent zu bedienen. Diese hatten sich vor allem durch die große Breite an Wissensbeständen ausgezeichnet, die ja erst in der Reduktion durch den Experten zu wertvollen, orientierenden Strukturen und Modellen für den potenziellen Kunden werden, welche dieser mit hohen Honoraren goutiert.

Weil jeder heutzutage im Zuge der Wissensexplosion Zugriff auf nahezu unbegrenzte Informationsbestände hat, ist die Konkurrenz hier so groß, dass der Experte sich nicht mit reinen Inhalten etablieren kann. Erst in den obersten Stufen der Taxonomie geschieht die größte Wertschöpfung für den Experten, für die er jedoch die Inhalte der unteren Stufen der Taxonomie kennen und aufbereiten muss.

Dann kommt es einem Wettbewerbsvorteil gleich, wenn künstliche Intelligenz für ihn aus der großen Masse an Informationen und Inhalten bereits eine wertvolle Vorauswahl treffen kann, die der Experte daraufhin mit seiner einzigartigen Ordnungskraft effizient zu marktfähigen Modellen veredelt.

Die vier Dinge, die Ihnen die KI abnehmen kann

Das Beispiel der Kunst zeigt uns, dass die künstliche Intelligenz und ihre Programme bei entsprechender Expertise des Nutzers für Bildgeneratoren binnen kürzester Zeit eine Vielzahl an Ergebnissen liefern werden. Damit ist künstliche Intelligenz nützlich, um Inhalte zu schaffen, und vermehrt diese gleichsam in hoher Geschwindigkeit. So wie Hunderte von der KI erzeugte Werke, die alle aussehen wie ein Bild von Michelangelo, den Betrachter jedoch schnell ermüden, so ist auch von künstlicher Intelligenz erzeugtes Wissen ohne Ziel und ohne Nutzen von geringem Wert. Ziele, emotionale Verbundenheit und eine Wertschätzung von Relevanz, die über Algorithmen steht, sind immer noch an den Menschen gebunden.

Das öffnet die Tür zu einer klugen Arbeitsteilung. Denn kaum jemand wird sich durch den Umstand, dass ein Automobil zu schnellerer Fortbewegung befähigt, genötigt sehen, schneller laufen lernen zu wollen. Man nutzt einfach das Auto und seine Stärken. Die eingesparte Energie kann man geflissentlich anderweitig nutzen.

Warum also sollte man den Umstand, dass künstliche Intelligenz sehr schnell umfangreiche Informationen kombinieren kann, zum Anlass nehmen, seinen eigenen Expertenstatus unter Druck zu sehen und die KI abzulehnen? Es empfiehlt sich, die künstliche Intelligenz bei der Erstellung von Inhalten das tun zu lassen, was sie am besten kann, und zwar:

1. KI kann schnell **Informationen sammeln,** hervorragend Quellen durchsuchen und dabei interessante inhaltliche Versatzstücke liefern. Nutzen Sie die künstliche Intelligenz als privilegierte Recherchemöglichkeit. So wie ein Professor an einer Hochschule häufig wissenschaftliche Mitarbeiter hat, die für ihn Quellen durchsuchen und auswählen, inhaltliche Teilergebnisse erstellen und Forschung betreiben, so können auch Sie als Experte die Ergebnisse der KI zusammentragen. Das ist insbesondere deswegen interessant, weil es viel weniger Energie benötigt, einen guten Fundus an Informationen zu prüfen, zu verwerfen und gegebenenfalls zu korrigieren, als vom leeren Blatt aus »loszuschreiben«. Und das kennt jeder ganz abstrakt: Es ist viel schwerer, von einem leeren Blatt Papier ausgehend ein Buch zu schreiben, als nach der Lektüre eines Textes diesen zu kritisieren – positiv wie negativ.
2. Die KI kann mit ihrem Beitrag **inspirieren.** Weil sie eben Zugriff auf alle online zur Verfügung stehenden Information nehmen kann, wird sie Wissensbestände einbringen, an die der Experte vielleicht noch gar nicht gedacht hat. Diese können dann entweder aufgenommen oder verworfen werden und machen in der Auswahl und Kombination das eigene Ergebnis besser.

3. KI ist ferner sehr genügsam. Wesentliche Teile dieses Buches haben sich auch damit beschäftigt, wie denn der eigene Status als Experte gegenüber potenziellen Kunden herausgestellt werden kann. Ein wesentlicher Bestandteil davon waren **Momente erster Sichtbarkeit,** beispielsweise durch Posts in Social-Media-Kanälen oder anhand von Fachartikeln. Diese Inhalte kann eine KI heute komfortabel erzeugen.
4. Mit den ihr innewohnenden gegenwärtigen Möglichkeiten kann künstliche Intelligenz heute schon die unteren Stufen der Wissenstaxonomie vieler Wissensbereiche sehr gut mit Inhalten füllen. Und sie kann wie beschrieben ein hervorragender **»wissenschaftlicher Mitarbeiter«** sein. Regelmäßige Social-Media-Postings, kleinere Fachartikel oder die Inhalte eines eigenen Newsletters an Interessenten und Kunden sind für einen Experten teilweise notwendige Elemente seiner Sichtbarkeit, sie haben aber bestenfalls eine Umwegrendite für ihn. Sie erhöhen seine Sichtbarkeit und helfen, die Personal Brand des Experten weiter auszugestalten – aber sie kosten erst einmal eher Zeit, Geld und Mühen. Solche Aufgaben können hervorragend und in erstaunlich großem Umfang an die künstliche Intelligenz delegiert werden.

KI erweitert die Ausdrucksmöglichkeiten

Nochmals ein Blick zurück zur Kunst zeigt, dass Sie mit der KI Ihre eigenen Ausdrucksmöglichkeiten erweitern können: Insbesondere, wer nicht selbst wie Michelangelo malen kann, was auf die allermeisten Menschen zutreffen sollte, ist mit hoher Wahrscheinlichkeit fasziniert von den Fähigkeiten der künstlichen Intelligenz im Bereich der Bilderstellung, nämlich binnen Sekunden teilweise sehr nah am Original befindliche Ergebnisse geliefert zu bekommen. Die KI hat eben einen überlegenen Zugriff auf Ressourcen, Quellen und Informationen.

So kann der eigene Ausdruck mit der wertvollen Hilfe von künstlicher Intelligenz angereichert und innerhalb ihrer Möglichkeiten erweitert werden. Auf diese Weise tritt der Experte plötzlich in den interessanten Austausch mit der KI, reibt sich an ihr, und beide geben etwas in ein Werk hinein.

Das wiederum beschreibt eine Funktion, die größer ist als die zuvor formulierte Idee, künstliche Intelligenz wesentlich dafür nutzen zu wollen, um Inhalte geringerer Wissensveredelung im eigenen Namen und im Zuge des Markenaufbaus zu verbreiten.

Der Karikaturist Til Mette[11] hat auf seinem Facebook-Kanal die künstliche Intelligenz beauftragt, eine Statue von Angela Merkel darzustellen. Der ehemaligen deutschen Bundeskanzlerin sollte – womöglich als Ausdruck von Satire – ein digitales Denkmal errichtet werden. So hat Mette etliche Vorschläge veröffentlicht, wie die künstliche Intelligenz diese Aufgabe gelöst hat.

Diese Entwürfe der KI entbehren nicht einer gewissen Komik. So werden körperliche Eigenschaften der ehemaligen Bundeskanzlerin karikiert. Sie trägt etwas unvorteilhafte Hosenanzüge, zeigt in den erstellten Denkmälern manchmal seltsam überzeichnete Körperproportionen und hat beispielsweise in einem Bild ein Hosenbein kürzer als das andere. Die Bilder sind eines Karikaturisten würdig.

Merkels Mimik und Gestik wurden durch die künstliche Intelligenz ebenfalls leicht persifliert, und die Ergebnisse haben einen erstaunlich unterhaltsamen Charakter, den der Karikaturist Mette folglich gern teilte. Die KI-generierte Kunst half ihm, etwas Neues und Unterhaltsames zu präsentieren.

Das Ergebnis ist komisch und hat Witz, höchst menschliche Eigenschaften also. Diese entstehen aber im komplexen Zusammenspiel aus seinen Eingaben zur Erstellung der Bilder, dem Zugriff der KI auf weite Bestände vorhandener Inhalte im Internet sowie der Verfeinerung der Eingaben und Auswahl durch den Künstler. Es ist ein hoch spannendes und komplexes Zusammenwirken, bei dem der Künstler die treibende Kraft bleibt und Kompetenzen der KI optimal für seine Zwecke einspannt. Keiner der »Beteiligten« hätte das allein zu tun vermocht.

Die Auseinandersetzung mit der KI erweitert auch die Darstellung. Til Mette ist einer der renommiertesten und erfolgreichsten deutschen Karikaturisten, veröffentlicht beispielsweise seit Jahrzehnten wöchentlich in der Zeitschrift *Stern*. Sein Stil ist dabei alles andere als naturalistisch, zumeist schwarz-weiß gehalten und von einem eher unruhigen Federstrich gekennzeichnet.

Die künstliche Intelligenz in den erzeugten Bildern nutzt nun einen Stil, den der Karikaturist gar nicht beherrscht – oder zumindest nicht zeigt. Sie erstellt fotorealistische Darstellungen der fiktiven Denkmäler und gibt dem Künstler damit eine neue Ausdrucksmöglichkeit. Gerade im Bruch mit dem eigentlichen Schaffen des Künstlers und seiner Expertise entstehen neue kulturelle Äußerungen. Der Künstler bleibt jedoch Prozesseigner und gibt den notwendigen kreativen Input. Dieser Umgang zeugt insgesamt schon von einem offenen und zugewandten Zugang zu den Möglichkeiten der KI, der uns hier etwa als Beispiel dienen kann.

KI macht Fehler: Das stärkt den Experten

Allerdings lieferte die künstliche Intelligenz im vorigen Beispiel dieser vielleicht etwas schnell und spontan erstellten Bilder keine Perfektion. Insbesondere das Gesicht von Angela Merkel – sowie auch das Gesicht umstehender, ebenfalls frei erschaffener Passanten – ist in der Regel fast unmenschlich verzerrt oder sieht ihr kaum ähnlich. Auf einem Bild hat sie eine völlig ins Abstruse entfremdete Hand, die keinesfalls mehr fotorealistisch anmutet. Zudem hat Angela Merkel in einigen Darstellungen neben dem Daumen nur drei Finger, wie es häufig Cartoon- und Comicfiguren zu eigen ist. KI schuf in diesem Anwendungsbeispiel somit alles andere als perfekte Ergebnisse.

Und auch ganz grundsätzlich macht künstliche Intelligenz in dieser Art noch häufig Fehler bei der Erstellung solcher Bilder. Beispielsweise werden auch ohne die Aufforderung, einen Comicstil einzuhalten, gern einmal Finger weggelassen. So lässt eine Hand der hinteren Frau im zunächst einmal preiswürdigen Foto von Eldagsen ebenso eine leicht unnatürliche Darstellung erkennen, die dann somit doch auf den Ursprung des Bildes verweist. Das alles sind Beispiele aus der Kunst, dass KI eben immer noch Fehler macht und dass hieraus auch eine besondere, neue Rolle des Experten erwachsen kann – er wird mehr denn je zum Garanten der Wahrheit.

Die heute noch häufig anzutreffenden Auffälligkeiten in digital erstellten Bildern der künstlichen Intelligenz wie etwa merkwürdig aussehende Hände oder sogenannte »Artefakte«, die sich in den Bildern als Störungen wiederfinden lassen, sind jedoch kein zuverlässiges Kriterium für von künstlicher Intelligenz erschaffene Bilder. Die künstliche Intelligenz entwickelt sich rasant weiter, und es wird letztlich nur eine Frage der Zeit sein, bis die überwiegende Zahl dieser Bilder und Deepfakes mit natürlichem Auge nicht mehr von echten Fotografien zu unterscheiden sein werden.[12]

Sehr anschaulich werden die genannten »Artefakte« beispielsweise dann, wenn die künstliche Intelligenz bei der Erstellung von Bildern in größerem Umfang auf kommerzielle Bildplattformen im Internet zurückgreift. Künstliche Intelligenz nutzt alle Quellen von Informationen und im Speziellen auch von Bildern, die verfügbar sind. Dabei ist sie in der Wahl ihrer Quellen heute noch nicht so besonders intelligent.

Kommerzielle Bildplattform beispielsweise haben wenig Interesse daran, dass ihre Bilder selbst seitens natürlicher Nutzer frei genutzt werden können. Es ist ihr Geschäftsmodell, diese zu verkaufen. Da sie die Bilder zum Kauf trotzdem präsentieren müssen, versehen sie sie in der Regel öffentlich einsehbar mit sogenannten digitalen Wasserzeichen. Meistens ist das der Name der Plattform, der wie ein Tapetenmuster halb transparent mehrfach auf dem Bild der Vorschau dargestellt wird und es damit unbrauchbar macht für die sofortige Nutzung. Somit könnte ein technisch wenig begabter Nutzer das Bild in dieser Form nicht nutzen, ohne gleich damit zu offenbaren, dass er es nicht bezahlt hat. Die KI hingegen macht diese Unterscheidung nicht und nutzt einfach das zur Verfügung stehende Bild als Möglichkeit, der Eingabe des Nutzers für das zu erstellende neue Bild zu entsprechen, und entnimmt hier Elemente. Dabei werden häufig auch die Schriftzüge des Wasserzeichens übernommen. Da KI jedoch in der Lage ist, solche Schriftzüge zu entfremden, um sie unlesbar zu machen, stehen in den entstandenen Bildern der künstlichen Intelligenz dann recht häufig noch kryptische, halb transparente Wortfetzen.

KI macht eben auch Fehler. Das ist aber nichts, so könnte man etwas augenzwinkernd behaupten, was ein guter Experte nicht auch von seinen Mitbewerbern, Kunden und vielleicht sogar von sich selbst kennen würde. Und tatsächlich scheint es so, als sei die künstliche Intelligenz mit ihrer Fähigkeit, Wissen und Informationen nun auch präsentieren zu können, nicht das Problem für den Experten. Sondern vielmehr wird der Experte zur Lösung für das Wahrheitsproblem der KI und die somit noch einmal verschärfte Suche seiner Kunden nach der besten Orientierung.

8. Das eigene Buch als Zentralgestirn für Ihre Personal Brand

Autorität kommt von Autor, Buchung kommt von Buch. Diese Zuschreibungen lassen sich derart reduziert nicht halten; sie sind überspitzt dargestellt.

Aber weil sie doch Wahrheit enthalten, werden sie immer wieder gern zitiert. Ein eigenes Buch ist eine einzigartige Aufwertung und Bereicherung für die allermeisten Experten in Bezug auf ihre Außendarstellung und die Möglichkeit, unverwechselbar zu werden. Ein Buch schreibt nicht jeder, und es gelingt auch nicht jedem, ein solches bei einem renommierten Verlag zu platzieren oder überhaupt druckreif bis zur Veröffentlichung zu bringen. Gelingt es, so sind auch die positiven Effekte außergewöhnlich.

Ein eigenes Sachbuch bedeutet nicht weniger als das Zentralgestirn für das eigene Personal-Brand-Universum. Alle anderen Digital Assets kreisen in gewisser Weise um das Buch als Qualitätssignal und werden durchs eigene Sachbuch gehebelt. Und auch der Kunde orientiert sich in besonderer Weise an solchen Experten, die mit eigenen Büchern Sichtbarkeit erzeugen und ihre Expertise manifestieren können. Das kann man sich vorstellen wie die Schwerkraft, die ein Zentralgestirn im Universum ausübt, und damit alle anderen Objekte um sich herum kreisen lässt und anzieht.

Bücher erzeugen ein hochwertiges Umfeld und veredeln Sichtbarkeit

Die Tatsache, dass die eigenen Digital-Personal-Assets, wie beschrieben, sehr gut auf ein eigenes Sachbuch eines Experten reagieren, begegnet jedem Autor, der irgendwann ein erfolgreiches Buch bei einem Verlag platzieren und schließlich veröffentlichen konnte, sehr zuverlässig. Damit verändert sich der Prozess, Expertennamen zu googeln, in ganz besonderer Weise. Denn die ersten Suchergebnisseiten zum eigenen Namen verändern sich schnell und nachhaltig positiv.

Allein die verschiedenen Verkaufsplattformen mit dem Angebot des Buches wie Amazon, große spezialisierte Buchhändler im Onlinebereich wie Thalia und Hugendubel, ihre Schweizer und österreichischen Pendants, aber auch etliche lokale Buchhandlungen erscheinen bei der entsprechenden Suche nach dem Namen eines Autors. Das ist noch erwartbar und wird erhofft.

Wenn Ihr Buch in einem renommierten Verlag erscheint, wird – »vererbt« durch die starke Verlagsmarke – auch Ihr Name einen erheblichen Sichtbarkeitsvorteil bei der Suche nach den für Sie relevanten Stichworten erreichen.

Doch die Veröffentlichung des eigenen Buches hat darüber hinaus auch noch dadurch eine unerwartete Umwegrendite, dass Leser den von Google besonders geschätzten »User Generated Content« in großer Zahl erzeugen. Manchmal durch glückliche Fügung, manchmal durch kluges Zutun des Autors oder des Verlags erscheinen beispielsweise Buchrezensionen. Es ist tatsächlich erstaunlich, wie viele Menschen sich mit beeindruckender Hingabe der Aufgabe widmen, neu erschienene Bücher immer wieder vorzustellen und ihre Einschätzungen dazu im Internet zu veröffentlichen. Bei einem guten Sachbuch mit hohem Relevanzgrad sind diese Rezensionen dann freundlich und unterstreichen in besonderem Maße auch als Quasi-Testimonial noch einmal die Expertise des Autors.

Viele Autoren sind durchaus überrascht, wie viele Rezensionen auf diese Weise zusammenkommen und die eigene Außendarstellung mit geringstem eigenem Aufwand angenehm anreichern.

Ebenso Zeitschriften und Zeitungen werden auf den Autor aufmerksam. Beide Formate suchen regelmäßig nach neuen Inhalten. Ein Autor eines erfolgreichen Sachbuches ist dabei auf mehreren Ebenen ein interessanter Partner: Er kann vermutlich selbst gut schreiben, hat durch die Veröffentlichung des Buches eine Prüfung seiner Inhalte durch das Lektorat des Verlags und die Leser und damit ein gewisses Renommee erfahren. Er ist der Leserschaft auch leicht als Autorität zu erklären. Die Anmoderation kann beispielsweise lauten: »Der Bestsellerautor berichtet in unserer Zeitschrift über folgendes Thema: …«

Ein Buch generiert damit nicht nur in Zeitschriften und Zeitungen eine Ad-hoc-Autorität. Vielmehr schafft ein Buch von heute auf morgen einen großen Fortschritt in der Wahrnehmung der eigenen Autorität durch Institutionen und Personen. Ein solcher Erfolg entsteht selbstverständlich nicht über Nacht. Zunächst muss das Buch geschrieben werden. Doch der Erfolg manifestiert sich mit der erfolgreichen Veröffentlichung des Buches dann schnell.

TV-Sender sind ebenso dafür offen, Buchautoren eine Bühne zu bieten. Auch sie schätzen die Tatsache, dass ein Buchautor eben schnell als Experte zu erklären ist und dass sich Redakteure einen raschen Überblick verschaffen können, welche Inhalte dieser Experte denn in einer Fernsehsendung einbringen könnte. Das eigene Buch schafft in jedem Falle beste Möglichkeiten, die eigene Sichtbarkeit in den sozialen Medien fundiert auszuweiten und zu stützen. Und auch jene Personen, die bei Radiostationen, Podcasts oder interessanten Online-Streams für die Inhalte verantwortlich sind, werden eher auf einen Autor aufmerksam. Schließlich hat dieser das beschriebene Renommee, die hohe Autorität und ist mittlerweile durch seine vielfältig aufgewertete Suchmaschinenpositionierung schneller zu finden.

Wenn all diese Effekte bei Zeitungen, Zeitschriften, Radiostationen und Fernsehsendern gut wirken, dann funktionieren sie eben auch gut bei Veranstaltern von Fachtagungen, Bühnenveranstaltungen und Mitarbeiterversammlungen sowie ähnlichen Auditorien, die einen interessanten Impulsredner suchen. Bücher wirken immer dort, wo Menschen gesucht werden, die zu einem klar abzugrenzenden Thema inspirieren können und deren Expertise und Autorität man in einer zweiminütigen Anmoderation schnell erklärt hat. Die Wirkung eines Sachbuches wird in all diesen Funktionen für den eigenen Expertenstatus sehr häufig unterschätzt, obwohl das Buch ein legitimer Lebenstraum vieler Experten ist.

Ein eigenes Buch bereichert auch jede bereits bestehende Personal Brand. So hat jeder herausragende Experte wohl irgendwann ein Buch geschrieben oder ein solches mit jemandem gemeinsam geschrieben.

Jede Branche hat eine Auszeichnung, die alle anderen branchenrelevanten Auszeichnungen überstrahlt. Im Bereich der Köche sind das die Sterne oder Hauben, bei Leichtathleten ist es die Olympiateilnahme, bei Schauspielern ist es der Oscar und bei Wissenschaftlern der Nobelpreis.

Aber dennoch ist die über allem stehende Auszeichnung als Personal Asset für einen Experten nicht sein Wikipedia-Beitrag, auch nicht sein Youtube-Channel und wohl ebenso wenig sein Social-Media-Account, sondern es ist immer noch das eigene Buch!

Wenn es sogar gelingt, das eigene Buch mit der Nennung in einer renommierten Bestsellerliste zu veredeln, wertet das Ihre Personal Brand erheblich auf.

So ein Buch ist Ausweis höchster Klasse als Experte, und es liefert viel leichteren Zugang zu weiteren Plattformen der Sichtbarkeit. Wer als Hauptautor erst einmal Sachbücher veröffentlicht hat, dem wird auch der eigene Wikipedia-Eintrag ermöglicht. Wer gerade einen Bestseller geschrieben hat, der wird von Radios, Zeitungen und Fernsehsendungen viel eher mit Aufmerksamkeit bedacht.

Bücher sind Kulturgüter – das wertet Ihre Personal Brand erheblich auf

Ein Buch ist auch ein Kulturgut. Schon in der Schule gilt das, was in einem Buch steht, als kanonisch richtig. Was man in der Klassenarbeit aufschreibt, das wird an den Inhalten des jeweiligen (Lehr-)Buches geprüft.

Ein Buch hat daher eine kulturell erlernte große Deutungskraft, insbesondere dann, wenn es von einem renommierten Verlag veröffentlicht wird und seine Inhalte lektoriert wurden. Das hat zumindest bei Kunden, die auf solche Zusammenhänge größeren Wert legen, noch heute eine beeindruckende Kraft. Außerdem kann auch der Verlag noch einmal positiven Einfluss auf die besondere Wirkung des Buches nehmen aufgrund seiner Autorität als Institution.

Insbesondere in den Bereichen mit Expertenbusiness sollte nicht unterschätzt werden, dass viele der Kunden selbst den Traum hegen, ein eigenes Buch zu veröffentlichen. Einer Person, die genau das erreicht hat, billigen sie somit automatisch eine große Expertise zu und schätzen diese vielleicht sogar als Vorbild. Viele Experten, die ein eigenes Buch veröffentlicht haben, sind anfangs überrascht, wie oft sie diese Bücher signieren sollen.

Das eigene Buch bringt neben allen digitalen Assets auch haptisch greifbare Sichtbarkeit. Ein Buch eines namhaften Verlags wird in einigen der rund 6000 Buchhandlungen in Deutschland stehen. In jeder Stadt gibt es eine Buchhandlung, und die eigene Zielgruppe wird dort in der zugehörigen Fachabteilung nach Lösungen für ein ganz individuelles Problem suchen. Dabei arbeitet diese Sichtbarkeit über Jahre hinweg, weil Bücher oft über lange Zeiträume in den Regalen stehen.

Kann ein Kunde dann davon überzeugt werden, das Buch zu kaufen, so zahlt er dafür im Schnitt rund 25 Euro. Das würde man im Marketing bereits als einen hoch qualifizierten Kunden bezeichnen, schließlich war er bereits zu diesem frühen Zeitpunkt bereit, Geld für die Expertise dieses Autors zu bezahlen. Ein Leser investiert aber noch mehr: Er beschäftigt sich fünf oder zehn Stunden detailliert mit dem Inhalt des Buches. Er gibt ihm einen großen Vertrauensvorschuss. Immerhin bringt er seine wertvolle Zeit und Aufmerksamkeit ein, um herauszufinden, ob er in diesem Buch relevante Lösungen für seine drängenden Fragen finden kann.

Kulturgut statt Visitenkarte

Ein Buch funktioniert auch als hochwertige Visitenkarte – vor allem, wenn Sie es als Autor persönlich signieren. Ein solches Buch wird nie weggeworfen, sondern in heimischen Bibliotheken sowie Buchregalen im Arbeitszimmer aufgehoben. Das (Lebens-)Thema des Kunden, das ihn vielleicht zu diesem Buchkauf motivierte, wird womöglich noch in zehn Jahren bestehen.

Jeder Experte, der an dieser besonderen Positionierung von Büchern zweifelt, sollte sich einmal fragen, wie viele Prospekte und Visitenkarten er im letzten Jahr weggeworfen hat. Bücher aber werden in Regalen fein säuberlich aufbewahrt und eben nicht entsorgt.

Ein Buch strukturiert Ihre eigenen Inhalte

Wie gelingt Ihnen nun der Weg, aus dem eigenen Wissen ein Buch zu verfassen? Dafür ist es zunächst hilfreich, sich klarzumachen, dass ein Buch in gewisser Weise wie ein Expertenbusiness funktioniert und dabei auch ähnliche Strukturen zeigt. Ein Buch ist ein »Pars pro toto« (»Teil für das Ganze«) für das eigene großartige Expertenbusiness.

Die Struktur eines Buches zeigt, wie ein Expertenbusiness aufgebaut werden kann. Umgekehrt kann das Buch auch dazu genutzt werden, um das eigene Expertenbusiness überhaupt erst zu strukturieren. Denn sowohl für die eigene Positionierung als Experte als auch für die Erstellung eines funktionierenden Sachbuchs muss das eigene Wissen sortiert, gefiltert und in Modelle überführt werden.

Wer das eine kann, kann in der Regel auch das andere: Für viele Experten ist es tatsächlich hilfreich, früh im Prozess des Aufbaus des eigenen Expertenstatus ein Sachbuch zu schreiben – schon allein, um das eigene Wissen auf Papier bringen und Logikbrüche erkennen zu können.

Das Inhaltsverzeichnis gibt die Struktur – fürs Buch, aber auch für Ihr Wissensbusiness

Das Inhaltsverzeichnis wird unterschätzt als wichtiges Element für beides – fürs eigene Buch, aber auch fürs eigene Expertenbusiness. So mancher Experte mit akademischem Hintergrund kennt das Prinzip noch aus seiner Hochschulzeit: Man soll zum Abschluss eines Kurses eine Hausarbeit abgeben oder das Studium mit einer Abschlussarbeit vollenden. Der Professor besteht darauf, dass vor Beginn des Schreibens ein Exposé und ein Inhaltsverzeichnis bei ihm eingereicht werden, denn er weiß, dass dieser Schritt dem Studierenden hilft, sein eigenes Wissen zu strukturieren und früh festzulegen, was die Themenschwerpunkte sein werden.

Er muss den Verfasser dann später kaum mehr darauf hinweisen, dass er vom eigentlichen Kern seiner Arbeit abgewichen ist, nicht stringent genug geschrieben hat und teilweise die eigene Fragestellung aus dem Auge verloren hat.

Das Verfassen eines Inhaltsverzeichnisses ist ein immens wichtiger, aber auch anstrengender Arbeitsschritt. Viele Autoren neigen deshalb dazu, draufloszuschreiben und ein wenig zu schauen, wohin der Schreibfluss sie trägt. Diese Autoren vergeben sich so aber auch die Chance, das eigene Wissen – für das eigene Sachbuch und weit darüber hinaus – einmal zu strukturieren und dann später schneller sichtbar machen zu können.

Die Erstellung des Inhaltsverzeichnisses strukturiert also nicht nur das Buch, sondern das gesamte Wissen. Es unterscheidet ferner, welche Inhalte kanonisch und unverzichtbar sind. Ebenso wird damit festgelegt, welche verfügbaren Informationen und Wissensbestände nicht Teil der Ausarbeitung werden. Und es wird vor allem auch definiert, mit welcher Argumentationsstruktur und welchen inhaltlichen Schritten man von der Fragestellung hin zu einer bestmöglichen Beantwortung derselben auf möglichst gerader Linie gelangen möchte.

Genau dieser Schritt ist es, den später rückwärts betrachtet dann auch der Leser von einem Buch verlangt. Anhand des Inhaltsverzeichnisses testet er den Autor, ob dieser in der ersten Übersicht in der Lage ist, ihn von einer möglichst konkreten und treffsicher formulierten Fragestellung zu Beginn bis hin zu einer vielversprechenden Lösung zu führen.

Immerhin ist es für den Leser attraktiv, dass in einem Sachbuch auch der Rahmen der Inhalte begrenzt ist. Die für ein typisches Sachbuch vorhandenen 250 oder 300 Seiten machen es eben notwendig, dass Informationen weggelassen und ausgewählt werden müssen. Es erfordert, dass die Informationen in einer guten Reihenfolge dargelegt werden, um den Leser anzusprechen und mit auf eine Reise nehmen zu können. Und der Leser kann auch darauf vertrauen, dass der Autor des Sachbuches schon einen Großteil der notwendigen Rechercheleistung erledigt hat.

Beginnen Sie mit dem ersten und letzten Kapitel

Um diese Gewissheit beim Leser möglichst zielsicher zu erreichen, empfiehlt es sich, auch die einzelnen Kapitel für das eigene Sachbuch gleich zu Beginn zunächst in groben Zügen zu strukturieren.

Das erste Kapitel ist ganz wesentlich dafür da, dem Leser zu zeigen, dass man als Experte oder Autor dessen Problem gesehen hat. Die Idealvorstellung dabei ist stets, dass der Autor das Problem besser benennen kann, als es dem Leser selbst gelingt. Ein guter Experte, der das eigene Expertenwissen auch in ein lukratives Business verwandeln möchte, ist gut beraten, die Probleme seines potenziellen Kunden sehr genau benennen zu können. Und auch hier ist das eigene Buch nicht weniger als eine Abbildung vom gesamten Expertenbusiness in einem Buch.

Wer das eigene Wissen und die dazugehörigen Modelle nicht auf 250 Seiten im Sachbuchstil schlüssig erklären kann, der hat sie mit großer Wahrscheinlichkeit selbst nicht angemessen durchdrungen und kann dann weder seine Leser noch die Kunden aus seinem Expertenbusiness damit überzeugen. Für den Leser des Buches hat dieses erste Kapitel bereits eine einnehmende Wirkung, wenn es ihm zu Beginn genau jenes Problem schlüssig dargelegt, das ihn mit dem Titel des Buches so zielgenau adressiert hat. Ein Experte, der das Problem seines Kunden so gut beschreiben kann, qualifiziert sich automatisch in ganz besonderer Art und Weise, dieses später auch lösen zu können.

Das erste Kapitel ist damit die ideale Bühne, diese höchst wertvolle Darstellung auch als Arbeitsprobe der eigenen Expertise ideal zu platzieren.

Doch ebenso das letzte (größere) Kapitel eines solchen Sachbuch lässt sich gut strukturell beschreiben: Schreiben Sie in diesem Kapitel die Zusammenfassung Ihrer One-Trick-Pony-Kunst nieder. Das letzte Kapitel beschreibt somit genau diese Lösung. Das hat nicht nur für Ihr Buch, sondern auch für Ihr eigenes Expertenbusiness eine strukturierende und sortierende Funktion.

Natürlich kann ein Experte immer wieder Details anpassen und auch alternative Lösungswege wählen, wenn die Herausforderung eines bestimmten Kunden eben nicht die Mainstream-Probleme Ihrer Kunden widerspiegelt. Aber in der eigenen Sichtbarkeit sollten Sie nur eine einzige, sehr gute Storyline erzählen.

Aus diesen beiden Kapiteln, dem ersten und dem letzten, bildet sich bereits eine Landkarte. Sie können den Status quo Ihrer besten Kunden beschreiben und ein klares Ziel formulieren, das erreicht werden soll.

Diese Zielerreichung und der Weg dahin bildet sich en détail in den Kapiteln dazwischen ab. Hier nutzen Autoren vor allem ihre eigenen Modelle, um das umfangreiche verfügbare Wissen zu diesem Themenbereich zu strukturieren. Dabei reichen sie ihrem Leser die ordnende Hand des Experten. Somit sortieren diese Kapitel Informationen und werten sie damit zu möglichst konkreten Anleitungen für den Kunden auf. Sie legen den Fokus auf Teilprobleme, deren Bearbeitung in der Gesamtsicht dann auch das über allem stehende Hauptproblem des Kunden lösen kann. Und häufig modifizieren Sie eben auch bereits vorhandene Informationen und Modelle so, dass sie für dieses ganz konkrete Problem des Kunden in einer klar abzugrenzenden Nische besonders schnelle Fortschritte in Aussicht stellen.

Beim Sachbuch ist die Auswahl der möglichen und notwendigen Modelle deutlich restriktiver als in der Zusammenarbeit mit Kunden. Schon allein deswegen, weil zwischen zwei Buchdeckeln weniger Platz ist als im gesamten Wissensfundus eines Experten, wird hier noch mehr ausgewählt und weggelassen. Es ist in Buchform kaum möglich, auf jede individuelle Nuance der Herausforderungen eines jeden Lesers einzugehen. Daher wird in gewisser Weise ein statistisches Mittel gebildet, das die häufigsten Probleme der eigenen Zielgruppe möglichst gut adressiert.

Ein gutes Sachbuch – wie auch eine gute erste Kundenansprache für das eigene Business – erzeugt sofort Aufmerksamkeit beim Leser. Scheuen Sie sich also nicht davor, Ihr bestes Wissen hier einzubringen.

Viele mögliche Inhalte müssen zwangsläufig auf der Strecke bleiben. Aber es ist viel besser, eine recht große Gruppe typischer Kunden der eigenen Wissensnische mit dem Buch begeistern zu können, als alle Leser zu verlieren beim Versuch, jede Eventualität und jede noch so unwahrscheinliche Herausforderung berücksichtigt haben zu wollen. Und es ist besser, die Probleme der interessantesten Teilgruppe der eigenen Businessnische zu adressieren, die dann in der Wahl des Autors als bestpositioniertem Experten den richtigen ersten Schritt zur Lösung ihrer Herausforderung gehen kann, als alle und jeden glücklich machen zu wollen. Auch Autoren können und sollten polarisieren.

Die Beschreibung des Nummer-eins-Problems des Lesers und die stringente Beschreibung des Wegs zur möglichst idealen Lösung bildet damit das Rückgrat eines guten Buchs.

Ihr eigenes Modell verbindet erstes und letztes Kapitel miteinander

Zwischen Problem und Lösung wird dabei mindestens ein Modell entwickelt, das der Autor selbst ausarbeitet und vorschlägt. Das kann explizit und mit einer grafischen Darstellung dieses Modells geschehen, kann aber durchaus auch implizit in der Art und Weise transportiert werden, wie vielleicht der Autor aus verschiedenen Blickwinkeln kreativ erzählerisch auf das Problem und seine Lösung blickt – das ist eine Stilfrage.

Viele Experten verfügen über solche Modelle, die sie als Teil ihres Expertenbusiness auf Flipcharts gezeichnet haben und die ihre Kunden mitnehmen. Das »Skelett« aus diesem Modell kann im Buch auch durch weitere Modelle und Theorien ergänzt werden, die möglicherweise das große Konstrukt im Detail erläutern – dies als Hilfestellung zur Erklärung einzelner großer Elemente. Das im Zentrum der Problemlösung platzierte große eigene Modell sollte dabei aber spätestens jetzt seine ordnende Funktion erhalten. Die Leitfrage muss immer lauten: Was bringt meinen Leser oder potenziellen Expertenbusinesskunden von seinem Killerproblem im ersten Kapitel zur besten Lösung im letzten Kapitel? Und was nicht? Was muss der Leser oder Kunde wissen, damit er klare Fortschritte in der Erkenntnis oder Zielerreichung machen kann?

Betrachten Sie Ihr eigenes Modell wie einen Setzkasten beim klassischen Buchdruck. Die Erfindung des Buchdrucks mit beweglichen Lettern durch Johannes Gutenberg machte diese Technik notwendig.

Für jeden Buchstaben gibt es dort ein eigenes Fach. Der Setzkasten war das ideale Ordnungssystem, um alle notwendigen kleinen Informationsträger (somit die Buchstaben) schnell zu finden. Nun könnte man alle großen und kleinen Buchstaben und Sonderzeichen auf einen großen Haufen werfen und sich dann immer den Buchstaben heraussuchen, den man gerade braucht – es wäre ja alles vorhanden. Zur Sicherheit nehmen Sie auch noch chinesische Schriftzeichen und ägyptische Hieroglyphen dazu, falls man mal etwas in dieser Sprache drucken möchte. Das klingt nicht nur nach Chaos; es bedeutet für den Setzer, der sich aus diesem Fundus an Ressourcen bedienen soll, ganz schnell eine Ernüchterung.

Deshalb wird stattdessen vorsortiert: Das große A kommt in das eine Fach, das große B in das nächste. Es folgen die weiteren Kapitalen und sodann die kleinen Buchstaben. Als Nächstes werden die Sonderzeichen einsortiert. Beim Erstellen einer Druckplatte kann in diesem Ordnungssystem immer schnell der nächste benötigte Buchstabe gesucht werden. Und noch viel wichtiger: Alles, was nicht benötigt wird, um damit später eine Buchseite zu setzen, wird gar nicht erst einsortiert!

Gemäß dieser Metapher ist es hilfreich zu schauen, ob weitere Informationen und zusätzliche Modelle hilfreich sind, um die für Ihren Leser notwendige Information zu transportieren. Ist ein Modell oder ein Wissensbestand wichtig für den Leser, dann kommt er ins Buch. Handelt es sich dabei vielleicht nur um eine Lieblingsgeschichte des Autors, die den Leser aber inhaltlich nicht weiterbringt, sollte die Sortierung in das eigene Erklärungssystem genau geprüft werden.

Binden Sie gut erzählte Geschichten ein

Vorsicht vor Sachbüchern, die auf Geschichten verzichten! Denn Geschichten bereichern grundsätzlich; insbesondere auch faktenorientierte Sachbücher. Sie inspirieren, transportieren und speichern Informationen. Das ließ sich bereits an ihrer besonderen Fähigkeit feststellen, das Charisma des Experten und seine auszeichnenden Eigenschaften zu speichern und anschlussfähig zu machen. Inspirierende Geschichten und – im besten Sinne merkwürdige – Anekdoten sind, um in der Metapher des Skeletts des eigenen Modells zu bleiben, das Fleisch am Knochen, das dem ganzen Buch und damit dem eigenen Expertenbusiness das Leben einhaucht.

Geschichten haben durch ihre besondere Bedeutung für Menschen häufig einen Aufmerksamkeitsvorsprung gegenüber reinen Informationen, die in einem Theoriemodell eines Sachbuches viel aufwendiger die eigene Relevanz beweisen müssen. Geschichten haben beim Leser auch einen gewissen Vertrauensvorschuss, dass die eingebrachte Aufmerksamkeit nicht enttäuscht wurde.

Das alles braucht einen gut dirigierten Rhythmus aus Sachinformation und Geschichten. Doch die Idee, für ein Buch einen Rhythmus zu brauchen, geht weit darüber hinaus. Anekdoten und Positionierung sind wichtig für ein unterhaltsames Sachbuch. Aber so, wie man zu viele Informationen in ein Sachbuch aufnehmen kann oder diese als Experte in der direkten Begegnung im Übermaße über seinen Kunden ausschütten kann, kann man auch zu viele Geschichten und Anekdoten erzählen. Solche Geschichten sind zwar das Trägermedium der Information, nur dürfen diese gleichsam nicht zu sehr verdünnen. Und das gilt in besonderem Maße für Geschichten, die der Autor in der Egoperspektive erzählt.

Es mag häufig verlockend sein und auch leicht erscheinen, Geschichten aus der eigenen Lebensrealität sowie der eigenen Erfahrung zu schreiben. Jedoch sollte man zunächst bescheiden davon ausgehen, dass diese den Leser weniger interessieren als den Autor selbst.

Nur wenige Experten haben ihre eigene Personenmarke so weit aufbauen können, dass ihre Leser im Wesentlichen deshalb die Bücher kaufen. Michelle Obama beispielsweise hat mit ihrem Buch *Das Licht in uns* einen weltweiten Bestseller geschrieben, bei dem man mit großer

Wahrscheinlichkeit davon ausgehen kann, dass viele ihrer Leserinnen und Leser sie vor allem als inspirierendes Beispiel suchen und ihr nacheifern wollen. Vermutlich treten in einem solchen besonderen Falle sogar die Informationen derart weit hinter der Inspiration und den im Buch erzählten Anekdoten und Geschichten zurück, dass diese kaum Kaufgrund sind.

Der Buchtitel setzt den Kaufimpuls

Das Allererste, was einen Leser anspricht, ist in aller Regel der Titel und das Cover. Der Titel sollte zwar neugierig machen, muss jedoch nicht unbedingt den Buchinhalt erklären. Denn zunächst muss die erste Aufmerksamkeit des Lesers gewonnen werden!

Dazu bieten sich gern Musterbrüche an oder solche Titel, die den potenziellen Interessenten des Buches kurz aufmerken und einhalten lassen. Buchtitel dieser Art sind etwa:

- *Älterwerden ist voll sexy, man stöhnt mehr – Das ultimative Lesekonfetti für Postjugendliche ab 50*
- *Kollegen spurlos verschwinden lassen*
- *Hummeldumm*
- *Der Tag, an dem meine Tochter verrückt wurde*
- *Essen Pfützen kleine Pferde? Ein Pferd sucht Antworten auf die Grundfragen des Lebens*
- *Das verbotene Buch*
- *Tod durch PowerPoint – Das Überlebenshandbuch fürs Büro*
- *Das Schicksal ist ein mieser Verräter*

Viele der hier exemplarisch aufgeführten und tatsächlich erhältlichen Titel zeigen einen Musterbruch und ebenso die kleinen Regelbrüche, die auch in diesem vorliegenden Buch zum Element einer charismatischen Positionierung erhoben wurden.

Das verbotene Buch klingt nach einem Regelbruch und weckt dadurch vielleicht die Neugier, es gerade deshalb in die engere Wahl zu nehmen. *Kollegen spurlos verschwinden lassen* funktioniert ganz ähnlich.

Das Buch *Tod durch PowerPoint – das Überlebenshandbuch fürs Büro* zeigt dem Leser, dass man ihn in einer seiner Herausforderungen gesehen hat. So schafft es immer wieder Vertrauen, wenn ein Experte seine potenzielle Kundschaft sehr genau sehen kann. Wie der Orthopäde, der den Patienten beim Betreten des Raumes kurz anschaut, und dann sagt: »Aha, das linke Knie ...« Das kann einen Expertenstatus bereits unterstreichen.

Somit verbindet sich der Buchautor in einem spezifischen Problem mit seinem Leser und begegnet ihm auf Augenhöhe. Das können Experten in manchen Bereichen auch als Inspiration sehen. Der Leser kann darauf vertrauen, dass das geteilte Leid vielleicht halbes Leid ist. Da der Autor zudem ein Buch zu diesem Thema geschrieben hat, hat er aber darüber hinaus ein paar interessante Lösungen zur Verfügung und ist vielleicht schon weiter als der Leser – das klingt vielversprechend.

Ganz ähnlich greifen viele der Buchtitel die Probleme der Leser auch auf eine humorvolle Weise auf, selbst wenn dahinter teilweise ernste und große Probleme stecken. Der augenzwinkernde und humorvolle Blick auf manche Themen ist häufig ein hilfreiches Mittel. Schon Shakespeare nutzte in seinen bekanntesten Dramen das Stilmittel des »Comic Reliefs«, einer auflockernden und befreienden Szene, in der humorvoller oder abstrakter auf das Ganze geschaut wurde. Wo Shakespeare noch Chöre oder skurrile Charaktere auf der Bühne einsetzte, die Musterbrüche und Unterhaltung in die dramatische Veranstaltung brachten, bevor den Protagonisten der Dramen Schlimmeres widerfahren sollte, da ermöglicht uns ein humorvoller Blick auf die Herausforderungen der Leser heute, überhaupt erst einmal deren Aufmerksamkeit für die eigene Expertise zu bekommen.

Die Tatsache, dass Humor auch eine befreiende Wirkung hat, verschafft manchem Leser schon eine gewisse ironische Distanz zur wirklichen Größe der eigenen Herausforderungen. Das schenkt ihm die Möglichkeit, kurz durchzuatmen und schon das allein hat eine heilsame Wirkung. So kann der Autor mit dieser kleinen, humorvollen Brechung der empfundenen Tragik eine Arbeitsprobe seiner Kunst geben, dem Problem vielleicht ein Stückweit den Schrecken zu nehmen. Ein Leser nimmt solche Angebote dankend an.

Aber die humorvolle Herangehensweise ist natürlich nur ein möglicher Blick auf diese Titel. Manche Titel machen sich auch ganz direkt mit den Problemen der Leser gemein und begegnen ihnen in dieser Weise hilfreich auf Augenhöhe.

Buchtitel wie *Der Tag, an dem meine Tochter verrückt wurde* oder der Titel des Romans *Das Schicksal ist ein mieser Verräter* nutzen genau diese Möglichkeit, um die erste Aufmerksamkeit des Interessenten ernsthaft zu bekommen. Auch hier wird eine Arbeitsprobe des Experten abgegeben. Er zeigt, dass er das Problem des Lesers sehr genau benennen kann und sich auch auf emotionaler Ebene empathisch nähert.[1]

Vom Buchtitel kann auch das Wissensbusiness profitieren

Damit zeigen Buchtitel in verschiedener Nuancierung gut, wie ein erster Kundenkontakt für ein eigenes Wissensbusiness gestaltet werden könnte. Es kann um eine erste Aufmerksamkeit gehen. Oder das Interesse des Kunden kann durch eine kleine Musterverschiebung geweckt werden, nämlich dahingehend, ob der Experte vielleicht auch in seinen Inhalten alternative, neuartige oder gar revolutionäre Ansätze verfolgen kann.

Es kann eine Arbeitsprobe für den potenziellen Kunden präsentiert werden, die zeigt, dass der Experte mit seiner Arbeit im Kleinen wie im Großen in der Lage ist, Lösungen zu präsentieren. Der Experte hat die Möglichkeit aufzuzeigen, dass er Erleichterung für die Nummer-eins-Probleme seiner Zielgruppe kennt und vermitteln kann.

Wenn Ihnen das gelingt, nimmt der Interessent Ihr Buch in die Hand und hat damit auch einen ersten Kontakt mit Ihnen als dem Experten, der es geschrieben hat.

Vielleicht sind Sie ja selbst so auf dieses Buch, das Sie gerade in den Händen halten, gestoßen?

Ressourcen zum Buch

Weiterführende Quellen und Praxistools für Ihren eigenen Weg zur Personal Brand finden Sie zusammengetragen auf dieser Website:

www.founder.de/nummer-1-ressourcen

Schlusswort und Danksagungen

Dieses Buch beschließt eine Thementrilogie, die vor vier Jahren begann, ohne dass ich das damals so geplant hätte.

In meinem Buch *Wissen zu Geld* (Campus 2020) vertrat ich die These, dass die großen Wertgegenstände im heutigen Digitalzeitalter immateriell seien und dass daher Ideen und Inhalte – also Wissen – werthaltiger als Rohstoffe seien. In *Sichtbar!* (Campus 2022) zeigte ich, wie dieses Wissen sichtbar und damit einem größeren, interessierten Publikum zugänglich gemacht werden kann.

Dieses Buch schließt nun den Kreis. Es zeigt, warum wir im heutigen Wissenszeitalter, das zugleich auch die Ära der künstlichen Intelligenz ist, Menschen mit gut ausgebauten, tragfähigen Personenmarken brauchen. Wissen, das sich an Menschen knüpft, ist für andere Menschen besonders sichtbar, weil es durch die wichtigen Bestandteile Empathie und Vertrauen aufgewertet wird.

Es ist zugleich mein persönlichstes Buch, denn meine eigene Personenmarke innerhalb meiner Branche hat mir einen durchaus komfortablen Karriereweg geebnet.

Zwar steht allein mein Name auf dem Titel, aber an einem Buch wirken immer viele Menschen mit, ohne die es sonst nie zu seinem Publikum gelangt wäre.

Zunächst geht mein großer Dank an Jan Bargfrede, der meine Inhalte getextet und verdichtet und viele Monate in dieses Projekt investiert hat.

Wie schon in meinen Büchern zuvor gilt mein persönlicher und besonders liebevoller Dank für die langjährige Unterstützung weit über dieses Buch hinaus Stefanie Sommerfeld (Personal Assistent) sowie Maria Hünefeld.

Mit vielen meiner Digitalgründer verbindet mich seit Jahren eine Freundschaft. Dafür danke ich besonders Julien Backhaus, Mike Hager, Thomas Klussmann, Sven Platte, Bodo Schäfer, Ralf Schmitz, Mario Wolosz und den 30 Entrepreneuren meines jährlichen Weissenhaus-Mastermind-Zirkels.

Mit dem Campus Verlag verbindet mich eine nunmehr vierjährige, überaus angenehme Zusammenarbeit. Das Maß an Wertschätzung und Professionalität, das der Verlag mir in dieser Zeit entgegengebracht hat, ist einzigartig und zeugt von einer gelebten – und eben nicht nur auf dem Papier niedergeschriebenen – Unternehmenskultur.

Annette Prassel betreut die internationalen Lizenzausgaben meiner Bücher sowie die Hörbuchauskopplungen und nimmt sich stets Zeit für mich und meine Anliegen.

Joachim Bischofs, Marketingleiter des Verlags, bindet mich schon früh in die Verlagsstrategien zur Vermarktung meiner Bücher ein und hat stets ein offenes Ohr, oft auch in seiner privaten Zeit. Ihm verdanke ich zudem eine besonders enge Beziehung zum Verlag auch zu den Zeiten, als meine Bücher noch nicht auf den großen Bestsellerlisten gestanden haben.

Mit Patrik Ludwig habe ich im Verlag einen Lektor an meiner Seite, den ich mir nicht besser hätte wünschen können: sehr zuverlässig und immer erreichbar auch in den oft eng getakteten Schlussphasen; zugleich sachlich-kritisch meinen Ideen und Texten gegenüber und damit im Sinne eines guten Diskurses stets daran interessiert, das bestmögliche Buch herauszubringen.

Meinen engen Freunden, die oft seit Jahrzehnten an meiner Seite sind, danke ich für die gemeinsamen Zeiten:

Markus Fatalin, Dr. Carsten Figge, Dr. Andreas Gekle, Andy Goldstein, Alexander Kröger, Norbert Leibold, Prof. Dr. Bernhard Lendermann, Dr. Lutz Mahlke, Prof. Dr. Friedrich Meyer, Prof. Dr. Stefan Nieland, Prof. Dr. Carsten Padberg, Dr. André Pott, Dr. Gerhard Sandmann, Jörg Schieb, Jan Schust, Prof. Dr. Andreas Siebe, Prof. Dr. Thomas Werner und Bernhard Westerhorstmann.

Meinen Eltern – Margot und Werner – sowie Daniela Lena, Anna Carina, Finn Jonas und Emily Johanna danke ich für: alles.

Prof. Dr. Oliver Pott
Paderborn und Weissenhaus

Anmerkungen

1. Ozeane an Wissen und das Zeitalter der Personal Brands

1 https://www.forbes.com/sites/bernardmarr/2018/05/21/how-much-data-do-we-create-every-day-the-mind-blowing-stats-everyone-should-read/ (abgerufen am 7.1.2024).
2 https://www.kom.de/medien/explosion-des-wissens-der-countdown-laeuft/ (abgerufen am 7.11.2023).
3 https://www.fundacionmapfre.org/en/blog/how-much-information-is-generated-and-stored-in-the-world/ (abgerufen am 21.6.2023).
4 Romanhaft aufbereitet nachlesen lässt sich das unter anderem in: Kehlmann, Daniel: *Die Vermessung der Welt*, Rowohlt 2008.
5 Glassie, John: *Der letzte Mann, der alles wusste: Das Leben des exzentrischen Genies Athanasius Kircher*, Berlin Verlag, 2014.
6 https://de.wikipedia.org/wiki/Athanasius_Kircher (abgerufen am 6.1.2024).
7 https://www.bundesgesundheitsministerium.de/themen/praevention/gesundheitsgefahren/seltene-erkrankungen.html (abgerufen am 7.11.2023).
8 https://www.tagesschau.de/wissen/technologie/ki-rechtsanwalt-100.html (abgerufen am 6.11.2023).
9 https://www.cnbc.com/2023/04/17/google-ceo-sundar-pichai-warns-society-to-brace-for-impact-of-ai-acceleration.html (abgerufen am 7.11.2023).
10 https://www.cnet.com/culture/googles-schmidt-brands-to-clean-up-internet-cesspool/ (abgerufen am 3.6.2023).
11 https://developers.google.com/search/blog/2022/12/google-raters-guidelines-e-e-a-t (abgerufen am 7.1.2024).
12 https://www.hipp.de/ueber-hipp/unternehmen/historie/ (abgerufen am 7.11.2023).
13 https://www.wienerzeitung.at/nachrichten/kultur/literatur/414598_Hoerhan-Gerald-Publikumsbeschimpfung.html (abgerufen am 7.11.2023).
14 https://www.handelsblatt.com/technik/it-internet/mixed-reality-headset-wie-tim-cook-apple-in-die-post-iphone-aera-fuehren-will/29182246.html, im Artikel »Tim Cook will Apple in die Post-iPhone-Ära führen – und riskiert dafür sein Vermächtnis« vom 5.6.2023 (abgerufen am 6.6.2023).
15 https://www.imdb.com/title/tt1285016/, Sinnzitat (abgerufen am 7.11.2023).
16 https://blog.hubspot.de/marketing/online-bewertungen-digitalisierung (abgerufen am 7.11.2023).

17 https://www.faz.net/aktuell/feuilleton/kunstmarkt/nft-auktion-bei-sotheby-s-17385221.html (abgerufen am 7.11.2023).
18 https://www.artnews.com/art-news/news/lost-rembrandt-found-italy-adoration-of-the-magi-1234597041/ (abgerufen am 8.11.2023).
19 https://loudwire.com/why-music-artists-selling-catalog-rights/, (abgerufen am 8.11.2023).
20 https://time.com/6340573/charlie-munger-how-to-lead-a-successful-life/ (abgerufen am 20.12.2023).
21 *Welt am Sonntag* vom 17.12.2023, S. 58.

2. Menschen suchen nicht Wissen, sondern Orientierung und Lösungen

1 https://www.stern.de/gesundheit/chiropraktik-reissen—bis-die-schwarte-kracht-3302224.html (abgerufen am 8.11.2023).
2 https://de.wikipedia.org/wiki/Differenzkontrakt (abgerufen am 8.11.2023).
3 https://www.wiwo.de/finanzen/geldanlage/geldanlage-mit-derivaten-viele-anleger-wissen-nicht-worauf-sie-sich-einlassen/19878440.html (abgerufen am 8.11.2023).
4 https://www.forbes.com/sites/bernardmarr/2018/05/21/how-much-data-do-we-create-every-day-the-mind-blowing-stats-everyone-should-read/ (abgerufen am 9.11.2023).
5 https://www.htworld.co.uk/news/information-overload-surviving-the-clinical-knowledge-explosion/ (abgerufen am 9.11.2023).
6 Details finden Sie beispielsweise hier: https://www.uibk.ac.at/bologna/curriculums-entwicklung/dokumente/taxonomie.pdf (abgerufen am 15.11.2023).
7 Vgl. https://www.sueddeutsche.de/wissen/physik-nobelpreis-stockholm-1.5668188 (abgerufen am 8.11.2023).
8 Keuthage, Winfried: *Abnehmen mit der HAWEI-Methode: Die revolutionäre Formel aus Hafer & Eiweiß*, Gräfe und Unzer, 2022.

3. Ihre Personal Brand veredelt Ihr Wissen

1 Vgl. https://de.wikipedia.org/wiki/Gehirn#Vergleich_mit_Computern (abgerufen am 8.11.2023).
2 https://waldhirsch.de/neuromarketing/affektheuristik/ (abgerufen am 10.11.2023).
3 https://de.wikipedia.org/wiki/Namenforschung (abgerufen am 10.11.2023).
4 https://de.statista.com/statistik/daten/studie/171116/umfrage/zutreffende-aussagen-ueber-marken-und-markenprodukte/ (abgerufen am 6.11.2023).
5 De Chernatony, L./McDonald, M. H. B. (1998), *Creating Powerful Brands in Consumer Service and Industrial Markets*, 2nd edition, Oxford/UK: Butterworth-Heinemann.

6 https://www.morgenpost.de/vermischtes/article226633327/Die-Amigos-polarisieren-Das-Duo-zwischen-Hass-und-Liebe.html (abgerufen am 5.6.2023).
7 https://www.planet-wissen.de/geschichte/persoenlichkeiten/albert_einstein_das_jahrhundert_genie/index.html (abgerufen am 5.6.2023).
8 https://www.planet-wissen.de/geschichte/persoenlichkeiten/albert_einstein_das_jahrhundert_genie/index.html (abgerufen am 5.6.2023).

4. Höchstpersönliche Wertgegenstände aus Ihrer Personal Brand

1 https://www.welt.de/wirtschaft/karriere/bildung/plus168771729/Wo-sich-der-Doktor-Titel-lohnt-und-wo-nicht.html (Abgerufen am 10.11.2023).
2 Shiller, Robert: *Narrative Wirtschaft: Wie Geschichten die Wirtschaft beeinflussen*, Plassen 2020.
3 https://premium-speakers.com/referent-moderator/michael-gross/ (abgerufen am 10.11.2023).
4 Beitrag erstellt am 5.6.2023 mit ChatGPT von OpenAI.
5 Alle genannten Podcasts befanden sich zu der Zeit, in der dieses Buch geschrieben wurde, unter den Top 20 der deutschen Podcasts. Vgl. https://podwatch.io/charts/
6 https://support.google.com/knowledgepanel/answer/9787176?hl=de (abgerufen am 10.11.2023).
7 https://developers.google.com/search/blog/2022/12/google-raters-guidelines-e-e-a-t (abgerufen am 7.1.2024).
8 https://static.googleusercontent.com/media/guidelines.raterhub.com/de//searchqualityevaluatorguidelines.pdf (abgerufen am 4.6.2023).
9 https://developers.google.com/search/blog/2022/12/google-raters-guidelines-e-e-a-t (abgerufen am 7.1.2024).
10 Es gibt sogar eine kleine Szene von Personen, die sich einen Spaß daraus gemacht hat, nicht wissenschaftlich zu überprüfende oder falsche Inhalte bei Wikipedia zu veröffentlichen und dann zu schauen, wie lange diese den Prozess der gegenseitigen Prüfung durch die Mitglieder überstehen mögen.

5. One-Trick-Pony: Hohe Honorare am Markt erzielen

1 https://www.tk.de/techniker/magazin/digitale-gesundheit/spezial/gesundheitskompetenz/cyberchonder-2103014?tkcm=ab (abgerufen am 10.11.2023).
2 https://www.faz.net/aktuell/gesellschaft/menschen/19-millionen-dollar-fuer-einmal-essen-mit-warren-buffett-18112158.html#:~:text=Rund%20 19%20Millionen%20Dollar%20berappt,es%20Gebote%20in%20schwindelerregender%20H%C3%B6he (abgerufen am 10.11.2023).

3 *Handelsblatt* vom 25.1.2023.
4 https://de.wikipedia.org/wiki/U-Kurve (abgerufen am 15.11.2023).
5 https://help.orf.at/v3/stories/2928433/ (abgerufen am 15.11.2023).
6 https://www.n-tv.de/wirtschaft/der_boersen_tag/Luxuskonzern-ist-wertvollstes-Boersenunternehmen-in-Europa-article24075311.html (abgerufen am 15.11.2023).
7 https://www.boerse.de/fundamental-analyse/LVMH-Mo-t-Hennessy-Louis-Vuitton-Aktie/FR0000121014 (abgerufen am 15.11.2023).
8 https://www.7hauben.com/kochkurse/grundlegende-kochtechniken/ (abgerufen am 15.11.2023).
9 https://www.buchreport.de/news/paperback-sachbuch-was-frauen-ueber-sich-wissen-sollten/ (abgerufen am 5.6.2023).
10 De Liz, Sheila: *Woman on fire: Alles über die fabelhaften Wechseljahre*, Rowohlt, 2020.
11 De Liz, Sheila: *On Fire: Mein täglicher Begleiter für die Wechseljahre*, Rowohlt, 2021.
12 Inchauspe, Jessie: *Der Glukose-Trick*, Heyne, 2022.
13 Inchauspe, Jessie: *Der Glukose-Trick: Das Praxisbuch*, Heyne, 2023.
14 https://de.wikipedia.org/wiki/Fast_%26_Furious_(Filmreihe) (abgerufen am 6.11.2023).
15 Kim, W Chan; Mauborgne, Rene: *Blue Ocean Strategy: How to Create Uncontested Market Space and Make the Competition Irrelevant*, Harvard Business Review Press, 2015.
16 https://www.rauen.de/coaching-report/coaching-markt.html (abgerufen am 10.11.2023).
17 https://www.wirtschaftspsychologie-heute.de/coaching-marktanalyse-grosses-entwicklungspotenzial/ – hier wird eine Metabeschreibung der vorgenannten Studie entwickelt (abgerufen am 10.11.2023).
18 https://www.johannesking.de/Prunier-Kaviar-Beluga-Finest-Selection/JK10463 (abgerufen am 10.11.2023).
19 So zum Beispiel hier: https://medium.com/crows-feet/there-are-no-second-acts-in-american-lives-b418362a572c (abgerufen am 13.11.2023).
20 https://www.fr.de/kultur/literatur/gruselkabinett-der-nervensaegen-fitzeks-elternabend-zr-92253595.html (abgerufen am 6.6.2023).
21 https://urheberrechtmarkenrechtonlineshops.com/personal-branding-was-gilt-es-bei-der-registrierung-der-eigenen-person-als-marke-zu-beachten/ (abgerufen am 6.6.2023).

6. Charisma verankert Ihre Personal Brand in Ihrer Zielgruppe

1 Seth Godin: *Tribes: We Need You to Lead Us*, Portfolio, 2008.
2 https://www.sueddeutsche.de/politik/parlamentarisches-schimpfbuch-auf-den-strich-gehe-ich-nicht-1.389241 (abgerufen am 10.11.2023).
3 https://www.sueddeutsche.de/leben/joschka-fischer-mit-verlaub-sie-haben-laessige-schuhe-1.588408 (abgerufen am 27.11.2023).

4 https://de.wikipedia.org/wiki/Wabi-Sabi (abgerufen am 27.11.2023).
5 Wird Antoine de Saint-Exupéry zugeschrieben.
6 Vgl.: https://www.spiegel.de/politik/richard-branson-a-a048b34c-0002-0001-0000-000013494257 (abgerufen am 10.11.2023).
7 https://www.sueddeutsche.de/auto/190-000-euro-fuer-papst-golf-himmlisches-geschaeft-1.560752 (abgerufen am 10.11.2023).

7. So unterstützt Sie die künstliche Intelligenz

1 https://www1.wdr.de/nachrichten/landespolitik/chatgpt-schulen-nrw-100.html (abgerufen am 15.11.2023).
2 https://www.schulministerium.nrw/system/files/media/document/file/handlungsleitfaden_ki_msb_nrw_230223.pdf (abgerufen am 15.11.2023).
3 https://www.focus.de/wissen/was-taugt-die-ki-reporterin-laesst-bachelor-arbeit-von-chatgpt-schreiben-professor-ist-ueberrascht_id_189740065.html (abgerufen am 15.11.2023).
4 vergl.: https://www.derstandard.de/story/2000137910856/kuenstliche-intelligenz-schreibt-wissenschaftliche-arbeit-ueber-sich-selbst (abgerufen am 10.11.2023).
5 Vgl.: https://www.stern.de/kultur/kunst/fotowettbewerb—kuenstler-lehnt-preis-ab—-bild-wurde-mit-ki-erstellt-33384768.html (abgerufen am 10.11.2023).
6 https://www.zeit.de/politik/deutschland/2022–06/deepfake-franziska-giffey-staatschutz (abgerufen am 8.1.2024).
7 *BILD*-Zeitung vom 19.4.2023.
8 *BILD*-Zeitung vom 19.4.2023.
9 Textausgabe ChatGPT von OpenAI (Abgerufen am 6.6.2023).
10 *Frankfurter Allgemeine Sonntagszeitung* vom 10.12.2023, S. 58.
11 www.facebook.com/til.mette.7 (abgerufen am 10.11.2023).
12 https://www1.wdr.de/nachrichten/schieb-ki-deepfake-papst-100.html (abgerufen am 10.11.2023).

8. Das eigene Buch als Zentralgestirn für Ihre Personal Brand

1 Das Buch *Das Schicksal ist ein mieser Verräter* ist kein Sachbuch, sondern ein Roman. Es liefert mit seinem Titel trotzdem eine Arbeitsprobe der Expertise des Autoren, nämlich den Leser mit auf eine literarische Reise zu nehmen, die im Durchleben der Gefühlswelt der fiktiven Protagonisten einen Effekt der Katharsis erlaubt.